Physikalische Chemie für Dummies

Schummelseite

Hier finden Sie wichtige Formeln und Diagramme im Überblick.

GASGESETZE

Boyle-Mariotte'sches Gesetz	Gay-Lussac'sches Gesetz	Allgemeine Gasgleichung für ideale Gase
$p \cdot V = \text{konst.}$	$\frac{V}{T} = \text{konst.}$	$p \cdot V = n \cdot R \cdot T$

ELASTIZITÄT UND VISKOSITÄT

Hooke'sches Gesetz	Newton'sches Gesetz	Ostwald-de-Waele-Gleichung	Stokes'sches Gesetz	Hagen-Poiseuille'sches Gesetz
$\sigma = E \cdot \varepsilon$	$\tau = \eta \cdot D$	$\tau = k \cdot D^n$	$v = \dfrac{2 \cdot r^2 \cdot (\rho_{\text{fest}} - \rho_{\text{flüssig}}) \cdot g}{9 \cdot \eta}$	$\dfrac{V}{t} = \dfrac{\pi \cdot r^4 \cdot \Delta p}{8 \cdot l \cdot \eta}$

RHEOGRAMME

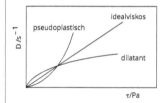
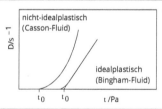
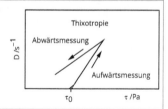

GRENZFLÄCHEN

Oberflächen-spannung	Adsorptionsiso-therme nach Freundlich	Adsorptionsisotherme nach Langmuir	Adsorptionsisotherme nach BET
$\sigma = \dfrac{F}{s}$	$\dfrac{m_a}{m_s} = K \cdot C^{\frac{1}{n}}$	$m_a = \dfrac{m_{\max} \cdot K \cdot C}{1 + K \cdot C}$	$m_a = \dfrac{m_{\max} \cdot K \cdot p}{\left(1 - \frac{p}{p_s}\right) \cdot \left(1 + K \cdot p - \frac{p}{p_s}\right)}$

REAKTIONSKINETIK

0. Ordnung	1. Ordnung	2. Ordnung [A] = [B]	Michaelis-Menten-Kinetik (Enzyme)	Arrhenius-Gleichung
$[A] = [A_0] - k \cdot t$	$[A] = [A_0] \cdot e^{-k \cdot t}$	$\dfrac{1}{[A]} = \dfrac{1}{[A_0]} + k \cdot t$	$\dfrac{1}{v_0} = \dfrac{K_m}{v_{\max}} \cdot \dfrac{1}{[S]} + \dfrac{1}{v_{\max}}$	$k = A \cdot e^{\frac{-E_A}{R \cdot T}}$
$t_{1/2} = \frac{A_0}{2k}$	$t_{1/2} = \frac{\ln 2}{k}$	$t_{1/2} = \frac{1}{[A_0] \cdot k}$		

Physikalische Chemie für Dummies

Schummelseite

Gibbs'sche Phasen-regel	Raoult'sches Gesetz	Fick'sches Diffu-sionsgesetz (1.)	Noyes-Whitney-Gleichung	Nernst'sches Verteilungs-gesetz
$F = C - P + 2$	$p_A = p^0_A \cdot X_A$ $p_{gesamt} = p_A + p_B$	$J = \dfrac{dn}{A \cdot dt}$ $= -D \cdot \dfrac{dc}{dx}$	$\dfrac{dM}{dt} = \dfrac{-D \cdot A}{x} \cdot (c_s - c)$	$K = \dfrac{c_1}{c_2}$

Phasendiagramm Wasser

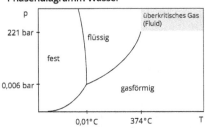

Dampfdruckdiagramm ideale Lösung

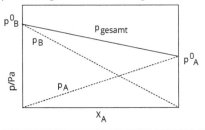

Mischungsdiagramm (Schmelzdiagramm)

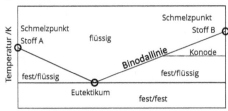

Hauptsatz	Hauptsatz	Umrechnung relative Feuchte in absolute Feuchte
$dU = dQ + dW$	$dS = dS_a + dS_i$	$y = \dfrac{R_G}{R_D} \cdot \dfrac{j \cdot p_s}{p - j \cdot p_s}$

Wichtige Konstanten

Molare Gaskonstante R	$8{,}3143 \, \text{J} \cdot \text{K}^{-1} \cdot \text{mol}^{-1}$
Ideales Gasvolumen	$V = 22{,}414 \, \text{L}$
Absoluter Nullpunkt der Temperatur	$0 \, \text{K} = -273{,}15 \, °\text{C}$
Avogadro-Konstante N_A	$6{,}022 \cdot 10^{23} \, \text{mol}^{-1}$
Oberflächenspannung von Wasser (20 °C)	$72{,}75 \, \text{mN} \cdot \text{m}^{-1}$

Physikalische Chemie
für Dummies

Georg Heun

Physikalische Chemie

für **dummies**®

2. Auflage

Fachkorrektur und Überarbeitung
von Wilhelm Kulisch
Fachkorrektur Teil IV
von Raimund Ruderich

WILEY

WILEY-VCH Verlag GmbH & Co. KGaA

Physikalische Chemie für Dummies

Bibliografische Information der Deutschen Nationalbibliothek

Die Deutsche Nationalbibliothek verzeichnet diese Publikation in der Deutschen Nationalbibliografie; detaillierte bibliografische Daten sind im Internet über http://dnb.d-nb.de abrufbar.

2. Auflage 2018

© 2018 WILEY-VCH Verlag GmbH & Co. KGaA, Weinheim

Gedruckt auf säurefreiem Papier

Coverfoto © Iaroslav Neliubov/Shutterstock.com
Korrektur Petra Heubach-Erdmann, Düsseldorf
Satz Reemers Publishing Services GmbH, Krefeld
Druck und Bindung CPI books GmbH, Leck

Print ISBN: 978-3-527-71187-1
ePub ISBN: 978-3-527-81137-3
mobi ISBN: 978-3-527-81136-6

10 9 8 7 6 5 4 3 2 1

Über den Autor

Georg Heun studierte Pharmazie in Frankfurt und promovierte im Fachgebiet Pharmazeutische Technologie in Braunschweig. Nach vier Jahren Praxis in der Produktion und Qualitätssicherungvon Arzneimitteln zog es ihn als Forscher und Dozent in Münster zurück indie wissenschaftliche Laufbahn. Seit 1998 ist er Professor für Pharmazeutische Technologiean der Hochschule Anhalt in Köthen. Neben seinen pharmazeutischen Lehrgebieten kann erauf dreizehn Jahre Lehrerfahrung im Grundlagenfach Physikalische Chemie für Studentenaus verschiedenen biowissenschaftlichen und verfahrenstechnischen Studiengängen zurückblicken.

Privat ist Georg Heun in vielen Vereinigungen aktiv, in denen er sich kulturell, wissenschaftlich, politisch und sportlich engagiert. Sein liebstes Hobby ist aber das Schachspiel, dem er sich als aktiver Spieler und als Kinder- und Jugendtrainer widmet.

Über den Überarbeiter der 2. Auflage

Das gesamte Buch wurde für die 2. Auflage von **Wihelm Kulisch** überarbeitet. Teil IV über die Thermodynamik wurde von ihm neu verfasst. Er studierte Physik an den Universitäten Münster und Kassel und forscht und lehrt derzeit in Kassel. Sein Forschungsthema ist vor allem die Nanotechnologie. Herr Kulisch hat große Erfahrung im Schreiben naturwissenschaftlicher Bücher; zu seinen bisherigen Werken gehören unter anderem: *Wiley-Schnellkurs Thermodynamik*, *Physik. Das Lehrbuch für Dummies* und *Experimentalphysik für Naturwissenschaftler und Mediziner für Dummies*.

Auf einen Blick

Inhaltsverzeichnis

Kapitel 7
Oberflächlich betrachtet: Grenzflächenphänomene............ 109

Kapitel 8
Übungen... 129

Kapitel 17
Gas-Dampf-Gemische – Alles feuchte Luft? 237

Kapitel 18
Jetzt wird es brenzlig – Verbrennung 249

Kapitel 19
Übungen 261

TEIL V
WECHSELWIRKUNGEN 265

Kapitel 20
Spektroskopie 267

Kapitel 21
Molecular Modeling **283**

TEIL VI
DER TOP-TEN-TEIL. 295

Kapitel 22
Zehn (Groß-)Väter der Physikalischen Chemie 297

Kapitel 23
Zehn Tipps für Studierende. 305

Einführung

Die meisten Menschen können sich unter dem Fach »Physikalische Chemie« wenig vorstellen. Wenn ich im Bekanntenkreis gefragt wurde, was für ein Buch ich gerade schreibe, löste meine Antwort fragende Blicke oder skeptisches Stirnrunzeln aus. Die Namenskombination aus zwei Fächern, die schon in der Schulzeit als äußerst schwierig gelten, löst beim ersten Kontakt zumeist eine Schreckensvision von komplizierten Gleichungen in irgendeinem unklaren Zusammenhang mit giftigen Chemikalien aus.

Daher hielt sich meine Begeisterung, als ich beim Antritt meiner ersten Dozentenstelle die Lehrveranstaltungen in Physikalischer Chemie übernehmen sollte, zunächst in Grenzen. Als »Neuer« bekommt man eben die Aufgaben aufgedrückt, die sonst niemand übernehmen will. Das Fach war erst wenige Jahre zuvor durch eine Änderung der pharmazeutischen Studienordnung als eigenständiges Fach eingeführt worden, und als Rückkehrer nach vier Jahren Praxis in der Arzneimittelproduktion und Qualitätssicherung musste ich mich als Erstes schlaumachen, worum es überhaupt geht. Zum Glück stellte sich heraus, dass ich die meisten Lehrinhalte in den verschiedenen Fächern meines Studiums gelernt hatte und die Methoden aus der praktischen Anwendung kannte.

Physikalische Chemie ist keineswegs eine praxisferne, theoretische Wissenschaft, die Sie notgedrungen in Ihrer Ausbildung durchleiden müssen, um sie nach hoffentlich bestandener Prüfung für alle Zeiten aus Ihrem Gedächtnis zu verbannen. Bei jeder hochwertigen Labortätigkeit werden Sie im Beruf die eine oder andere Methode anwenden, die Sie aus der Physikalischen Chemie kennen. Gute Grundlagenkenntnisse helfen Ihnen gewaltig bei der praktischen Arbeit. Sie können Fehler leichter erkennen und vermeiden und sogar fundierte Lösungsansätze für Neuentwicklungen oder Verbesserungen in Ihrem Arbeitsbereich vorschlagen.

Aber vor allen Dingen kann die Physikalische Chemie richtig Spaß machen. Je länger ich das Fach unterrichtete, desto mehr Ideen kamen mir, wie ich die scheinbar komplizierten Zusammenhänge mit einfachen Versuchen und Modellen anschaulich demonstrieren kann. So etwas macht nicht nur dem Dozenten Spaß, sondern auch den Studenten.

Sie werden fast gar nicht mehr bemerken, dass das Fach Gerüchten zufolge eigentlich besonders schwierig sein soll. Lassen Sie sich nicht von jetzt noch unverständlichen und nach Fachchinesisch klingenden Begriffen wie Viskosität, Tensiometrie, Adsorptionsisotherme, Eutektikum und Reaktionsgeschwindigkeitskonstante abschrecken. Ich verspreche Ihnen, dass Sie nach dem Lesen dieses Buches wissen, was sich dahinter verbirgt. Sie werden problemlos mit den Begriffen umgehen und mit Ihren neu erworbenen Kenntnissen vieles verstehen, was Ihnen bisher unklar ist.

Jeder Mensch sammelt schon ab dem Kleinkindalter Erfahrungen, wie sich die Stoffe in seiner alltäglichen Umgebung verhalten. Dass eine randvolle Badewanne überläuft, wenn man sich hineinsetzt, dass Eisenstücke in Wasser untergehen, Holz aber schwimmt und dass kochendes Wasser heiß ist. Später erfährt er dann, dass Wasser bei 0 °C einfriert und bei 100 °C siedet. Ich könnte Ihnen noch jede Menge weiterer physikalischer und physikalisch-chemischer Selbstverständlichkeiten aufzählen. So etwas zu untersuchen, wo Sie genau das erwartete Ergebnis erhalten, ist langweilig. Physikalische Chemie kann ein bisschen wie Zauberei sein. Lassen Sie sich verzaubern von verblüffenden Phänomenen. Schwimmende Eisenstücke, kaltes siedendes Wasser, verschwindende Substanzen, nach oben fließende Flüssigkeiten und flüssig werdende Pulvermischungen sind nur eine Auswahl der erstaunlichen Dinge, die Ihnen beim sorgfältigen Lesen dieses Buches begegnen werden.

Über dieses Buch

Dieses Buch wird Ihnen einen leicht verständlichen Einstieg in die Physikalische Chemie ermöglichen. Es ist kein umfassendes Lehrbuch, das alle Formeln und Gesetze für fortgeschrittene Chemiestudenten enthält. Dafür finden Sie die Grundlagen und wichtigsten Formeln in anschaulichen Modellen und Versuchsbeschreibungen erklärt.

Sie können sich selbst beweisen, dass Sie mit diesem Buch viel gelernt haben, indem Sie die zuvor noch schwierig bis unlösbar erscheinenden Aufgaben der Kapitel 4, 8, 11 und 19 lösen.

Als ich gefragt wurde, ob ich ein *… für-Dummies*-Buch über Physikalische Chemie schreiben wolle, war ich zunächst skeptisch. Ich bin schließlich kein studierter Physikochemiker, sondern Pharmazeut. Ich habe zwar dreizehn Jahre lang physikalisch-chemische Lehrveranstaltungen durchgeführt, aber nur als Grundlagenfach für Pharmazeuten, Biotechnologen, Lebensmitteltechnologen und Verfahrenstechniker. Außerdem habe ich nie das wichtige Teilgebiet Thermodynamik unterrichtet, da es als eigenes Fach von einem Kollegen übernommen wird. Andererseits hat es mir immer Spaß gemacht, meine Studenten für dieses spannende Fachgebiet zu begeistern oder ihnen wenigstens den Schrecken zu nehmen. Also stelle ich mich der Aufgabe und versuche, auch Ihnen den Erstkontakt mit der Physikalischen Chemie so leicht und schmackhaft wie möglich zu machen.

Zur Thermodynamik hätte ich wahrscheinlich kaum mehrere Seiten mit fundierten und leicht verständlichen Inhalten zusammengebracht, da ich selbst nur die wichtigsten Grundlagen einigermaßen beherrsche. Glücklicherweise konnte ich mit Herrn Sebastian Altwasser einen meiner ehemaligen Studenten dafür gewinnen, der als Nachwuchswissenschaftler mittlerweile erfolgreich seine wissenschaftliche Karriere fortsetzt. Als Verfahrenstechniker kann er Ihnen sicherlich die als besonders schwierig geltende Thermodynamik umfassend und verständlich nahebringen.

Konventionen in diesem Buch

Obwohl Sie in diesem Buch eine Menge Formeln finden, ist es kein Mathematikbuch und auch kein Physikbuch. Ich habe bewusst auf Matrizen oder Vektorpfeile bei gerichteten physikalischen Größen (Weg, Kraft, Geschwindigkeit, …) verzichtet, um Sie nicht zu verwirren. Falls notwendig, finden Sie die Richtung in den Erklärungsmodellen angedeutet. Das Multiplikationszeichen habe ich konsequent eingesetzt, auch wenn es weggelassen werden darf. Zu oft habe ich schon erlebt, dass Studenten aus mPas (korrekt: Millipascal mal Sekunden) fälschlich Meter mal Pascal mal Sekunden gemacht haben. Manchmal wechsele ich zwischen verschiedenen erlaubten Schreibweisen (mol/l oder mol · L^{-1}) und Achsenbeschriftungen (Geschwindigkeit v/m · s^{-1} oder Geschwindigkeit v [m/s]). Diese Konvention ist zugegebenermaßen sehr unkonventionell. Es soll Ihnen aber zeigen, welche unterschiedlichen Schreibweisen Sie in verschiedenen Büchern finden werden und auch selbst gebrauchen dürfen.

Törichte Annahmen über den Leser

Sie wollen sich Kenntnisse in einem neuen und wahrscheinlich komplizierten Fachgebiet aneignen? Ich gratuliere Ihnen, Sie haben instinktiv die beste Vorgehensweise gewählt. Stellen Sie sich zuerst einmal ganz dumm! Nur wer sich immer schlau stellt, weil er sich keine Blöße mit Wissenslücken geben will, ist töricht. Kurzfristig wird er vielleicht durch seinen Bluff mit unfundiertem Halbwissen und aufgeschnappten Fachbegriffen seine Mitmenschen beeindrucken können. Aber sobald es ans Eingemachte geht, wird er als Blender entlarvt. Die klügsten Menschen, vor deren Wissen und Intelligenz ich bescheiden den Hut ziehe, haben in wissenschaftlichen Symposien mit »Lieber Kollege, könnten Sie mir als Laien bitte noch einmal erklären, wie Sie ...« die fachliche Diskussion mit dem Vortragenden eröffnet.

Allein die Tatsache, dass Sie offensichtlich einen Grund für die Beschäftigung mit Physikalischer Chemie haben, zeigt mir, dass Sie als ... *für-Dummies*-Leser wahrscheinlich fortgeschrittenere physikalische, chemische und mathematische Grundkenntnisse besitzen, als ich in diesem Buch voraussetze. Verzeihen Sie mir bitte, wenn Ihnen manche Erklärungen und Herleitungen zu einfach oder gar überflüssig erscheinen. Aber bei anderen Lesern könnte die Erinnerung an den mathematisch-naturwissenschaftlichen Schulstoff etwas eingerostet und wiederholungsbedürftig sein.

Selbstverständlich kann ich nicht ganz bei null anfangen. Ich nehme an, dass Sie eine Geradengleichung kennen, einfache Funktionsverläufe verstehen und mathematische Gleichungen lösen können. Sie sollten außerdem Grundkenntnisse aus der Physik zur Geschwindigkeit, Kraft und Energie sowie zum Atomaufbau besitzen.

Die Physikalische Chemie begegnet Ihnen als chemisches Spezialgebiet erst, nachdem Sie in den chemischen Grundlagenfächern Kenntnisse zur allgemeinen, anorganischen und organischen Chemie erworben haben. Ich nehme also an, dass Sie etwas über chemische Elemente und Verbindungen wissen sowie Ionen, Bindungsarten und Gehaltsangaben kennen.

Ich habe mir die größte Mühe gegeben, keine unerklärten Fachbegriffe zu verwenden. Der Nachteil eines Buches gegenüber einer Unterrichtsveranstaltung ist, dass Sie nicht gleich beim Lehrenden nachfragen können. Notfalls verschafft Ihnen eine kurze Internetsuche sofort die benötigte Information.

Wie dieses Buch aufgebaut ist

Dieses Buch besteht aus sieben Teilen. Mit Ausnahme des Top-Ten-Teils, der eher allgemeinbildend ist, enthalten die Teile jeweils einen bestimmten Aspekt des Zusammenspiels von Physik und Chemie.

Die Teile sind in Kapitel unterteilt, die Ihnen die einzelnen Fachgebiete innerhalb der Physikalischen Chemie vorstellen. Sie können grundsätzlich jedes Kapitel einzeln durcharbeiten, da Sie keine Kenntnisse aus den anderen Kapiteln besitzen müssen. Der Modeausdruck dafür heißt *modularer Aufbau*.

Wenn es hilfreich ist, eine ausführlichere Erklärung in einem anderen Kapitel nachzulesen, gebe ich Ihnen jeweils einen Tipp, wo diese zu finden ist. Die ersten vier Teile enthalten am Ende ein Kapitel mit Übungsaufgaben, die Sie trotz ausführlicher Hinweise auf den Lösungsweg nur mit den Kenntnissen aus den zugehörigen Kapiteln lösen können. Im Anhang finden Sie die Lösungen.

Teil I: Kräfte und Substanzen

Die Kraft ist eine Größe, die Sie aus der Physik kennen. Substanzen sind chemische Stoffe, die aus Ionen, Atomen oder Molekülen aufgebaut sind. Im ersten Teil dieses Buches geht es um die Wirkung von Kräften auf Substanzen in den drei Aggregatzuständen gasförmig, fest und flüssig.

Zunächst beginne ich mit einfachen Modellvorstellungen vom Aufbau der Materie wie der kinetischen Gastheorie und einer Erklärung der Teilchenbeweglichkeit in Gasen, Feststoffen und Flüssigkeiten. Die Gasgesetze für ideale und reale Gase beschreiben den Zusammenhang von Druck, Temperatur und Volumen. Die elastische und plastische Verformung von Feststoffen steht im Mittelpunkt von Kapitel 2. Besonders ausführlich werden Sie in Kapitel 3 über die Gesetzmäßigkeiten beim Fließen von flüssigen und streichfähigen Substanzen informiert.

Teil II: Reinstoffe und Mischungen

In diesem Teil beginne ich mit einer Vorstellung von typischen Zustandsdiagrammen, die auch p, T-Diagramme oder Phasendiagramme heißen. Sie lernen unter anderem den Tripelpunkt und den kritischen Punkt kennen und erfahren, was ein überkritisches Gas oder eine Modifikation ist.

Ein weiteres Kapitel stellt Ihnen wichtige Eigenschaften von Mischungen fester oder flüssiger Substanzen vor. Die kolligativen Eigenschaften von Lösungen, beispielsweise der osmotische Druck, spielen hierbei eine Rolle, ebenso wie die Wanderung von Molekülen in einer Flüssigkeit, von einem Feststoff in eine Flüssigkeit oder zwischen zwei nicht mischbaren Flüssigkeiten.

Abschließend wende ich Ihren Blick vom Inneren einer Flüssigkeit auf die Grenzfläche zur Umgebung. Die Phänomene Oberflächenspannung, Kapillarität und Adsorption stelle ich Ihnen in anschaulichen Bildern, ausführlich begründeten Formeln und erläuterten Diagrammen vor.

Teil III: Reaktionskinetik

In diesem Teil erfahren Sie, unter welchen Voraussetzungen eine chemische Reaktion zustande kommt. Für eine ausführliche Erklärung aller möglichen Energieumwandlungen müssen Sie zwar noch bis zum Teil IV warten, aber zumindest erhalten Sie eine Vorstellung von der Aktivierungsenergie, der Reaktionsenthalpie und dem geschwindigkeitsbestimmenden Schritt einer Reaktion.

Außerdem präsentiere ich Ihnen die Beschreibungen, Formeln und Funktionsdiagramme für verschiedene Reaktionsordnungen, die in den Biowissenschaften eine Rolle spielen. Dabei kann ich Ihnen leider den Umgang mit mathematischen Formeln nicht ersparen. Mit etwas gutem Willen und Konzentration werden Sie aber den Überblick behalten und die beiden Übungsaufgaben im abschließenden Kapitel 11 ohne Probleme lösen.

Teil IV: Thermodynamik

Die Thermodynamik wird von vielen Studenten auch als Thermodramatik verschrien. Ich, Sebastian Altwasser, habe als Mitautor gern die Aufgabe übernommen, Sie in diesem Teil vom Gegenteil zu überzeugen und Ihnen die Grundlagen dieser physikalisch-chemischen Teildisziplin näher zu bringen. In diesem Abschnitt werden Sie zunächst etwas über das notwendige Handwerkszeug erfahren. Daran anschließend werden Sie sich mit dem ersten Hauptsatz der Thermodynamik auseinandersetzen, den Sie sicherlich bereits aus Ihrer Schulzeit kennen. In dem Kapitel zum zweiten Hauptsatz wird es für den einen oder anderen etwas verwirrend, da die Größe Entropie etwas abstrakt ist. Ein weiterer wesentlicher Abschnitt sind die Zustandsänderungen, da diese wichtig für die Betrachtungen von Kreisprozessen ist. Das erfolgt jedoch erst im letzten Abschnitt in diesem Teil, zuvor müssen Sie sich noch mit den Verbrennungsprozessen und den Zustandsänderungen von Wasser beschäftigen. Im Kapitel zu den Zustandsänderungen von Wasser werden Sie ein wichtiges Werkzeug kennenlernen, das Mollier-Diagramm.

Teil V: Wechselwirkungen

In diesem Teil verrate ich Ihnen, wie Wissenschaftler die Vorgänge im Molekülbereich untersuchen können, obwohl diese Teilchen selbst mit den besten Lichtmikroskopen nicht erkennbar sind. Durch verschiedenartige Wechselwirkungen mit Radiowellen, sichtbarem, IR- und UV-Licht oder Röntgenstrahlen können Sie den kleinsten Teilchen Informationen entlocken, von der Molekülstruktur bis zum Querschnittsfoto einer menschlichen Niere.

Kapitel 21 enthält Informationen darüber, wie Sie Moleküleigenschaften studieren können, ohne die Substanzen mit allen möglichen physikalischen oder chemischen Kräften, Energien oder Strahlen zu foltern. Der Computer macht es möglich. Molecular-Modeling-Programme enthalten einen gewaltigen Erfahrungsschatz über Elementarteilchen, Atome, Bindungskräfte und Moleküle. Mit Berechnungen und bildhaften Darstellungen können Sie die Formen, Bewegungen und Wechselwirkungen von Molekülmodellen sichtbar machen.

Teil VI: Der Top-Ten-Teil

Wissenschaft entsteht durch die Leistung von Menschen. Intelligenz, Wissensdrang und der Mut zu neuen Ideen machen den großen Wissenschaftler aus. Vielleicht gehören Sie auch einmal zum erlauchten Kreis derer, die sich mit einer Entdeckung unsterblich machen. Damit das gelingt, stelle ich Ihnen die zehn Wissenschaftler vor, die vor über 100 Jahren die Fundamente der Physikalischen Chemie legten, und gebe Ihnen noch zehn Ratschläge, die Ihnen bei der erfolgreichen Bewältigung Ihres Studiums helfen sollen.

Teil VII Anhänge

Hier kontrollieren Sie, ob Sie die Übungsaufgaben richtig gelöst haben.

Symbole, die in diesem Buch verwendet werden

 Das am häufigsten verwendete und wichtigste Erinnerungssymbol dient zur Hervorhebung wichtiger Definitionen, die Sie sich merken sollten.

 Bei diesem Symbol finden Sie Tipps, die Ihnen die Arbeit erleichtern sollen.

 Achtung! Mit diesem Symbol mache ich Sie auf typische Fehler aufmerksam.

 Rahmen für die Übungsaufgaben

 Rahmen für die Lösungen

Wie es weitergeht

Dieses Buch vermittelt Ihnen das Basiswissen für viele Teilgebiete der Physikalischen Chemie. Ich habe mehr Wert auf Verständlichkeit als auf Vollständigkeit gelegt. Sie können mit diesem Buch vor dem Beginn Ihrer physikalisch-chemischen Lehrveranstaltungen eine einfache und manchmal unterhaltsame Grundlage zum besseren Verständnis legen. Der Unterricht wird Ihnen dann wesentlich mehr Spaß machen, weil Sie die Grundlagen schon kennen und sich auf die Vorlieben und Spezialitäten Ihrer Dozenten konzentrieren können. Oder Sie haben schon in solchen Vorlesungen gesessen und wenig bis gar nichts verstanden. Dann suchen Sie das passende Kapitel in diesem Buch heraus, wo ich Ihnen den Lehrstoff etwas ausführlicher und modellhafter erkläre.

Dieses Buch ist für Einsteiger gedacht. Für noch mehr Details finden Sie sicherlich zu jedem einzelnen Kapitel ein Buch mit ausführlichen weiteren Informationen. Wenn Sie das Buch komplett gelesen haben, sind Sie kein Laie mehr. Sie können Fachleute verstehen und mitdiskutieren. Aber ein Fachmann sind Sie dann noch lange nicht.

Teil I
Kräfte und Substanzen

.... stellen wir Ihnen eine sehr wichtige Größe vor, die Sie aus der Physik kennen, die Kraft. Sie lernen, welchen Einfluss die Einwirkung einer Kraft auf chemische Substanzen in den Aggregatzuständen fest, flüssig und gasförmig hat. Die Begriffe Druck, Temperatur, elastisches und plastisches Verhalten werden Ihnen in einem völlig neuen Licht erscheinen.

Kapitel 1
Gase unter Druck: Die Gasgesetze

Im ersten Teil geht es um die Einwirkung der physikalischen Größen Temperatur und Kraft oder Druck auf chemische Substanzen. Einer der ersten Chemiker, der maßgeblich die Physikalische Chemie mitbegründet hat, war Joseph Louis Gay-Lussac. Er untersuchte den Einfluss der Temperatur auf das Volumen von Gasen bei konstantem Druck. Das erste Kapitel ist daher dem Zusammenspiel der Einflussgrößen Druck, Volumen und Temperatur bei idealen und realen Gasen gewidmet.

Physik plus Chemie gleich Physikalische Chemie?

Während Ihnen die naturwissenschaftlichen Disziplinen Physik und Chemie aus Ihrer Schulzeit als Unterrichtsfächer bekannt sind, können Sie wahrscheinlich mit der Kombination Physikalische Chemie zunächst einmal wenig anfangen. Gemäß der alten Schülerweisheit, »Chemie ist das, was kracht und stinkt. Physik ist das, was nie gelingt«, könnten Sie vielleicht scherzhaft unterstellen, dass hier chemische Experimente mit niedriger Erfolgsquote durchgeführt werden. Das ist aber nicht der Fall!

 Die Physikalische Chemie ist ein Teilgebiet der Chemie, das sich mit der Anwendung physikalischer Methoden auf die Beschreibung der Eigenschaften oder des Verhaltens von chemischen Stoffen und Stoffgemischen beschäftigt.

Eine klare Abgrenzung zur Physik und zur Allgemeinen und Analytischen Chemie ist häufig nicht vorhanden. So werden Sie feststellen, dass Sie einzelne der in diesem Buch vorgestellten Formeln und Diagramme bereits in anderen Disziplinen kennengelernt haben. Und auf der anderen Seite muss ich damit rechnen, dass man mir vorhält, eine Teildisziplin nicht ausreichend berücksichtigt zu haben.

Das ideale Gas

Für das Verständnis der meisten physikalisch-chemischen Formeln und Phänomene sollten Sie sich das folgende stark vereinfachte Modell der Materie gut einprägen.

✔ Eine Substanz verhält sich so, als ob sie aus kleinen kugelförmigen Teilchen (Atomen, Molekülen, Ionen) aufgebaut ist.

✔ Die Teilchen ziehen sich bei sehr kleinen Abständen gegenseitig an (Van-der-Waals-Kräfte, elektrostatische Kräfte).

✔ Abhängig von der Temperatur haben diese Teilchen eine mittlere Bewegungsenergie $\overline{E}_{kin}$.

✔ In festen Substanzen liegen die Teilchen direkt aneinander und sind nicht gegeneinander verschiebbar. Die Bewegungsenergie bewirkt lediglich eine Schwingung im Bereich der festen Position.

✔ In Flüssigkeiten liegen die Teilchen direkt aneinander, verändern aber ständig ihre Positionen, da die Bewegungsenergie die Gitterenergie überwiegt.

✔ In idealen Gasen bewegen sich die Teilchen in sehr großen Abständen, sodass keine gegenseitigen Anziehungskräfte wirksam werden. Die Größe der Teilchen spielt keine Rolle. Es finden elastische Stöße der Teilchen untereinander und mit der Gefäßwand statt (*Kinetische Gastheorie*).

Da die Teilchengröße bei idealen Gasen vernachlässigbar ist, ergibt sich, dass eine gleich große Teilchenzahl eines beliebigen Gases bei gleichem Druck und gleicher Temperatur immer das gleiche Volumen einnimmt.

 Unter Normalbedingungen nimmt ein Mol eines idealen Gases 22,414 L ein (nach DIN 1343 sind die Normalbedingungen durch die Normtemperatur (T_n = 273,15 K beziehungsweise t_n = 0 °C) und den Normdruck (p_n = 101325 Pa = 1,01325 bar = 760 Torr = 1 atm) gegeben.).

Aber was bedeuten eigentlich Druck und Temperatur?

Druck

In der Physik haben Sie gelernt, dass der Druck p eine Kraft F pro Fläche A ist (p = F/A). Da sich in einem Gas die Teilchen ungerichtet und mit unterschiedlichen Geschwindigkeiten bewegen, üben sie durch das Aufprallen auf eine Gefäßwand eine Kraft durch die Summe vieler Stöße aus. Bei konstanter Temperatur ist die Kraft auf eine bestimmte Fläche proportional zur Trefferquote. Die Trefferquote wiederum ist direkt proportional zur Teilchendichte, das heißt, wenn in einem Volumen doppelt so viele Teilchen vorhanden sind, verdoppelt sich die Trefferquote und damit die Kraft pro Fläche.

Temperatur

Die *Temperatur* ist ein Maß für die mittlere kinetische Energie (die Bewegungsenergie) der Teilchen. Vielleicht erinnern Sie sich noch an den Physikunterricht, in dem Sie gelernt haben, dass die kinetische Energie eines Körpers das Produkt aus der Masse geteilt durch 2 und dem Quadrat der Geschwindigkeit ist:

$$\overline{E}_{kin} = {}^{1}\!/_{2}m \cdot v^2$$

Bei einem reinen Gas (zum Beispiel Sauerstoff) ist die Masse aller Teilchen gleich. Die Geschwindigkeit der einzelnen Teilchen ist jedoch unterschiedlich und ändert sich mit jedem elastischen Stoß. Es stellt sich eine statistische Verteilung der Teilchengeschwindigkeiten ein (Maxwell-Boltzmann-Verteilung). Aus der Formel für diese Verteilung lässt sich eine Berechnungsfunktion für die mittlere kinetische Energie $\overline{E}_{kin}$ der Teilchen als Funktion der Temperatur T herleiten:

$$\overline{E}_{kin} = \frac{3}{2}k_B \cdot T$$

k_B (Boltzmann-Konstante) $= 1{,}38 \cdot 10^{-23} J \cdot K - 1 = 1{,}38 \cdot 10^{-23} J \cdot K^{-1}$

 Im Sprachgebrauch werden oft die Begriffe Temperatur und Wärme gleichgesetzt. Es handelt sich aber um unterschiedliche physikalische Größen. Die Temperatur wird in K (Kelvin) oder °C (Grad Celsius) angegeben, die Wärme in J (Joule).

Wärme oder Temperatur?

Um den Unterschied zwischen Temperatur und Wärme zu erkennen, müssen Sie nur im Winter eine Holzstange und eine Eisenstange in die Hand nehmen. Die Eisenstange wird Ihnen viel kälter vorkommen, obwohl beide Materialien die gleiche Temperatur besitzen. Auch bei hohen Temperaturen können Sie diesen Effekt feststellen. Sie können relativ schmerzfrei eine Sauna mit 60 °C betreten, aber Sie sollten sich hüten, Ihre Hand in einen Topf mit 60 °C heißem Wasser zu tauchen. Das liegt daran, dass Ihre Sinneszellen nicht die Temperatur, sondern den Wärmefluss erfassen. Das Phänomen Wärme wird Ihnen in Teil IV *Thermodynamik* noch näher vorgestellt.

Das Boyle-Mariotte'sche Gesetz

Bereits in der Mitte des 17. Jahrhunderts beschäftigten sich zwei Physiker mit systematischen Untersuchungen zur Beziehung zwischen dem Druck und dem Volumen von Gasen bei konstanter Temperatur. Unabhängig voneinander leiteten der Ire Robert Boyle und der Franzose Edme Mariotte eine Formel her, die sich mithilfe des vorgestellten Modells leicht erklären lässt.

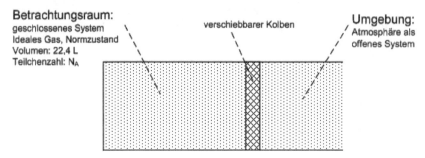

Abbildung 1.1: Ideales Gas in einem geschlossenen System

Bei dem in Abbildung 1.1 skizzierten Betrachtungsraum liegt ein System vor, das aus einem mit idealem Gas gefüllten Gefäß im Normzustand besteht. Das Volumen soll 22,4 L betragen. Damit ist im Betrachtungsraum ein Mol des Gases Anzahl der Gasteilchen nach Avogadro ($N_A = 6,022 \cdot 10^{23} \text{mol}^{-1}$).

Die Betrachtung schließt einen im Kontakt mit der Atmosphäre stehenden, beweglichen Kolben ein.

Da die Teilchen im Betrachtungsraum sich wahllos in alle Richtungen bewegen, stoßen sie auch auf den Kolben. Dadurch wird auf den Kolben eine Kraft ausgeübt, die ihn vom Betrachtungsraum wegdrückt. Dass sich der Kolben nicht bewegt, liegt daran, dass durch die Atmosphäre auf der Gegenseite eine gleich große Gegenkraft erzeugt wird.

Für diese Kraft ergeben sich folgende Abhängigkeiten:

✔ Je mehr Teilchen pro Zeitintervall auf den Kolben treffen, desto größer ist die Kraft F.

✔ Je größer die Kolbenfläche A ist, desto mehr Teilchen pro Zeitintervall treffen auf den Kolben. Die Kraft ist also proportional zur Fläche:

$$F \propto A \text{ oder } \frac{F}{A} = \text{konst.}$$

Eine Kraft F pro Fläche A ist ein Druck p. Das Gas übt also einen Druck auf den Kolben aus, der genau dem Umgebungsdruck (hier: Normdruck) entspricht.

In Abbildung 1.2 wird der Kolben so verschoben, dass das Volumen des Betrachtungsraums halbiert wird. Die Anzahl der Teilchen pro Volumen ist doppelt so hoch (1 Mol pro 11,2 L). Entsprechend ist die Trefferzahl auf die Kolbenfläche pro Zeitintervall doppelt so hoch und folgerichtig auch die Kraft auf den Kolben. Die Kraft ist also umgekehrt proportional zum Volumen:

$$F \propto \frac{1}{V}$$

Da die Kraft sowohl zur Fläche A als auch zum Kehrwert des Volumens proportional ist, muss sie auch zum Produkt der beiden Größen proportional sein:

$$F \propto A \cdot \frac{1}{V} \text{ oder } \frac{F}{A} \cdot V = \text{konst}$$

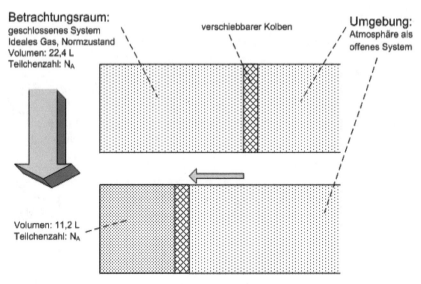

Abbildung 1.2: Druckerhöhung durch Volumenverkleinerung

Jetzt ersetzen Sie noch die Kraft F pro Fläche A durch den Druck p und erhalten das *Boyle-Mariotte'sche Gesetz*:

$$p \cdot V = \text{konst.}$$

Das Gay-Lussac'sche Gesetz

Anfang des 19. Jahrhunderts führte Joseph Louis Gay-Lussac Experimente durch, um den Zusammenhang zwischen Druck, Volumen und Temperatur von Gasen zu bestimmen. Entsprechende Versuche hatten bereits zuvor die Physiker Jacques Charles und Guillaume Amontons durchgeführt, sodass die beiden folgenden Gesetze häufig auch nach diesen benannt werden.

Wird bei konstantem Volumen die Temperatur eines Gases erhöht, steigt proportional zu der erhöhten kinetischen Energie die Kraftübertragung durch die Summe der Teilchenstöße gegen die Gefäßwand. Der Druck nimmt linear mit der Temperaturerhöhung zu. Wenn das Gas hingegen die Möglichkeit hat, durch eine Volumenvergrößerung die Anzahl der Teilchenstöße pro Zeitintervall zu verringern, zeigt sich ein linearer Zusammenhang zwischen der Temperaturerhöhung und der Volumenzunahme:

$$V_t = V_0 + \frac{V_0}{273} \cdot t$$

Erstes Gesetz von Gay-Lussac (Gesetz von Charles)

Bei konstantem Druck nimmt das Volumen V eines Gases bei einer Temperaturerhöhung um 1 °C um 1/273 seines Volumens V_0 bei 0 °C zu. Mithilfe des ersten Gesetzes von Gay-Lussac können Sie also das Volumen V_t bei einer beliebigen Celsius-Temperatur t berechnen. Ich habe Ihnen gleich den richtigen Ausdehnungskoeffizienten angegeben. Ganz so exakt konnte Joseph Louis Gay-Lussac diesen allerdings nicht bestimmen, er berechnete einen Wert von 1/266.

Der absolute Nullpunkt

Aus dem Gay-Lussac'schen Gesetz ergibt sich eine einfache Schlussfolgerung. Da das Volumen eines Gases nicht negativ sein kann, muss es einen Anfangspunkt der Geraden $V_t(t)$ geben. Bei Temperaturen unterhalb von −273 °C würde theoretisch das Gasvolumen V_t kleiner null. Demnach muss es einen unteren Grenzwert für die Temperatur geben, der nicht unterschritten werden kann, den absoluten Nullpunkt der Temperatur. Die kinetische Energie aller Teilchen ist dort null, sie bewegen sich nicht. Für physikalisch-chemische Berechnungen, insbesondere im Bereich der Thermodynamik, ist die Verwendung der absoluten Temperaturskala von Vorteil.

 Die *absolute Temperatur* T wird in K (Kelvin) angegeben. Der Nullpunkt T_0 dieser Skala liegt bei 0 K, das entspricht −273,15 °C. Die Skalenschritte entsprechen der Celsiusskala. Eine Temperaturerhöhung um 1 K ist gleich einer Temperaturerhöhung um 1 °C.

Das erste Gesetz von Gay-Lussac kann bei Verwendung der absoluten Temperatur vereinfacht werden:

$$V \propto T \text{ oder } \frac{V}{T} = \text{konstant oder } \frac{V_1}{T_1} = \frac{V_2}{T_2}$$

Bei der Erwärmung von Gas in einem geschlossenen Behälter steigt der Druck im Behälter proportional zur Temperaturerhöhung. Dementsprechend können Sie mit einer einfachen Formel den erhöhten Druck berechnen:

$$P \propto T \text{ oder } \frac{P}{T} = \text{konstant oder } \frac{P_1}{T_1} = \frac{P_2}{T_2}$$

Zweites Gesetz von Gay-Lussac (Gesetz von Amontons)

Gasgesetze beim Autorennen

Sicherlich haben Sie schon einmal ein Formel-1-Rennen im Fernsehen verfolgt und fasziniert festgestellt, dass jedes Detail bei den Rennwagen für den Sieg entscheidend sein kann. Es geht häufig nur um wenige tausendstel Sekunden pro Runde, und schon ein minimal falsch eingestellter Reifendruck kann einen Fahrer um einige Plätze zurückwerfen. Für uns Otto-Normalverbraucher wirkt es schon recht kurios, wenn vor einem Reifenwechsel diese zuerst aus Heizdecken ausgepackt werden oder wenn die Fahrer in einer Aufwärmrunde wilde Schlangenlinien fahren, damit die Reifen nicht abkühlen. Bei normalem Renntempo erhitzen sich die Reifen auf rund 90 °C. Der ideale Reifenüberdruck beträgt 0,7 bar, der absolute also 1,7 bar. Mithilfe des zweiten Gay-Lussac'schen Gesetzes können Sie berechnen, wie fatal sich eine Abkühlung der Reifen auf 20 °C auswirken würde. Vorsicht! Sie müssen mit absoluten Temperaturwerten rechnen, also zu der Celsiustemperatur den Wert 273 addieren, um die Kelvintemperatur zu erhalten. Die Berechnung lautet: $x/293 = 1,7/363$. Der Reifendruck fällt auf 1,37 bar. Der Reifenüberdruck gegenüber dem Umgebungsdruck hat sich von 0,7 bar auf 0,37 bar fast halbiert.

Die allgemeine Gasgleichung

Wenn Sie die drei bisher vorgestellten Gesetzmäßigkeiten verstanden haben, ist es nur noch ein kleiner Schritt zur Herleitung der allgemeinen Gasgleichung. Die Zustandsvariablen Druck, Volumen und Temperatur wurden in den Experimenten von Boyle, Mariotte, Charles, Amontons und Gay-Lussac immer nur paarweise untersucht, wobei die dritte Zustandsvariable konstant blieb.

Eine Größe, die zu zwei voneinander unabhängigen Größen proportional ist, ist mathematisch betrachtet auch zum Produkt der beiden Größen proportional. Demnach ist das Produkt aus Druck mal Volumen proportional zur absoluten Temperatur.

$$p \cdot V \propto T \text{ oder } \frac{p \cdot V}{T} = \text{konstant}$$

Nach der kinetischen Gastheorie ergibt sich der Druck durch die Summe von Stößen der Teilchen auf die Wandfläche, die wiederum proportional zur Anzahl der Teilchen pro Volumen oder der Stoffmenge n (in mol) pro Volumen ist. Nun fehlt nur noch eine Proportionalitätskonstante, die universelle oder molare Gaskonstante R, und Sie haben die allgemeine Gasgleichung für ideale Gase:

$$p \cdot V = n \cdot R \cdot T$$

Der Wert der molaren Gaskonstanten R beträgt $8{,}3143\,\text{J} \cdot \text{K}^{-1} \cdot \text{mol}^{-1}$. Sie können diesen Wert rechnerisch erhalten, indem Sie einfach die bekannten Werte aus der Definition des molaren Gasvolumens unter Normbedingungen in die Gleichung einsetzen:

Druck $p = 101325\,\text{Pa}(\text{N} \cdot \text{m}^{-2})$, Volumen $V = 22{,}414\,\text{L}(10^{-3}\,\text{m}^3)$, Stoffmenge $n = 1\,\text{mol}$, Temperatur $T = 273{,}15\,\text{K}$

Das reale Gas

Bei den Gasen ist es auch nicht anders als im wirklichen Leben. Ein Idealzustand ist etwas sehr Erstrebenswertes, aber die Realität kann mehr oder weniger stark davon abweichen. Betrachten Sie einfach nochmals das Modell des idealen Gases. Das Volumen der Teilchen ist so klein, dass es im Vergleich zum Abstand der Teilchen vernachlässigt werden kann. Aufgrund des großen Abstands treten keine Anziehungskräfte zwischen den Teilchen auf. Dass dieses Modell seine Grenzen hat, erkennen Sie schon an der Tatsache, dass nach dem ersten Gay-Lussac'schen Gesetz das Volumen eines Gases bei −273,15 K kein Volumen mehr besitzen darf oder − drastisch ausgedrückt − nicht mehr vorhanden ist. Das ist mit Sicherheit für kein tatsächlich existierendes Gas der Fall.

Wie ideal sind nun eigentlich Gase wie Wasserstoff, Sauerstoff, Stickstoff, Helium oder Kohlendioxid? Immerhin wurden doch mit diesen Gasen oder Gasgemischen die idealen Gasgesetze experimentell bestimmt. Tatsächlich sind die Abweichungen bei genügend hohen Temperaturen und niedrigen Drücken sehr gering, wie Sie an Tabelle 1.1 erkennen können.

Gas	Molvolumen [L] bei 25 °C und 1 bar
Ideales Gas	24,7896
Wasserstoff	24,8
Sauerstoff	24,8
Stickstoff	24,8
Helium	24,8
Kohlendioxid	24,6

Tabelle 1.1: Molvolumen verschiedener realer Gase

Der berechnete Wert für ein ideales Gas stimmt verblüffend genau mit den gemessenen Werten für die realen Gase überein. Lediglich beim Kohlendioxid ist eine Abweichung zu beobachten, die jedoch kleiner als 1 % ist.

Bei einer Erhöhung der Teilchendichte durch Druckerhöhung oder Temperaturerniedrigung ergeben sich aber erhebliche Abweichungen vom idealen Verhalten. Je nach der tatsächlichen Größe der Gasmoleküle wird der Abstand der Teilchen irgendwann so gering, dass eben doch Anziehungskräfte zwischen ihnen auftreten und ein Übergang in den flüssigen oder festen Aggregatzustand stattfindet. Der Wackelkandidat aus der Tabelle, das Kohlendioxid, geht bei Abkühlung auf −78,5 °C bereits in die Knie und wird zum festen Trockeneis. Propangas wird bei 20 °C und einem Druck von 8,3 bar flüssig, wie Sie leicht bei Ihrem Gasfeuerzeug sehen können. Wasser, das zwar aus kleinen, aber dafür polaren Molekülen besteht, ist aufgrund der wesentlich stärkeren elektrostatischen Anziehungskräfte sogar schon bei Raumtemperatur flüssig.

Um der Tatsache Rechnung zu tragen, dass die Gasteilchen eben doch ein Volumen besitzen und eine abstandsabhängige Wechselwirkung aufweisen, muss die allgemeine Gasgleichung modifiziert werden.

✔ Durch die Komprimierung von Gasen verringern sich zwangsläufig die Abstände der Gasteilchen voneinander. Dabei entstehen zunehmend Wechselwirkungen zwischen den Teilchen. Die gegenseitigen Anziehungskräfte der Teilchen vermindern deren Geschwindigkeiten und damit die Aufprallkräfte auf die Gefäßwand und damit den Druck. Der reale Druck vermindert sich dadurch gegenüber dem idealen Druck um einen Anteil, der von der Stoffmenge pro Volumen abhängig ist:

$$p_{\text{real}} = p_{\text{ideal}} - \frac{a \cdot n^2}{V^2}$$

Die stoffspezifische Größe a bezeichnet der Physikochemiker als *Kohäsionsdruck.*

✔ Gasmoleküle sind keine unendlich kleinen Teilchen. Sie besitzen ein Volumen, das zum theoretischen Volumen eines idealen Gases addiert werden muss:

$$V_{\text{real}} = V_{\text{ideal}} + n \cdot b$$

Der Volumenanteil b heißt auch *Kovolumen.*

Ersetzen Sie den idealen Druck und das ideale Volumen der Zustandsgleichung für ideale Gase durch die korrigierten Werte, und Sie erhalten die Van-der-Waals-Gleichung für reale Gase:

$$\left(p_{\text{real}} + \frac{a \cdot n^2}{V_{\text{real}}^2}\right) \cdot (V_{\text{real}} - n \cdot b) = n \cdot R \cdot T$$

Für die Herleitung dieser Zustandsgleichung erhielt der Niederländer Johannes Diderik van der Waals im Jahr 1910 den Nobelpreis für Physik.

Damit Sie sehen, wie sich die Korrektur bei unterschiedlichen Gasen auswirkt, stelle ich Ihnen in Tabelle 1.2 einige Zahlenwerte aus der Fachliteratur vor.

Gas	Kohäsionsdruck $a/(bar \cdot L2 \cdot mol - 2)$	Kovolumen $b/(L \cdot mol - 1)$
Helium	0,035	0,024
Wasserstoff	0,25	0,027
Sauerstoff	1,38	0,032
Stickstoff	1,41	0,039
Kohlendioxid	3,64	0,043

Tabelle 1.2: Werte für Kohäsionsdruck und Kovolumen für verschiedene reale Gase

Das Edelgas Helium besteht aus freien Atomen, also den kleinstmöglichen Gasteilchen, und weist daher auch die niedrigsten Korrekturwerte auf. Selbst bei niedrigem Druck und tiefer Temperatur verhält es sich noch fast wie das theoretische ideale Gas.

Kapitel 2
Zerreißprobe für Feststoffe – Verformung

Durch die Einwirkung von Kräften auf Feststoffe können Sie die unterschiedlichsten Effekte hervorrufen. Je nach Art des Materials sowie Stärke und Richtung der einwirkenden Kräfte erzeugen Sie eine vorübergehende oder auch eine bleibende Veränderung der Form. Der Feststoff wird zusammengedrückt oder gedehnt. Durch nicht zu festes Schlagen oder Ziehen erzeugen Sie Töne, Geräusche oder unhörbare Schwingungen, ohne dass eine bleibende Verformung entsteht. Diese sogenannte *elastische Verformung* führt zu vorübergehenden Schwingungen des Materials um seine Ausgangsform. Im Gegensatz dazu erzeugen Sie mit roher Gewalt eine plastische Verformung, bei der die Form des Materials bleibend verändert wird oder der Feststoff zerbricht.

In diesem Kapitel stelle ich Ihnen die verschiedenen Verformungsarten vor und zeige Ihnen, wie Sie die Zusammenhänge zwischen Kraft und elastischer Verformung mathematisch mithilfe des Hooke'schen Gesetzes beschreiben können. Anschließend erfahren Sie, wie in der Werkstoffkunde das elastische und das plastische Verformen mithilfe eines Spannungs-Dehnungs-Diagramms beschrieben wird.

Dehnung und Stauchung

Feststoffe bestehen grundsätzlich aus den gleichen Teilchen wie die in Kapitel 1 vorgestellten Gase. Der Unterschied besteht in der Anordnung dieser Atome, Moleküle oder Ionen. Bei Gasen sind diese frei beweglich und üben praktisch keine gegenseitigen Anziehungskräfte aufeinander aus. Wenn Sie einen gefüllten Luftballon zum Platzen bringen, verschwinden die zuvor eingesperrten Gasmoleküle ungehindert in alle Himmelsrichtungen. Holen Sie hingegen eine Geldmünze aus Ihrer Geldbörse und legen sie vor sich auf den Tisch, müssen Sie nicht befürchten, dass diese sich in ihre Atome zerlegt und verflüchtigt. In Feststoffen liegen die Teilchen direkt aneinander und halten sich durch ihre Anziehungskräfte gegenseitig fest in ihrer Position.

Das bedeutet allerdings nicht, dass die Feststoffteilchen in ihrer Struktur völlig bewegungslos verharren müssen. Sie kennen den Begriff »in klingender Münze bezahlen«. Metalle und auch andere Feststoffe produzieren Töne oder Geräusche, wenn sie mit anderen Feststoffen zusammenstoßen. Durch diese kurze Krafteinwirkung entsteht eine minimale Verformung in der Feststoffstruktur. Sobald die äußere Kraft nicht mehr einwirkt, bewegen sich die Feststoffteilchen in ihre ursprüngliche Position zurück. Die schnelle Hin- und Herbewegung versetzt die Luft in Schwingungen und erzeugt dadurch das Geräusch.

Jeder Feststoff ändert bei der Einwirkung einer Kraft seine Form. Wenn die Kraft nicht zu groß ist, nimmt der Feststoff nach der Krafteinwirkung wieder seine ursprüngliche Form ein. Zu große Kräfte führen zu einer bleibenden Verformung. Die Atome oder Moleküle des Feststoffs verlassen ihre ursprüngliche Position und nehmen neue Plätze im Feststoffgerüst ein.

Eine *reversible* (umkehrbare) oder *elastische Deformation* ist eine Verformung, bei der ein Festkörper nach einer Krafteinwirkung wieder seine ursprüngliche Form einnimmt. Eine irreversible (nicht umkehrbare) oder plastische Deformation führt zu einer bleibenden Formänderung.

Bei einer Beschreibung der Auswirkungen einer Kraft auf einen Feststoff müssen Sie bedenken, dass die Kraft eine Vektorgröße ist. Sie hat nicht nur eine Größe, sondern auch eine Richtung. Außerdem muss eine Gegenkraft vorhanden sein, die den Festkörper auf einer Seite festhält, damit er bei der Krafteinwirkung nicht wegfliegt. Je nach der Richtung der einwirkenden Kraft können Sie dann einen Feststoff seitlich biegen, in die Länge ziehen oder zusammendrücken.

Eine seitlich einwirkende Kraft heißt *Scherkraft*. Die Scherung des Feststoffs kann elastisch erfolgen, wie bei einer Stimmgabel, oder plastisch, wie bei einer verbogenen Eisenstange.

Die Scherung werde ich Ihnen in diesem Kapitel nicht weiter vorstellen. In Kapitel 3 spielt sie aber eine wichtige Rolle bei der Beschreibung des Fließverhaltens von Flüssigkeiten.

Eine *Dehnung* ist die Deformation, die Sie mit einer Zugkraft erzeugen. In entgegengesetzter Richtung erzielen Sie mit einer Druckkraft eine *Stauchung*.

Den Nagel auf den Kopf treffen

Was Stauchung, Dehnung oder Scherung bedeuten, können Sie sich verdeutlichen, wenn Sie ein Bild aufhängen wollen und dazu einen Nagel in die Wand schlagen. Im Idealfall treffen Sie den Nagel gerade auf den Kopf. Außer der erwünschten Tatsache, dass Sie den Nagel dabei weiter in die Wand schlagen, tritt eine elastische Verformung auf. Der Nagel wird beim Auftreffen des Hammers für einen Sekundenbruchteil etwas kürzer und nimmt genauso schnell wieder seine ursprüngliche Form an. Die elastische Stauchung ist allerdings so minimal und geht so schnell, dass Sie es nicht sehen können. Trifft Ihr Hammer schräg auf den Nagelkopf, verteilt sich die Kraft in die erwünschte Richtung zur Wand hin und eine sehr ärgerliche seitliche Scherkraft. Im schlimmsten Fall ist die seitlich einwirkende Kraftkomponente genügend groß, um den Nagel irreversibel zu verbiegen. Sie können dann noch versuchen, den Nagel zurückzubiegen. Oder Sie ziehen den Nagel wieder aus der Wand und nehmen einen neuen. Beim Herausziehen findet übrigens eine elastische Dehnung statt, die aber auch so minimal ist, dass Sie es nicht bemerken.

Außer der Genugtuung durch den hoffentlich erfolgreich eingeschlagenen Nagel kann der Versuch Sie nicht zufriedenstellen, da Sie die elastischen Deformationen nicht sehen. Ein Erfolgserlebnis wird Ihnen dafür die ausgebaute Feder eines Kugelschreibers liefern. Diese können Sie an einem Ende festhalten und am anderen Ende in jede gewünschte Richtung ziehen oder drücken, um alle Arten der elastischen und plastischen Deformation auszuprobieren.

Das Hooke'sche Gesetz

Die elastische Feder folgt unter der Einwirkung einer Zug- oder Druckkraft den gleichen Gesetzmäßigkeiten wie ein kompakter Feststoff. Da sie sich wesentlich weiter dehnen lässt, bevor eine plastische Deformation stattfindet, ist sie für Naturwissenschaftler und Ingenieure ein beliebtes Modell zur Beschreibung aller elastischen Vorgänge.

Der englische Wissenschaftler Robert Hooke entwickelte eine mathematische Gleichung, die eine Berechnung der idealen elastischen Stauchung oder Dehnung als Funktion der Kraft ermöglicht. Die Überlegungen zur Herleitung dieser Gleichung können Sie anhand eines Modellversuchs leicht nachvollziehen. In Abbildung 2.1 habe ich drei Federn skizziert, die am oberen Ende befestigt sind. Die unten angehängten Gewichte bewirken durch ihre Zugkraft eine Dehnung.

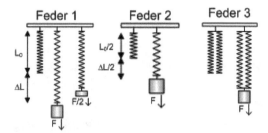

Abbildung 2.1: Dehnung von Federn

Die Anfangslänge einer ungedehnten Feder ist L_0. Die Zugkraft F bewirkt eine Längenänderung ΔL, die Sie als Differenz zwischen der erzielten Endlänge L und der Ausgangslänge L_0 berechnen.

Bei der Feder 1 sehen Sie, dass eine Halbierung der Zugkraft zu einer Halbierung der Längenänderung führt. Innerhalb des elastischen Bereichs ist die Längenänderung proportional zur Zugkraft:

$$\Delta L \propto F$$

Die Feder 2 ist nur halb so lang wie Feder 1. Die Zugkraft führt nur zu einer halb so großen Längenänderung. Die mit einer Zugkraft erzielbare Längenänderung ist proportional zur Anfangslänge:

$$\Delta L \propto L_0$$

Die Feder 3 besteht aus zwei parallel gespannten Federn 1. Die Kraft verteilt sich auf die beiden Federn und resultiert jeweils in einer halb so großen Längenänderung. Diese ist also umgekehrt proportional zur Anzahl der Federn. Die parallel gespannten Federn sollen Ihnen aber nur die Dehnung eines Metallstabs vorführen. Die in Zugrichtung hintereinanderliegenden Atome verhalten sich wie eine einzelne Feder. Je größer die Querschnittsfläche A des Stabs ist, desto kleiner wird die Längenänderung:

$$\Delta L \propto \frac{1}{A}$$

Sie können die drei Proportionalitätsformeln zusammenfassen:

$$\Delta L \propto \frac{F \cdot L_0}{A} \text{ oder umformuliert } \frac{F}{A} \propto \frac{\Delta L}{L_0}$$

Mit der Proportionalitätskonstante E erhalten Sie das *Hooke'sche Gesetz*:

$$\frac{F}{A} = E \cdot \frac{\Delta L}{L_0}$$

Die Konstante E ist ein stoffspezifischer Wert, der *Elastizitätsmodul*. Da auf beiden Seiten einer Gleichung die gleiche Einheit stehen muss, erhält der Elastizitätsmodul die Einheit Newton pro Quadratmeter oder Pascal.

In der wissenschaftlichen Literatur finden Sie meistens eine verkürzte Schreibweise des Hooke'schen Gesetzes. Die Kraft pro Fläche heißt dann *Materialspannung* σ (sprich: sigma), und die Längenänderung pro Anfangslänge heißt *relative Längenänderung* ε (sprich: epsilon).

$$\sigma = E \cdot \varepsilon$$

Ein »unruhiges« Universalgenie

Der Engländer Robert Hooke war ein echtes Universalgenie des 17. Jahrhunderts. Obwohl er keinen akademischen Abschluss hatte, tat er sich unter anderem als Erfinder, Architekt, Zeichner, Astronom, Meteorologe und Physiker hervor. Besonders fasziniert war er von den Einsatzmöglichkeiten elastischer Metallfedern. Er gilt neben dem niederländischen Physiker Christiaan Huygens, mit dem er sich lange um das Urheberrecht stritt, als Erfinder der federgetriebenen Uhr. Diese arbeitet mit einer Spiralfeder, der sogenannten *Unruh*. Die hohe und sehr präzise Schwingungsfrequenz der Unruh stellte eine deutliche Verbesserung gegenüber der Pendeluhr dar.

Elastisch, plastisch, bis es zerreißt

Genau wie die Feder hat auch jeder Feststoff eine begrenzte Elastizität. Ab einer gewissen Materialspannung, die in der Werkstofftechnik *Streckgrenze* heißt, können Sie den Stoff nicht weiter dehnen, ohne dass er irreversibel verformt wird. Oberhalb dieser Streckgrenze verhält sich jedes Material unterschiedlich. Metalle können Sie über einen weiten Dehnungsbereich »kalt« verformen. Kristalline Mineralien oder Glas können Sie hingegen bei Raumtemperatur kaum verformen, da diese bei Überdehnung sehr schnell die Bruchgrenze erreichen.

In Abbildung 2.2 sehen Sie ein Modellbeispiel für das Dehnungsverhalten eines Metalls bei Zugbeanspruchung bis zur Bruchgrenze.

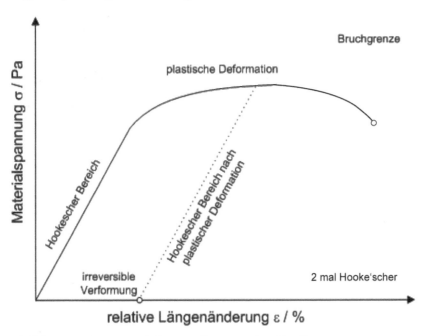

Abbildung 2.2: Spannungs-Dehnungs-Diagramm eines Metalls

In dem sogenannten *Spannungs-Dehnungs-Diagramm* können Sie die Materialspannung als Funktion der relativen Längenänderung darstellen. Die ideale elastische Verformung, die entsprechend dem Hooke'schen Gesetz erfolgt, sehen Sie im Diagramm als eine Ursprungsgerade. Bei weiterer Dehnung geht die Gerade in eine flachere Kurve über. Die Streckgrenze liegt im Anfangsbereich dieser Kurve.

In dem flach ansteigenden Mittelteil der Messkurve findet durch plastisches Fließen eine Verformung statt. Sie können erkennen, dass die Längenänderung als Maß für die Deformation ohne größeren Anstieg der Materialspannung erfolgt. Wenn Sie den Streckversuch in diesem Bereich abbrechen, verhält sich das Material wieder elastisch. Die gestrichelte Linie zeigt Ihnen das elastische Entspannen des zuvor plastisch verformten Werkstücks. Da das Material gleich geblieben ist – Sie haben schließlich nur die Form verändert –, entspricht die gestrichelte Linie der Geraden im anfänglichen Hooke'schen Bereich. Sie ist nur um die irreversible Verformung nach rechts verschoben.

Irgendwann erreicht jedes Material seine Belastungsgrenze. Beim Überschreiten einer gewissen Materialspannung kommt es zum Brechen oder Zerreißen. Am Ende der Messkurve sehen Sie die markierte Bruchgrenze.

 Sie können im Bereich der plastischen Deformation ein Metall verformen, ohne es durch Hitze zu schmelzen. Die Druckverformung heißt auch *Kaltverformung* oder *Kaltumformung*.

Hilfreich gegen Schwitzen und Asthma

Das Kaltfließen funktioniert besonders gut bei dem Leichtmetall Aluminium. Die Herstellung sogenannter Monoblock-Dosen erfolgt durch Pressen aus einem Aluminiumblock in eine Form. Solche Dosen sehen eleganter aus und sind stabiler als Blechdosen, die aus mehreren verbundenen Stücken bestehen. Werfen Sie einmal einen genauen Blick auf Ihr Deodorant. Fast alle Spraydosen für Kosmetika und Pharmazeutika sind Aluminium-Monoblockdosen.

Kapitel 3
Die Sache kommt in Fluss – Viskosität

D urch das Einwirken von Kräften wird eine Flüssigkeit in Bewegung versetzt. Sie fließt, sie lässt sich beispielsweise umrühren, ausgießen oder durch Rohre pressen. Die Geschwindigkeit des Fließens ist aber bei verschiedenen Flüssigkeiten sehr unterschiedlich. Öle oder Sirupe sind wesentlich zähflüssiger als Wasser oder Alkohole. Die Erklärung liefert eine Betrachtung des Fließverhaltens auf molekularer Ebene. Je stärker die Moleküle der Flüssigkeit aneinander haften, desto größer ist die Reibungskraft beim Verschieben der Moleküle während des Fließvorgangs. Die Zähigkeit oder Viskosität heißt daher auch *innere Reibung*.

Die Rheologie ist eine Teilwissenschaft der Physikalischen Chemie, die sich mit dem Fließverhalten von Flüssigkeiten und Gallerten (viskoelastischen Flüssigkeiten) beschäftigt. In diesem Kapitel stelle ich Ihnen die wichtigsten Formeln und Diagramme der Rheologie vor. Außerdem lernen Sie Geräte und Methoden kennen, mit denen Sie im Labor Viskositätsversuche durchführen und auswerten können.

Zähe Sache, die idealviskosen Flüssigkeiten

Stellen Sie sich vor, Sie finden im Labor ein Becherglas, das mit einer klaren, oberflächlich glatten Substanz gefüllt ist. Bevor Sie das Gefäß in die Hand nehmen, können Sie nicht beurteilen, ob der Inhalt eine dünnflüssige oder eine zähflüssige Substanz ist. Vielleicht besteht der Inhalt auch aus einem klaren, streichfähigen Gel. Oder – zugegebenermaßen nicht sehr wahrscheinlich – ein Scherzbold hat das Gefäß mit einem klaren, festen Kunststoff gefüllt und freut sich auf Ihren Gesichtsausdruck, wenn Sie versuchen, die vermeintliche Flüssigkeit mit einem Stab umzurühren. Erst nachdem Sie durch Bewegen des Gefäßes oder durch Umrühren mit einem Glasstab festgestellt haben, ob und wie schnell sich die Substanz in Bewegung versetzen lässt, können Sie eine Aussage über ihre Zähigkeit treffen. Physikalisch gesehen haben Sie eine Kraft auf die Substanz ausgeübt und die daraus resultierende Geschwindigkeit des Fließens beobachtet. Und wie Sie sicherlich schon befürchtet haben, genügt dem Physikochemiker eine halbquantitative Aussage wie »dünnflüssig«, »zähflüssig«, »teerartig«, »leicht verstreichbar« oder »pastös« keineswegs. Er will genaue Zahlen sehen.

Im einfachsten Fall ist die Kraft, die Sie mit einem Rührer auf eine Flüssigkeit ausüben, direkt proportional zur erzielten Fließgeschwindigkeit. Die Flüssigkeit wird also beim Rühren nicht dick- oder dünnflüssiger. Dieses Fließverhalten ist charakteristisch für Flüssigkeiten, die aus gleichen oder zumindest annähernd gleich großen Molekülen bestehen wie Wasser, Öle und organische Lösungsmittel.

 Bei einer idealviskosen oder Newton'schen Flüssigkeit ist die Viskosität (Zähigkeit) bei gleicher Temperatur konstant.

Moleküle im laminaren Gleichschritt

Dass Sie Wasser durch Rühren in Bewegung versetzen können, ist problemlos einzusehen und bedarf keiner weiteren Diskussion. Ebenso klar ist, dass Sie beim Planschen an der spanischen Atlantikküste vielleicht noch den direkt neben Ihnen Schwimmenden mit einer Welle belästigen können, dass aber mit zunehmendem Abstand vom Rührer, also Ihrer Hand, die erzeugte Wasserbewegung abnimmt. Am Strand von Miami ist jedenfalls von der erzeugten Fließbewegung nichts mehr zu spüren.

Den Effekt der abnehmenden Fließgeschwindigkeit mit steigendem Abstand vom Rührer soll Ihnen Abbildung 3.1 verdeutlichen.

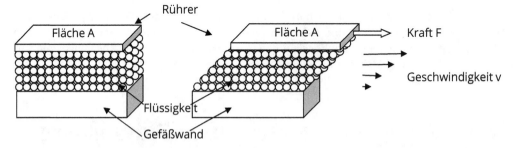

Abbildung 3.1: Molekülbewegung bei einer Scherung

Der Rührer steht mit einer Fläche A in direktem Kontakt zu den Molekülen der Flüssigkeit, die direkt an ihm anliegen. Durch eine Kraft F wird die Rührfläche bewegt. Die Reibungskraft durch den Kontakt mit der Flüssigkeit führt zu einer gleichmäßigen Geschwindigkeit. Die oberste Molekülschicht folgt der Fläche, kann aber wegen der Reibung mit den direkt darunter befindlichen Molekülen nicht mit der vollen Geschwindigkeit folgen. Die Reibungskraft der obersten Moleküle führt zu einer entsprechenden Bewegung der anschließenden Moleküle, die aufgrund der Reibung durch die nächsttieferen Moleküle wiederum verlangsamt wird. Die Geschwindigkeit der Flüssigkeitsmoleküle nimmt schichtweise mit zunehmender Entfernung zur Rührfläche ab. Letztendlich bremsend wirkt die unbewegliche Gefäßwand, die die unterste Molekülschicht durch Reibungskräfte festhält.

Die Moleküle bewegen sich alle gleich gerichtet. Die Geschwindigkeit ist innerhalb der Schichten gleich, die parallel zur Rührfläche und zur Gefäßwand liegen. Ein solches Strömungsverhalten heißt *laminare Strömung*. Die Geschwindigkeiten der einzelnen Schichten nehmen gleichmäßig von der Gefäßwand zur Rührfläche zu. Diesen Effekt bezeichnet der Naturwissenschaftler als *Scherung*.

Kartenblatt-Versuch

Das Fließen in Schichten mit steigender Geschwindigkeit können Sie sich mit einem einfachen Versuch verdeutlichen. Legen Sie einen Stapel möglichst neuer Spielkarten auf den Tisch. Wenn Sie nun mit einem leichten Druck die oberste Karte des Stapels verschieben, bewegen sich die darunter liegenden Karten mit gleichmäßig abnehmender Geschwindigkeit bis zur untersten Karte, die auf dem Tisch liegen bleibt. Die folgende Abbildung veranschaulicht das Kartenblatt-Modell der Scherung.

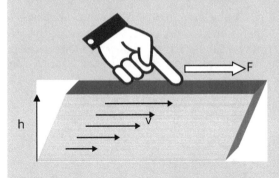

Das Newton'sche Gesetz

Wie das Kartenblatt-Modell (siehe den Kasten *Kartenblatt-Versuch*) anschaulich zeigt, gibt es einen Zusammenhang zwischen der Kraft, die von der Fläche der obersten Karte auf die darunterliegenden Karten durch Reibung ausgeübt wird, und der Geschwindigkeit, mit der sich eine Karte im Inneren des Stapels in einer bestimmten Höhe bewegt.

Die Geschwindigkeit v ist proportional zur Kraft pro Kartenfläche F/A und zur Höhe h.

$$v \propto \frac{F}{A} \cdot h \quad \text{oder} \quad \frac{F}{A} \propto \frac{v}{h}$$

Die Kraft pro Fläche wird als *Schubspannung* τ (sprich: tau) bezeichnet und besitzt die Einheit Pa. Die Geschwindigkeit pro Höhe nennt der Naturwissenschaftler *Schergeschwindigkeit* D mit der Einheit s^{-1}. Ingenieurwissenschaftler benutzen als Formelsymbol für die Schergeschwindigkeit anstelle des Buchstabens D auch das Symbol $\dot{\gamma}$ (sprich: gamma Punkt), eine Kurzschreibweise für die erste mathematische Ableitung des Scherwinkels nach der Zeit.

Das Newton'sche Gesetz lautet:

$$\tau = \eta \cdot D \quad \text{oder} \quad D = \eta^{-1} \cdot \tau$$

Der neu eingeführte Proportionalitätsfaktor η (sprich: eta) ist die sogenannte *dynamische Viskosität* der Flüssigkeit. Die Einheit der Viskosität ist Pa · s (Pascalsekunde). Bei Messungen mit konstanter Temperatur ist die Viskosität eine stoffspezifische Konstante. Die Gleichung haben Sie sicher schon als Funktionsgleichung einer Ursprungsgeraden identifiziert. Die einfache Umstellung der Variablen D und τ von der linken zur rechten Formelschreibweise traue ich Ihnen durchaus zu. Ich habe beide Schreibweisen aufgeführt, weil in der naturwissenschaftlichen Literatur unterschiedliche Auftragungen für die Messgeraden verwendet werden.

In einem Rheogramm stellen Sie das Fließverhalten als Liniendiagramm dar, wobei auf den Achsen die Schubspannung und die Schergeschwindigkeit aufgetragen sind.

 Achten Sie bei der Auswertung eines Rheogramms unbedingt auf die Achsenbeschriftung! Wenn auf der x-Achse τ und auf der y-Achse D aufgetragen sind (wie in Abbildung 3.2), dann errechnen Sie die Viskosität über den Kehrwert der Geradensteigung, im umgekehrten Fall ergibt die Geradensteigung direkt den Wert der Viskosität.

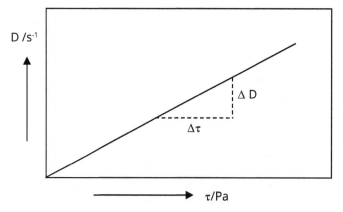

Abbildung 3.2: Rheogramm einer idealviskosen Flüssigkeit

Die Einheit der Viskosität ist zwar Pa · s, aber bei 1 Pa · s liegt schon eine ziemlich hochviskose Flüssigkeit vor. Üblich ist daher die Angabe in mPa · s (Millipascalsekunde) oder cP (Centipoise, 1mPa · s = 1 cP). Fachleute erkennen Sie daran, dass diese nicht nur die Theorie kennen, sondern auch über praktische Erfahrungen verfügen. Damit Sie sich in den erlauchten

Kreis der Spezialisten einfügen können (oder zumindest so tun können), soll Ihnen Tabelle 3.1 mit den Viskositätswerten einiger allgemein bekannter Flüssigkeiten eine Vorstellung geben, wie dickflüssig eine Substanz beispielsweise mit der Viskosität 70 mP · s ist.

Flüssigkeit	Dynamische Viskosität η/mP · s (cP) bei 20 °C
Diethylether	0,23
Wasser	1,0087
Ethylalkohol	1,19
Sonnenblumenöl, Rapsöl	etwa 70
Ricinusöl	etwa 1000
Glycerin	1760
Honig	etwa 10^4

Tabelle 3.1: Werte für die dynamische Viskosität verschiedener Flüssigkeiten

Vielleicht haben Sie sich schon gefragt, warum die Viskosität noch den Zusatz dynamisch erhält. Einfach nur Viskosität hätte doch gereicht. Oder gibt es vielleicht noch eine andere Viskosität? – Ja, die gibt es. Sie heißt *kinematische Viskosität* und hat das Formelsymbol ν (sprich: nü). Die kinematische Viskosität ν ist einfach die dynamische Viskosität η geteilt durch die Dichte ρ.

$$\nu = \frac{\eta}{\rho}$$

Ihre Einheit ergibt sich zu $\mathrm{m}^2 \cdot \mathrm{s}^{-1}$, wobei in der Praxis meist Angaben in $\mathrm{mm}^2 \cdot \mathrm{s}^{-1}$ oder cSt (Centistokes, 1 cSt = 1 $\mathrm{mm}^2 \cdot \mathrm{s}^{-1}$) erfolgen.

Wer gut schmiert, der fährt gut

Die kinematische Viskosität spielt insbesondere bei der Qualitätsbeurteilung von Schmierölen eine Rolle, die bei sehr unterschiedlichen Temperaturen ihre Funktion erfüllen müssen. Ein oft eingesetztes Motoröl beispielsweise hat die Bezeichnung SAE 15W-40. SAE ist die Abkürzung für Society of Automotive Engineers. Diese Gesellschaft hat zur Beurteilung der Viskosität von Motorölen Klassen eingeführt. Die Wintertauglichkeit wird von 0 bis 25 (sehr niedrige bis sehr hohe Viskosität) in 5er-Schritten eingeteilt und mit einem nachgestellten W gekennzeichnet. Die zweite Zahl gibt entsprechend die Sommertauglichkeit mit Werten von 20 bis 60 in 10er-Schritten an. Leider geben die Werte keine direkten Messwerte, sondern nur willkürlich gewählte Klassenbezeichnungen an. So besitzt beispielsweise ein Schmieröl SAE 90 ungefähr die Viskosität eines Motoröls SAE 40. Dennoch stehen die Klassenzahlen für gemessene Prüfwerte. Dem Datenblatt eines Motoröls SAE 15W-40 könnten Sie beispielsweise entnehmen, dass bei –30 °C, 40 °C und 100 °C Viskositätswerte von etwa 3000 $\mathrm{mm}^2 \cdot \mathrm{s}^{-1}$, 100 $\mathrm{mm}^2 \cdot \mathrm{s}^{-1}$ und 13 $\mathrm{mm}^2 \cdot \mathrm{s}^{-1}$ gemessen wurden.

Nicht alles ist ideal: strukturviskos bis thixotrop

Bei den bisher beschriebenen Flüssigkeiten ist die Viskosität bei Raumtemperatur unabhängig von den anliegenden Scherkräften. Dieses sogenannte *idealviskose* oder *Newton'sche Fließverhalten* ist aber nicht bei allen Flüssigkeiten gegeben, es gibt auch nicht-Newton'sche Fließverhalten.

Ein bei näherer Betrachtung verblüffendes Experiment, das ich gern zu Beginn eines Laborpraktikums vorführe, kann das verdeutlichen. In zwei Bechergläsern befinden sich sehr dickflüssige Zubereitungen. Die eine Zubereitung ist eine relativ hoch konzentrierte, wässrige Methylcelluloselösung, eine Art zu dick geratener Tapetenkleister. Im zweiten Becherglas befindet sich eine 50-prozentige Mischung aus Stärke und Wasser. Zuerst werden beide Becher jeweils in eine Rührschale ausgegossen, wobei sich zeigt, dass die Stärkesuspension offenbar dünnflüssiger ist, weil sie schneller ausfließt als der Kleister. Um diese Aussage zu bestätigen, sollen die Studenten nun die Zubereitungen kräftig mit einem Pistill (einem Stößel) durchrühren. Und nun kommt das Verblüffende. Während der Kleister beim schnellen Umrühren wenig Widerstand bietet, scheint das Pistill in der Suspension stecken zu bleiben. Also genau umgekehrt zum Ausgießversuch ist beim Rühren der Kleister dünnflüssiger als die Suspension.

Der Versuch zeigt, dass bei zunehmender Scherbeanspruchung eine Fließverflüssigung oder auch eine Fließverfestigung auftreten kann. Das Fließverhalten wird als *pseudoplastisch* beziehungsweise *dilatant* bezeichnet.

 Eine pseudoplastische Flüssigkeit wird bei steigender Scherbeanspruchung dünnflüssiger, eine dilatante Flüssigkeit wird dickflüssiger.

Pseudoplastisch und dilatant durch dick und dünn

Die Erklärung für das nicht-Newton'sche Fließverhalten liefert eine Betrachtung der dem Wasser zugesetzten Substanzen.

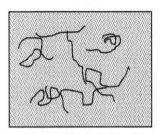

Anordnung der Makromoleküle im Wasser ohne Scherbeanspruchung

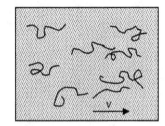

Ausrichtung der Makromoleküle beim laminaren Fließen

Abbildung 3.3: Strukturauflockerung bei Scherung einer pseudoplastischen Flüssigkeit

Bei der pseudoplastischen Flüssigkeit wurde dem Wasser ein lösliches Polymer zugegeben. Die Makromoleküle des Polymers liegen in der Flüssigkeit ungerichtet in Knäuel- bis Kettenform gelöst vor. Es gibt Moleküle, die teilweise aneinander haften oder sogar ineinander verknäuelt sind. Somit bilden sie eine gerüstartige Struktur, die die Beweglichkeit der Wassermoleküle einschränkt. Durch das Rühren entsteht eine laminare Fließbewegung. Die Makromoleküle werden in der Fließrichtung ausgerichtet, und die gerüstbildenden Kontakte zwischen den Molekülen, die im Ruhezustand für die hohe Viskosität gesorgt haben, werden mit steigender Scherbeanspruchung zunehmend gelöst (siehe Abbildung 3.3).

Die Erklärung für das dilatante Fließverhalten der Suspension liefert die Betrachtung der Stärkekörner. Im Ruhezustand liegen diese im Kontakt miteinander zwischen den Wassermolekülen (siehe Abbildung 3.4 links). Sie bilden ein Gerüst bis zur Wasseroberfläche. Bei kleinen Scherkräften ist noch ein laminares Fließen möglich, ohne dass die Anordnung der Körner wesentlich verändert wird. Bei größeren Scherkräften führt die Reibung der Körner zu einer immer stärker werdenden Verkeilung, die eine gleichmäßige Bewegung behindert. In Abbildung 3.4 rechts sehen Sie, dass hierbei als Nebeneffekt das freie Volumen zwischen den Körnern zunimmt. Dadurch benötigen die Körner insgesamt mehr Platz, und gleichzeitig sinkt der Wasserpegel, da das Wasser die Zwischenräume füllt. Beim Rühren in der Stärkesuspension scheint diese an der Oberfläche trocken zu werden. Die Aufweitung des Körnergerüsts liefert den Namen für das Fließverhalten: lateinisch dilatare = erweitern.

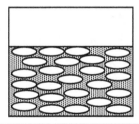

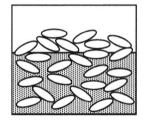

| Suspensionskörner in Wasser im Ruhezustand | Verkeilung der Körner bei Scherbeanspruchung |

Abbildung 3.4: Strukturverfestigung und Aufweitung bei Scherung einer dilatanten Flüssigkeit

Strandexperiment und Zauberflasche

Opfern Sie beim nächsten Strandurlaub einige Sekunden für ein physikalisch-chemisches Experiment. Sie brauchen dafür keine Laborausstattung und auch keinen Computer. Sie müssen nur einen Strandspaziergang machen und dabei kurz den Blick auf Ihre Füße richten. Der nasse Sand unmittelbar vor dem Meer ist im Prinzip eine Mischung aus Sandkörnern und Wasser. Sie erwarten wahrscheinlich, dass beim Auftreten auf den nassen Sand durch den Druck Wasser aus dem Sand gequetscht wird und im Bereich um Ihren Fuß der Sand nasser erscheinen müsste? Falsch! Möglicherweise haben Sie zu viel Lernstress und müssen dringend Urlaub am Meer machen. Dann werden Sie sehen, dass genau das Gegenteil der Fall ist. Durch die Aufweitung des Sandgerüsts sinkt um den Fuß herum für kurze Zeit der Wasserspiegel und der Sand erscheint trocken.

Ein anderes Experiment, das mich als Student außerordentlich beeindruckt hat, führte der Professor in der Vorlesung vor. Eine PE-Flasche, die Sie möglicherweise vom Labor als Spritzflasche für destilliertes Wasser kennen, war mit Sand und Wasser gefüllt. Anstelle des Spritzaufsatzes war durch den Deckel eine Glasröhre in den nassen Sand geführt, die fast bis zum Rand mit Wasser gefüllt war. Als der Professor dann androhte, die Flasche zusammenzudrücken, zogen die Studenten in der ersten Reihe unwillkürlich die Köpfe ein, um den erwarteten Wasserspritzern zu entgehen. Zur allgemeinen Überraschung, schließlich hatten wir zuvor noch nie etwas von Dilatanz gehört, kam beim Zusammendrücken der Flasche kein Wasser aus der Glasröhre, sondern der Wasserspiegel in der Glasröhre fiel.

Etwas Mathematik muss sein

Die Ursachen für plastisches und für dilatantes Fließverhalten haben Sie verstanden. Wie sieht es nun mit der grafischen Darstellung und der mathematischen Beschreibung aus? In Abbildung 3.5 sind die Fließkurven von idealviskosen, pseudoplastischen und dilatanten Flüssigkeiten zusammen dargestellt.

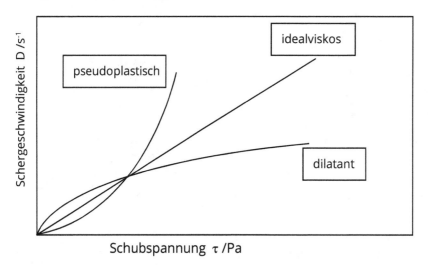

Abbildung 3.5: Vergleich der Fließkurven pseudoplastischer, idealviskoser und dilatanter Flüssigkeiten

Bei einer pseudoplastischen Flüssigkeit nimmt die Schergeschwindigkeit gegenüber der Schubspannung überproportional zu, bei einer idealviskosen Flüssigkeit bleibt das Verhältnis von Schubspannung zu Schergeschwindigkeit gleich, bei einer dilatanten Flüssigkeit schließlich verringert sich die Zunahme der Schergeschwindigkeit bei steigender Schub-spannung. Ich hoffe, dass die Formen der Kurvenverläufe bei Ihnen einen Wiedererken-nungseffekt auslösen. Die pseudoplastische Fließkurve hat die Form einer Parabel, wie Sie Ihnen von der Funktionsgleichung $y = a \cdot x^2$ bekannt ist. Die Geradengleichung der ide-alviskosen Fließkurve $y = a \cdot x$ haben Sie schon als Newton'sches Gesetz kennengelernt. Die dilatante Fließkurve ähnelt einer Wurzelfunktion $y = k \cdot x^{1/2}$. Nach Ostwald und De Waele kann das Fließverhalten dementsprechend mit einer zweiparametrigen Funktion annähernd beschrieben werden:

$D = K \cdot \tau^{N}$ oder nach Umstellung $\tau = k \cdot D^{n}$

pseudoplastisch: N > 1 beziehungsweise n < 1, idealviskos: N = 1 = n, dilatant: N < 1 bezie-hungsweise n > 1

In der wissenschaftlichen Literatur finden Sie beide Schreibweisen. Damit Sie bei der Aus-wertung eines Rheogramms den Faktor K und den Exponenten N nicht falsch interpretie-ren, habe ich diese für die Auftragungsart mit vertauschten Achsen als Kleinbuchstaben angegeben.

Der Mathe-Trick mit dem Logarithmus

Naturwissenschaftler und Ingenieure versuchen häufig, die grafische Darstellung durch ma-thematische Tricks zu linearisieren. Eine Gerade hat zwei entscheidende Vorteile gegenüber einer gekrümmten Kurve. Sie können einfach mit einem Lineal eine Gerade durch Ihre Mess-punkte zeichnen, und Sie können die beiden Parameter als Geradensteigung und Schnitt-punkt mit der y-Achse bestimmen.

Bei der Funktionsgleichung nach Ostwald und De Waele funktioniert die Umformung durch Logarithmieren. Auf beiden Seiten der Gleichung wird der dekadische Logarithmus (lg) ge-bildet:

$$\lg D = \lg\left(K \cdot \tau^{N}\right)$$

Zugegeben, das sieht noch nicht wie eine Geradengleichung aus. Der Klammerausdruck muss zuerst noch aufgelöst werden. Ich kann Sie beruhigen. Weniger als fünf Prozent der Studenten können sich spontan ohne Formelsammlung an die Rechenregeln für Logarith-men erinnern.

Die benötigten Regeln sind: $\log(A \cdot B) = \log(A) + \log(B)$ und $\log(A^{B}) = B \log(A)$

Bei der Anwendung dieser Regeln erhalten Sie die Gleichung:

$$\lg D = \lg K + N \cdot \lg \tau$$

Wenn anstelle der Messwerte D und τ die Logarithmen dieser Werte für das Diagramm ver-wendet werden, erhalten Sie Geraden mit der Steigung N, die die y-Achse beim Wert lg K schneiden (siehe Abbildung 3.6).

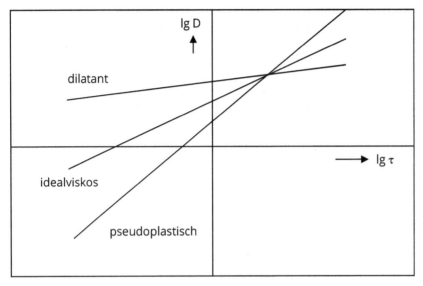

Abbildung 3.6: Logarithmische Auftragung der Fließkurven

Plastische Strukturverluste mit Thixotropie

Die Aggregatzustände fest, flüssig und gasförmig kennt wohl jeder. Der Physikochemiker fügt noch einen merkwürdig klingenden Zustand hinzu: halbfest. Er meint damit jedoch keinen Aggregatzustand, sondern ein Fließverhalten. Um dieses Fließverhalten zu verstehen, müssen Sie nur eine Salbentube oder eine Cremedose aufschrauben und mit der Öffnung nach unten halten. Der Inhalt bleibt im Behälter. Die Zubereitung fängt unter dem Einfluss der Erdanziehungskraft nicht an zu fließen. Auch leichtes Schütteln oder Klopfen bringt keinen Erfolg. Bei kleinen Kräften verhält sich Ihr Kosmetikprodukt wie ein Feststoff und kann bestenfalls elastisch wackeln. Sobald Sie aber die Tube zusammendrücken oder mit den Fingerspitzen etwas Creme entnehmen, lässt sich die Masse problemlos in Bewegung versetzen. Streichfähige Zubereitungen verhalten sich bei der Einwirkung kleiner Kräfte elastisch, aber bei der Einwirkung größerer Kräfte fließfähig. Der wissenschaftliche Ausdruck für dieses Fließverhalten lautet viskoelastisch oder plastisch.

Bei der Messung plastischer Zubereitungen können zwei Arten des Fließens auftreten, die in Abbildung 3.7 dargestellt sind.

Nach dem Überschreiten der Fließgrenze τ_0 kann eine plastische Masse einen linearen Anstieg der Schergeschwindigkeit aufweisen wie eine idealviskose Newton'sche Flüssigkeit. Dies bezeichnet der Wissenschaftler als *idealplastisches Fließverhalten nach Bingham*. Im Gegensatz dazu zeigen nicht-idealplastische Zubereitungen nach Casson oberhalb der Fließgrenze einen überproportionalen Anstieg der Schergeschwindigkeit wie eine pseudoplastische Flüssigkeit. Die Formeln zur Beschreibung des Fließverhaltens können Sie dementsprechend direkt aus den bereits bekannten Formeln herleiten, indem Sie einfach die x-Achse um τ_0 verschieben:

$$D = \eta^{-1} \cdot (\tau - \tau_0) \text{ Bingham-Fluid}$$

$$D = K \cdot (\tau - \tau_0)^{N} \text{ Casson-Fluid}$$

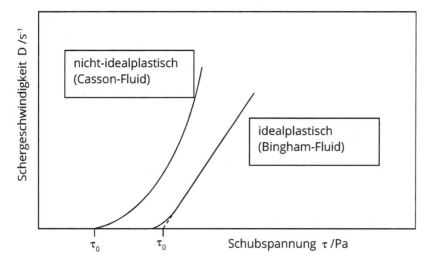

Abbildung 3.7: Plastisches Fließverhalten

Thixotropie – der Ketchupeffekt

Den folgenden Effekt haben Sie sicherlich auch schon einmal erlebt: Voller Vorfreude nehmen Sie die Ketchupflasche, schrauben den Deckel ab und halten die Flasche mit der Öffnung nach unten über das frisch gegrillte Steak. Und es passiert nichts. Der Ketchup bleibt stur in seiner Flasche. Nachdem auch leichtes Klopfen oder Rütteln nichts gebracht hat, erhöhen Sie die Scherkraft durch heftiges Auf- und Abschütteln – und plötzlich spritzt der Ketchup über den halben Tisch. Nehmen Sie es ihm nicht übel! Er ist schließlich ein Bingham-Fluid und muss sich so verhalten. Aber er ist auch thixotrop, und das hätten Sie ausnützen können. Während sich in der Mehrzahl der strukturviskosen Flüssigkeiten durch die Beweglichkeit der strukturgebenden Moleküle der zähe Ruhezustand nach dem Wegfall der Scherkräfte sofort wieder einstellt, können die meisten plastischen Zubereitungen das elastische Molekülgerüst des Ruhezustands nur sehr langsam wieder aufbauen. Sie bleiben nach einer Scherbeanspruchung für eine gewisse Zeit fließfähig.

 Dieses Phänomen der zeit- und scherungsabhängigen Verminderung der Viskosität nennt der Wissenschaftler *Thixotropie*.

In der Praxis bedeutet das, dass Sie den Ketchup in der geschlossenen Flasche eine Zeit lang schütteln sollten. Danach können Sie ihn bequem und zielgerichtet über Ihr Steak ausfließen lassen.

Eine Möglichkeit zur quantitativen Erfassung der Thixotropie besteht darin, zunächst das Schergefälle bei steigender Schubspannung zu bestimmen (Aufwärtsmessung) und direkt anschließend bei fallender Schubspannung weiter zu messen (Abwärtsmessung). Abbildung 3.8 zeigt das resultierende Rheogramm.

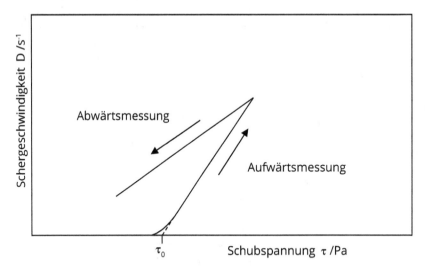

Abbildung 3.8: Rheogramm einer plastisch-thixotropen Zubereitung

Die Abwärtsmessung liefert bei gleichen Schubspannungen höhere Schergeschwindigkeiten und damit niedrigere Viskositätswerte.

Die Thixotropie muss nicht immer ein ärgerliches Phänomen sein wie beim Tomatenketchup. In vielen Zubereitungen der Pharmazie oder der Lebensmitteltechnologie ist sie sogar sehr erwünscht, um beispielsweise einen ungelösten Arzneistoff oder Gewürze in einer thixotropen Gallerte im Ruhezustand durch das elastische Verhalten am Absinken zu hindern und nach Schütteln eine einfache Entnahme zu ermöglichen.

Es gibt übrigens auch das umgekehrte Phänomen, dass durch eine Scherung eine Verfestigung eintritt, die sich nur langsam wieder abbaut. Dies bezeichnet der Wissenschaftler als *Rheopexie*.

Messmethoden und praktische Anwendungen

Ihre hier erworbenen Kenntnisse zur Viskosität von flüssigen und halbfesten Stoffen sollen nicht nur dazu dienen, die zuvor unbezwingbar erscheinende Hürde einer Fachprüfung zu nehmen, um danach erleichtert den Gedächtnisspeicher für die nächsten Prüfungen schnell wieder zu leeren. Es gibt in den unterschiedlichsten wissenschaftlichen Disziplinen eine Reihe von praktischen Fragestellungen, bei denen Sie diese Kenntnisse nutzen können. Die Viskosität ist ein entscheidender Einflussfaktor für die Bewegung von Festkörpern in einer Flüssigkeit oder für die Strömungsgeschwindigkeit von Flüssigkeiten durch Rohre.

Das Stokes'sche Gesetz

Nehmen Sie einmal einen großen und einen kleinen Stein in die Hände und lassen diese aus rund einem Meter Höhe nach unten fallen. Je nachdem, wie gut Sie im Physikunterricht aufgepasst haben, werden Sie mehr oder weniger erstaunt feststellen, dass der schwere und der leichte Stein gleichzeitig auf dem Boden auftreffen. Der durch einen vom Baum fallenden Apfel inspirierte Isaak Newton stellte bereits fest, dass ein fallender Körper unabhängig von seiner Masse mit einer Beschleunigung von $g = 9{,}8 \ \mathrm{m} \cdot \mathrm{s}^{-2}$ nach unten fällt. Das gilt allerdings nur für das Fallen im Vakuum. Ein Luftballon fällt wesentlich langsamer als ein Stein, da neben der Erdanziehungskraft auch die Auftriebskraft infolge der Dichtedifferenz eine Rolle spielt. Ihre beiden Steine haben jedoch eine ungefähr gleiche Dichte, die wesentlich höher ist als die Luftdichte. Nun wiederholen Sie den Versuch in einem anderen Medium, beispielsweise in einer vollen Regentonne. Der große Stein sinkt in diesem Fall trotz gleicher Dichte schneller zu Boden. Aber warum ist das so? Es kann weder an der Erdbeschleunigung liegen noch an der Dichte. Wenn Sie die Möglichkeit hätten, die Geschwindigkeit beim Absinken zu messen, würden Sie feststellen, dass nach einer kurzen Beschleunigungsphase die beiden Steine mit konstant bleibender Geschwindigkeit fallen (siehe Abbildung 3.9).

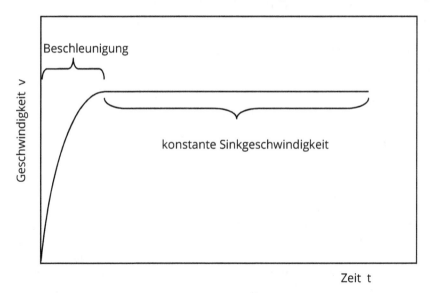

Abbildung 3.9: Geschwindigkeit eines in Wasser sinkenden Körpers

Unter dem alleinigen Einwirken der Erdanziehungskraft sollte grundsätzlich eine beschleunigte Bewegung entstehen. Wenn beim Absinken in einer Flüssigkeit eine konstante Geschwindigkeit entsteht, muss dementsprechend eine gleich große Gegenkraft zur Erdanziehung vorliegen. Die Auftriebskraft kann dafür nicht alleine verantwortlich sein, da die Dichte der Steine wesentlich höher ist als die Dichte des Wassers. Die Lösung des Problems liefert die Reibungskraft durch die Viskosität des Wassers. Diese steigt bei Erhöhung der Geschwindigkeit des fallenden Körpers so lange an, bis die Summe von Auftriebskraft und Reibungskraft gleich der entgegengesetzt wirkenden Erdanziehungskraft ist. Im Kräftegleichgewicht ist die resultierende Gesamtkraft und damit die Beschleunigung – oder Verlangsamung – gleich null. Die dann erreichte Geschwindigkeit muss dementsprechend konstant bleiben.

Für kugelförmige Körper lässt sich daraus das *Stokes'sche Gesetz* herleiten:

$$v = \frac{2 \cdot r^2 \cdot \left(\rho_{\text{fest}} - \rho_{\text{flüssig}}\right) \cdot g}{9 \cdot \eta}$$

Die Sinkgeschwindigkeit v ist proportional zum Quadrat des Kugelradius r, zur Differenz der Dichten des Festkörpers ρ_{fest} und der Flüssigkeit $\rho_{\text{flüssig}}$ und zur Erdbeschleunigung g. Sie ist umgekehrt proportional zur Viskosität η der Flüssigkeit.

Die Kenntnis des Stokes'schen Gesetzes kann bei vielen praktischen Problemstellungen hilfreich sein, wie Ihnen folgende Beispiele aus der Mikrobiologie, der Lebensmitteltechnologie und der Pharmazie zeigen werden.

Mikrobiologie, Biotechnologie

Ein Biotechnologe hat mithilfe einer Bakterienkultur eine wertvolle Substanz produziert und will nun die Nährflüssigkeit mit der gelösten Substanz von den Bakterien abtrennen. Eine Filtration ist wegen der raschen Verstopfung der Filterporen ungünstig. Eine Möglichkeit ist, die Bakterien absinken zu lassen und den klaren Überstand abzugießen. Da die Dichtedifferenz zwischen den Bakterien und der Flüssigkeit sehr niedrig ist, würde das aber Tage dauern. Wie hilft nun das Stokes'sche Gesetz? Man kann die Bakterien nicht größer machen oder deren Dichte erhöhen. Die Viskosität der Flüssigkeit kann man ebenfalls nicht wesentlich erniedrigen. Es bleibt nur noch die Beschleunigungskonstante. Selbstverständlich kann niemand die Erdanziehung verstärken, aber man kann die Erdanziehungskraft durch eine Zentrifugalkraft ersetzen. Durch eine schnelle Kreisbewegung in einer Zentrifuge wird das Absetzen der Bakterien zu einem kompakten Bodensatz innerhalb weniger Minuten erzwungen. Die in der Biotechnologie hierzu eingesetzten Ultrazentrifugen erreichen Beschleunigungen bis zum 100.000-Fachen der Erdbeschleunigung.

Lebensmitteltechnologie

Die gleiche Idee wird auch von Lebensmitteltechnologen zur Butterherstellung angewendet. Vereinfacht ausgedrückt ist Milch eine Dispersion aus halbfesten Fetttröpfchen in einer wässrigen Lösung. Die Dichte des Fetts ist niedriger als die Dichte der Flüssigkeit. Daher nehmen die Dichtedifferenz und damit die resultierende Sinkgeschwindigkeit einen negativen Wert an. Die Fetttröpfchen sinken nicht, sondern steigen nach oben. Bei frischer Rohmilch bildet sich innerhalb weniger Tage eine Rahmschicht über der Milch. Bei mechanischer Bearbeitung des Rahms fließen die Fetttröpfchen zusammen und bilden Butter. Mit einer Butterzentrifuge erfolgt die Aufrahmung wesentlich schneller und vollständiger.

Pharmazie

Die Großmutter soll ihrem Enkel die gerade aus der Apotheke geholte Erkältungsmixtur verabreichen. Vorschriftsgemäß schüttelt sie die Arzneiflasche kräftig durch, damit der Bodensatz mit den Wirkstoffen gleichmäßig in der Flüssigkeit suspendiert wird. Dann müht sie sich mit dem kindersicheren Verschluss ab, sucht den Dosierlöffel und gießt die vorgeschriebene Menge Arznei hinein. Hätte sich der Arzneimittelhersteller keine Gedanken über das Stokes'sche Gesetz gemacht, wären in der Zwischenzeit die Arzneistoffe längst wieder zum

Boden der Flasche abgesunken, und das Kind erhielte nur die wirkungslose Flüssigkeit verabreicht. Zum Glück besitzt der Pharmazeut gute Kenntnisse der physikalischen Chemie. Er hat vorsorglich die Viskosität der Flüssigkeit erhöht und die Wirkstoffpartikel mikrofein vermahlen. Entsprechend dem Stokes'schen Gesetz hat er damit das Absinken der Partikel, die sogenannte *Sedimentation*, genügend verlangsamt.

Das Kugelfallviskosimeter nach Höppler

Der Chemieingenieur Fritz Höppler entwickelte in den 1930er Jahren das auch heute noch meistverwendete Messgerät zur Bestimmung der Viskosität klarer idealviskoser Flüssigkeiten, das Kugelfallviskosimeter (siehe Abbildung 3.10). Die Idee ist eigentlich ganz einfach: Lasse eine Kugel mit bekannter Dichte und bekanntem Durchmesser in der Flüssigkeit nach unten sinken und messe die Zeit für eine bestimmte Fallstrecke. Praktisch sind jedoch einige Probleme zu lösen. Die Temperatur muss eingestellt werden. Die anfängliche Beschleunigungsphase darf nicht mit gemessen werden. Turbulenzen durch die Verdrängung der Flüssigkeit dürfen nicht auftreten, damit die Kugel gradlinig nach unten fallen kann. Höppler konstruierte ein Gerät mit einer dicken Glasröhre für die Temperierflüssigkeit und einer innen liegenden, dünneren Röhre für die Messflüssigkeit. Die innere Röhre enthält Markierungen für den Start- und den Endpunkt der Messung. Eine definierte Schrägstellung der Röhren verhindert das Schlingern der Kugel, die gezwungenermaßen gleichmäßig nach unten abrollt.

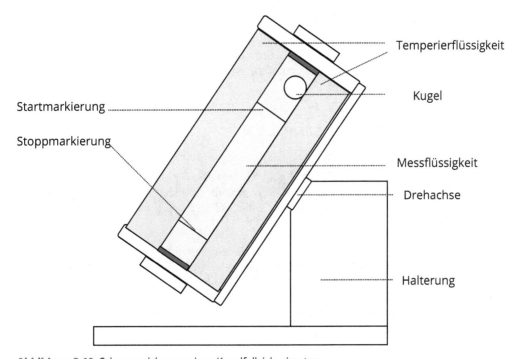

Abbildung 3.10: Schemazeichnung eines Kugelfallviskosimeters

Zur Bestimmung der Viskosität mit dem Kugelfallviskosimeter müssen Sie mit einer Stoppuhr die Zeit messen, in der die Kugel von der Startmarkierung bis zur Stoppmarkierung abrollt. Die Berechnungsformel ergibt sich aus dem Stokes'schen Gesetz. Wenn Sie die Geschwindigkeit v als Weg s geteilt durch die Zeit t angeben und die Formel nach der Viskosität η umstellen, erhalten Sie:

$$\eta = \frac{2 \cdot r^2 \cdot \left(\rho_{\text{fest}} - \rho_{\text{flüssig}}\right) \cdot g \cdot t}{9 \cdot s}$$

Da der Kugelradius, die Fallstrecke und die Erdbeschleunigung bekannt sind, können Sie durch Zusammenfassung aller bekannten Konstanten das Stokes'sche Gesetz in vereinfachter Form anwenden:

$$\eta = K_x \cdot \left(\rho_{\text{Kugel}} - \rho_{\text{Flüssigkeit}}\right) \cdot t$$

Die Kugelkonstante K_x und die Dichte der Kugel ρ_{Kugel} entnehmen Sie dem Datenblatt des Viskosimeters. Die Dichte der Flüssigkeit $\rho_{\text{Flüssigkeit}}$ müssen Sie mit einer geeigneten Methode (Pyknometer, Spindel, Mohr-Westfahl'sche Waage oder Biegeschwinger) bestimmen. Beim Einsetzen des angegebenen Tabellenwerts K_x und Angabe der Dichten in g pro ml und der Messzeit in Sekunden errechnen Sie den Wert der Viskosität η in Millipascalsekunden oder Centipoise.

Üblicherweise sind sechs Kugeln für unterschiedliche Viskositäten beigelegt. Durch eine Überschlagsrechnung sollten Sie vor der Messung die geeignete Kugel auswählen. Eine Kugel, die eine Messzeit von einer Sekunde erwarten lässt, ist völlig ungeeignet. Ihre Reaktionszeit mit der Stoppuhr beim Startpunkt und beim Endpunkt bewirkt jeweils einen Fehler von etwa 0,1 Sekunden. Der mögliche Gesamtfehler von 0,2 Sekunden würde das Endergebnis um zehn Prozent verfälschen. Die optimale Kugel sollten Sie für eine zu erwartende Messzeit von 20 bis 60 Sekunden auswählen.

Das Hagen-Poiseuille'sche Gesetz

Eine Flüssigkeit, die unter Druck durch eine Röhre fließt, wird durch die Reibung an der Röhrenfläche gebremst. Die Viskosität der Flüssigkeit bewirkt, dass auch die Moleküle im Inneren der Röhre gebremst werden. Alleine schon durch diese beiden Überlegungen können Sie vermuten, dass der Röhrendurchmesser eine entscheidende Größe für die Durchströmungsgeschwindigkeit sein muss.

Unabhängig voneinander entwickelten der deutsche Wasserbauingenieur Gotthilf Hagen und der französische Mediziner Jean Marie Luis Poiseuille ein mathematisches Modell zur Beschreibung der Strömung von idealviskosen Flüssigkeiten durch Röhren. Während Hagen sich in erster Linie für Wasserleitungen interessierte, suchte Poiseuille ein physikalisches Modell zur Beschreibung des Blutkreislaufs. Das nach beiden benannte Hagen-Poiseuille'-sche Gesetz lautet:

$$\frac{V}{t} = \frac{\pi \cdot r^4 \cdot \Delta p}{8 \cdot l \cdot \eta}$$

Das Volumen V einer Flüssigkeit, das in der Zeit t durch eine Röhre fließt, ist proportional zur vierten Potenz des Radius r und zur Druckdifferenz Δp zwischen dem Eingang und dem Ausgang der Röhre. Es ist umgekehrt proportional zur Länge l der Röhre und zur Viskosität η. Das Durchflussvolumen V pro Zeit t heißt auch *Volumenstrom*. Streng genommen gilt die Formel nur bei konstantem Volumenstrom. Wenn der Volumenstrom zeitlich variabel ist, muss der Ausdruck V/t durch den Differenzialquotienten dV/dt ersetzt werden.

Flüssigkeiten sind im Gegensatz zu Gasen nicht unter Druck komprimierbar. Das Volumen, das pro Zeit in eine Röhre gepumpt wird, muss am Ende der Röhre im gleichen Zeitraum wieder herauskommen. Diese sogenannte *Kontinuitätsbedingung* führt bei einem konstanten Volumenstrom zu einer interessanten Konsequenz: Eine Verengung der Röhre zwingt die Flüssigkeitsmoleküle zu einer Geschwindigkeitserhöhung. Das lässt sich auch mathematisch herleiten.

Das Volumen in einer Röhre kann durch Multiplikation der Querschnittsfläche A mit der Länge l berechnet werden. Für einen konstanten Volumenstrom gilt daher:

$$\frac{A \cdot l}{t} = \text{konst.}$$

Für die Flüssigkeitsmoleküle können Sie den Weg l pro Zeit t durch die Geschwindigkeit v ersetzen:

$$A \cdot v = \text{konst.}$$

Das hört sich etwas abstrakt an. Sie können es sich aber leicht veranschaulichen. Bei einem kleinen, mehrstrahligen Brunnen können Sie eine oder mehrere Düsen mit der Hand verstopfen. Die restlichen Strahlen werden dann durch die verkleinerte Gesamtaustrittsfläche in Folge der Geschwindigkeitserhöhung wesentlich weiter spritzen. Da Sie vermutlich gerade keinen Brunnen vor sich stehen haben, können Sie es sich auch einfacher machen: Kneifen Sie einfach bei der Gartenbewässerung das Ende des Gartenschlauchs zusammen.

Das Kapillarviskosimeter nach Ostwald

Die Kenntnis des Hagen-Poiseuille'schen Gesetzes inspirierte den Kolloidchemiker Wolfgang Ostwald zur Erfindung des Kapillarviskosimeters. Wolfgang Ostwald war ein Sohn von Wilhelm Ostwald, der gemeinsam mit Walther Nernst, Svante Arrhenius und Jacobus Henricus van 't Hoff als Gründervater der wissenschaftlichen Disziplin Physikalische Chemie gilt.

Mit dem Ostwald-Kapillarviskosimeter (siehe Abbildung 3.11) messen Sie die Zeit, die ein definiertes Volumen einer Flüssigkeit bei festgelegter Temperatur zum Durchfließen einer Kapillare benötigt.

Vor dem Beginn der Messung saugen Sie die Messflüssigkeit mit einer Pipettierhilfe durch das dünne Rohr bis über die Startmarkierung. Nach dem Entfernen der Pipettierhilfe stoppen Sie die Zeit, in der die Flüssigkeitsoberfläche von der Startmarkierung bis zur Stoppmarkierung abfließt. Aus dem Hagen-Poiseuille'schen Gesetz ergibt sich durch Einführung einer Gerätekonstanten K die vereinfachte Berechnungsformel:

$$\eta = K \cdot \rho_{\text{Flüssigkeit}} \cdot t$$

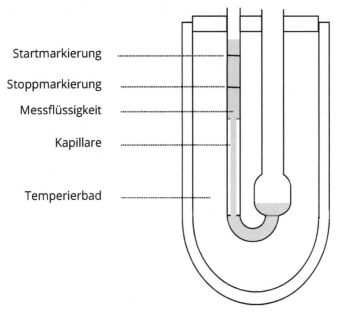

Startmarkierung

Stoppmarkierung

Messflüssigkeit

Kapillare

Temperierbad

Abbildung 3.11: Schemazeichnung eines Ostwald-Kapillarviskosimeters

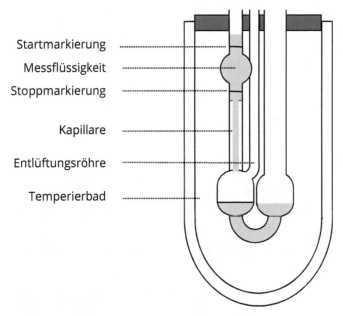

Startmarkierung

Messflüssigkeit

Stoppmarkierung

Kapillare

Entlüftungsröhre

Temperierbad

Abbildung 3.12: Schemazeichnung eines Ubbelohde-Kapillarviskosimeters

Ein Nachteil des Ostwald-Viskosimeters ist, dass die abfließende Flüssigkeit nicht ins Freie abfließen kann, sondern gegen einen hydrostatischen Gegendruck in der verbundenen rechten Röhre ankämpfen muss. Das ist zwar in der Gerätekonstante berücksichtigt, kann aber insbesondere beim Einfüllen einer zu großen oder zu kleinen Menge der Messflüssigkeit zu Fehlern führen. Der Chemiker Leo Ubbelohde führte daher eine technische Verbesserung ein, um diesen potenziellen Messfehler zu vermeiden. Abbildung 3.12 zeigt den Aufbau des Ubbelohde-Kapillarviskosimeters.

Die ebenso einfache wie geniale Idee Ubbelohdes war die Anbringung eines Hohlraums mit einer seitlich abgehenden Entlüftungsröhre unterhalb der Kapillare. Beim Ansaugen der Messflüssigkeit muss diese oben geschlossen werden, damit die Flüssigkeit über die Kapillare nach oben gezogen wird. Bei der anschließenden Messung ist die Entlüftungsröhre oben offen. Dadurch entsteht ein Hohlraum, in den die Messflüssigkeit aus der Kapillare ohne hydrostatischen Gegendruck ablaufen kann. Die Viskositätsberechnung erfolgt in gleicher Weise wie beim Ostwald-Viskosimeter.

Das Rotationsviskosimeter

Mit dem Kugelfallviskosimeter oder dem Kapillarviskosimeter können Sie grundsätzlich nur idealviskose Flüssigkeiten messen, da bei diesen die Viskosität nicht von der Scherbeanspruchung abhängig ist. Es spielt also für die Messung keine Rolle, wie schnell die Kugel absinkt oder die Flüssigkeit durch die Kapillare fließt. Bei strukturviskosen oder plastischen Zubereitungen ist hingegen das Verhältnis von Schubspannung zu Schergeschwindigkeit nicht konstant, und bei thixotropen Zubereitungen spielt zusätzlich die Dauer der Scherung eine Rolle. Zur Messung solcher Flüssigkeiten benötigen Sie ein Rotationsviskosimeter. Dieses besteht im Prinzip aus einem Messkörper, der sich mit definierter Geschwindigkeit in der zu messenden Probe dreht.

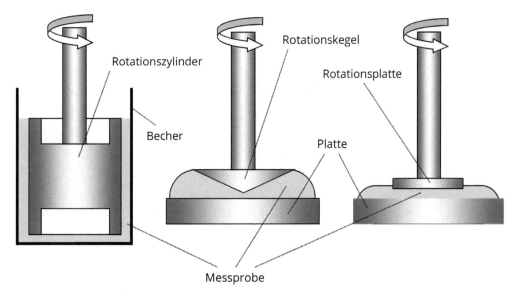

Abbildung 3.13: Messsysteme von Rotationsviskosimetern: Zylinder-Becher, Kegel-Platte und Platte-Platte

Für flüssige Zubereitungen dient meist ein rotierender Metallzylinder als Messkörper, wobei die Messprobe sich in einem fest stehenden Becher befindet (Searle-Typ, siehe

Abbildung 3.13 links). Es gibt auch Geräte, die mit einem fest stehenden Zylinder und einem rotierenden Messbecher arbeiten (Couette-Typ).

Für halb feste Zubereitungen verwendet man häufig kegel- oder plattenförmige Rotationskörper, während die streichfähige Messprobe auf einer fest stehenden Platte aufgetragen ist (siehe Abbildung 3.13 Mitte und rechts).

Ein Elektromotor setzt die Rotationskörper in Bewegung. Die Drehgeschwindigkeit wird variiert und das dabei auftretende Drehmoment gemessen. Für jeden Rotationskörper können Sie aus der Drehgeschwindigkeit die Schergeschwindigkeit D und aus dem Drehmoment die Schubspannung τ berechnen. Die entsprechenden Formeln und Konstanten für unterschiedliche Rotationskörper finden Sie in der Gerätebeschreibung Ihres Viskosimeters. Bei modernen Geräten erledigt ein Computerprogramm diese Berechnungen für Sie und erzeugt eine Diagrammdarstellung der Fließkurve.

Kapitel 4
Übungen

J etzt können Sie zeigen, dass Sie mit den Formeln und Diagrammen der ersten drei Kapitel arbeiten können. Ich habe Ihnen drei Aufgaben aus Klausuren zusammengestellt. Vielleicht haben Sie die Theorie nur kurz überflogen und sich die Formeln und Auswertetricks nicht gemerkt? Sie können trotzdem die Ärmel hochkrempeln und sich an die Aufgaben wagen! Die Aufgaben sind ausführlich erläutert und mit Hinweisen auf die Fundstellen der benötigten Formeln versehen. Sollten Sie trotzdem Probleme haben, finden Sie die fertigen Lösungswege in Teil VII – Anhang A.

Berechnung des Sprühdrucks einer Sprayflasche

Bis in die 1980er Jahre war in praktisch allen kosmetischen und pharmazeutischen Sprays eine Mischung aus Fluor-Chlor-Kohlenwasserstoffen, kurz FCKWs, als Treibgas enthalten. Wissenschaftliche Untersuchungen zum dramatischen Abbau der Ozonschicht in der oberen Erdatmosphäre, die uns vor schädlichen UV-Strahlen schützt, identifizierten die FCKWs als »Ozonkiller«. Ein FCKW-Verbot war die Folge, und die Kosmetik- und Pharmaindustrie hatte ein Problem mit der Suche nach Ersatzstoffen.

Deosprays enthalten heute als Treibgas eine Mischung von verflüssigten Kohlenwasserstoffen, die allerdings den Nachteil einer leichten Entzündlichkeit haben. Sie sollten also besser bei der Anwendung nicht gleichzeitig eine Zigarette anzünden, sonst entfernen Sie auf äußerst schmerzhafte Weise Ihre Achselhaare. Verflüssigte Kohlenwasserstoffe funktionieren genau wie die FCKWs. Sie sind normalerweise gasförmig, werden unter Druck flüssig, und beim Versprühen des Deos gleichen sie den Druckverlust in der Spraydose durch Verdampfen wieder aus. Wie das funktioniert, erfahren Sie in Kapitel 6. Die folgende Übungsaufgabe bezieht sich auf den leichter zu berechnenden Fall einer Zwei-Kammer-Spraydose, die Druckluft oder unter Druck stehenden Stickstoff als Treibgas enthält.

Zum Lösen der Aufgabe benötigen Sie das Boyle-Mariotte'sche Gesetz, das Sie in Kapitel 1 kennengelernt haben. Überlegen Sie, welches Volumen für den Stickstoff am Anfang und nach dem Versprühen zur Verfügung steht.

Warum sich das System nicht durchsetzte, sehen Sie nach dem erfolgreichen Lösen der Aufgabe.

Übungsaufgabe 4.1

Eine Sprühflasche mit einem Innenvolumen von 100 ml enthält 60 ml einer wässrigen Deodorantlösung in einem geschlossenen Kunststoffbeutel, der mit dem Sprühkopf verbunden ist. Der den gefüllten Beutel umgebende Innenraum der Sprühflasche ist mit Stickstoff bei einem Druck von 8 bar gefüllt. Berechnen Sie den Sprühdruck nach dem Versprühen von 50 % und von 90 % des Deodorants!

Bestimmung der Molmasse eines löslichen Polymers

Mit dieser Übungsaufgabe stelle ich Ihnen eine praktische Anwendung der Viskosimetrie vor. Wenn Sie im Studium oder in der Ausbildung demnächst selbst ein Laborpraktikum in Physikalischer Chemie absolvieren, ist es sehr gut möglich, dass Ihnen diese Übung als Praktikumsaufgabe wiederbegegnet.

Im Praktikum sollen Sie mit einem Kapillarviskosimeter die Viskositäten von vier wässrigen Lösungen des Polymers Povidon (siehe den nachfolgenden Kasten *Kollodial und klebrig*) bestimmen. Die dabei gemessenen Auslaufzeiten der Lösungen habe ich Ihnen bereits in Tabelle 4.1 eingetragen.

Die Funktionsweise eines Kapillarviskosimeters und die Formel zur Berechnung der Viskosität finden Sie in Kapitel 3.

Nach einer ziemlich komplizierten Theorie, die ich Ihnen hier im Detail ersparen möchte, bestimmen Sie aus den Viskositätswerten die Molmasse des Polymers. Dazu berechnen Sie die relative Viskositätserhöhung der Polymerlösungen gegenüber dem reinen Lösungsmittel und teilen diese durch die Konzentration. In einem Diagramm tragen Sie die berechneten Werte bei den vier Konzentrationen ein. Durch die Messpunkte im Diagramm ziehen Sie mit einem Lineal eine möglichst gut passende Gerade und lesen den sogenannten *Staudinger-Index* am Schnittpunkt mit der y-Achse ab. Die Theorie liefert Ihnen eine Formel, mit der Sie aus dem Staudinger-Index die Molmasse von Polymeren berechnen.

Das hört sich viel komplizierter an, als es ist. Schnappen Sie sich Taschenrechner, Lineal und Bleistift, krempeln Sie die Ärmel hoch, und los geht's!

Übungsaufgabe 4.2

Bei Messungen der Viskosität von wässrigen Povidonlösungen mit einem Kapillarviskosimeter erhalten Sie die in Tabelle 4.1 zusammengefassten Werte.

Konzentration C [%]	Auslaufzeit t [s]	Viskosität η [mPa · s]	η_{spez}/C
0,5	109,5	1,095	0,190
1,0	120,1	1,201	0,201
1,5	131,2	1,312	0,208
2,0	144,1	1,442	0,221

Tabelle 4.1: Experimentell bestimmte Auslaufzeiten wässriger Povidonlösungen verschiedener Konzentrationen

Die Auslaufzeiten sind jeweils die Mittelwerte aus drei handgestoppten Messungen. Die Gerätekonstante k wurde zuvor durch Kalibrierversuche mit Wasser bestimmt.

$$k = 0,0100 \, \text{mm}^2 \cdot \text{s}^{-2}$$

Die Viskosität des Lösungsmittels Wasser beträgt 1,00 mPa · s. Die Dichte des Wassers und der Polymerlösungen beträgt $1,00 \, \text{g} \cdot \text{ml}^{-1}$.

Bei den angegebenen Einheiten für die Gerätekonstante, die Dichte und die Auslaufzeiten erhalten Sie beim Einsetzen der Zahlenwerte in die Berechnungsformel für das Kapillarviskosimeter als Ergebnis die Viskosität in mPa · s.

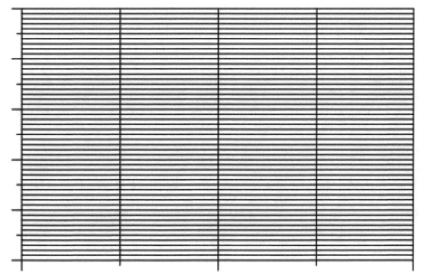

Abbildung 4.1: Übungsdiagramm für die Molmassenbestimmung

Die Werte der rechten Spalte berechnen Sie nach der Formel:

$$\eta_{\text{spez}}/C = \frac{1}{C} \cdot \left(\frac{\eta}{\eta_0} - 1 \right)$$

Tragen Sie diese Werte auf der y-Achse gegen die Konzentration C auf der x-Achse in das Diagramm in Abbildung 4.1 ein.

Legen Sie eine Ausgleichsgerade durch die vier Messpunkte und verlängern Sie (extrapolieren) diese bis zum Schnittpunkt mit der y-Achse. Dort lesen Sie den Staudinger-Index [η] ab.

Mit der Mark-Houwink-Gleichung berechnen Sie die Molmasse M des Polymers:

$$M = \left(\frac{[\eta]}{K} \right)^{\frac{1}{\alpha}}$$

Die benötigten Konstanten K und α sind experimentell bestimmte Werte, die Sie für unterschiedliche Polymere und Lösungsmittel in der wissenschaftlichen Literatur finden können. Für wässrige Povidonlösungen gelten folgende Werte:

$K = 3{,}427 \cdot 10^{-5}$

$\alpha = 0{,}8313$

Berechnen Sie die Molmasse des verwendeten Polymers Povidon:

M=_____

Kolloidal und klebrig

In physikalisch-chemischen Praktikumsversuchen setzen die Lehrenden gern Substanzen ein, die auch ansonsten eine wichtige Rolle im Studien- oder Ausbildungsgang spielen. Warum sollen Sie also ausgerechnet das Povidon messen? Vermutlich denken Sie, dass Ihnen im ganzen Leben dieser Stoff noch niemals begegnet ist. Da irren Sie!

Povidon finden Sie in Klebestiften, Haarfestigern, Nahrungsergänzungsmitteln, Arzneimitteln und vielen anderen Produkten, wo es zumeist aufgrund seiner Eigenschaften als wasserlöslicher Klebstoff oder Bindemittel eingesetzt wird. Es ist ein synthetisch hergestelltes Polymer. Das bedeutet, dass es aus vielen gleichen Molekülbausteinen zusammengesetzt ist, die sehr lange Molekülketten bilden. Wundern Sie sich also nicht über den sehr großen Wert, den Sie bei der Berechnung der Molmasse erhalten.

Die Kettenmoleküle sind fast so beweglich wie Halsketten. Sie bilden in einer Lösung Knäuel, so ähnlich wie Halsketten in einem Schmuckkästchen.

Die Lösungen von Polymeren sind sogenannte *kolloidale* Lösungen (lateinisch: colla = Leim). Im Gegensatz zu »echten« Lösungen, die kleine Moleküle oder Ionen enthalten, sind die gelösten Teilchen in kolloidalen Lösungen so groß, dass sie Lichtstrahlen ablenken können. Sie zeigen den Tyndall-Effekt, bei dem ein dünner Lichtstrahl beim Durchgang durch eine Lösung verbreitert wird. Neben den klebrigen Molekülkolloiden gibt es noch Assoziationskolloide (Zusammenlagerungskolloide), beispielsweise die in Kapitel 7 vorgestellten Mizellen.

Vorsicht! Logarithmus! Bestimmung des Fließverhaltens einer strukturviskosen Flüssigkeit

Die Erstellung und Auswertung von Diagrammen mit logarithmischer Achseneinteilung bereitet Studierenden erhebliche Probleme. In dieser Übung sollen Sie die Fließparameter einer Flüssigkeit bestimmen.

 Die Theorie zu der Aufgabe finden Sie in Kapitel 3 im Abschnitt *Nicht alles ist ideal: strukturviskos bis thixotrop*. Dort finden Sie auch die Abbildungen 3.6 und 3.7 mit einer Erklärung der Fließparameter D und N und der Geradengleichung für die logarithmierten Messwerte.

Damit Sie die folgende Aufgabe lösen können, erkläre ich Ihnen noch kurz, wie Sie mit einem logarithmischen Diagramm arbeiten. Betrachten Sie in dem Diagramm in Abbildung 4.2 zuerst die x-Achse, wo Sie Werte für die Schubspannung τ abtragen sollen. Die Einteilung beginnt mit einem Bereich, in dem die Skaleneinteilung zu größeren Werten hin immer kleiner wird. Danach folgen noch zwei genauso eingeteilte Bereiche. Auf den Hauptmarkierungen, die immer am Anfang eines solchen Bereichs liegen, muss immer eine Potenz von 10 stehen, also 0,1 (gleich 10^{-1}) oder 1 (10^0) oder 1000 (10^3). Der nächste Bereich beginnt dann mit dem 10-fachen Wert. In dem Übungsdiagramm kommen an die Hauptmarkierungen der x-Achse die Zahlen 1, 10, 100 und 1000. Die Zwischenmarkierungen sind dann: 2, 3, 4, ..., 20, 30, 40, ..., 200, 300, ... 900. Die y-Achse für die Schergeschwindigkeit D geht ähnlich von unten nach oben. Beschriften Sie die Hauptmarkierungen so, dass ganz oben die Zahl 1000 steht.

 Achtung! Es gibt keine Null bei der logarithmischen Achseneinteilung. Die nächste Hauptmarkierung unterhalb von 1 ist 0,1.

Im logarithmischen Diagramm entspricht die 1 der 0 im normalen arithmetischen Diagramm, da Sie zwar die Messwerte auf den Achsen ablesen, aber die Logarithmen zur Einteilung nutzen. Der Logarithmus von 1 ist 0! Der Ursprung des Diagramms ist also der Punkt (1|1). Beachten Sie das unbedingt bei der Ablesung von Schnittpunkten Ihrer Messkurve mit den Achsen.

Nach der erfolgreichen Achsenbeschriftung können Sie die Messwerte in das Diagramm eintragen und eine Ausgleichsgerade mit dem Lineal durch die Punkte legen.

Den Schnittpunkt mit der y-Achse lesen Sie beim x-Wert 1 ab, also bei diesem speziellen Diagramm auf der linken Seite. Das ist nicht selbstverständlich. Bei einer ähnlichen Aufgabe in Kapitel 8 befindet sich die y-Achse im rechten Bereich des Diagramms.

Die Geradensteigung ist etwas schwieriger zu bestimmen. Sie suchen sich zwei Punkte auf der Geraden (nicht Messpunkte!) für das Steigungsdreieck. Vom Matheunterricht aus Ihrer Schulzeit wissen Sie, dass die Steigung mit der Formel $(y_2 - y_1)/(x_2 - x_1)$ berechnet wird, aber Vorsicht! Die Geradengleichung gilt nur für die Logarithmen der Werte.

 Auf der logarithmischen Achse sind zwar die Werte abzulesen, aber für die Differenzen bei der Berechnung des Steigungsdreiecks müssen Sie von allen abgelesenen Zahlenwerten zuerst den Zehnerlogarithmus berechnen.

Mit dieser Anleitung sollten Sie die Aufgabe lösen können.

 Übungsaufgabe 4.3

Bei der Messung mit dem Rotationsviskosimeter erhalten Sie für eine hochviskose Flüssigkeit folgende Messwerte:

τ /Pa	30	60	120	240
D/s^{-1}	41	102	252	621

Bestimmen Sie grafisch durch Eintragen der Messwerte in das Diagramm in Abbildung 4.2 die Werte für k und N.

Welches Fließverhalten liegt vor?

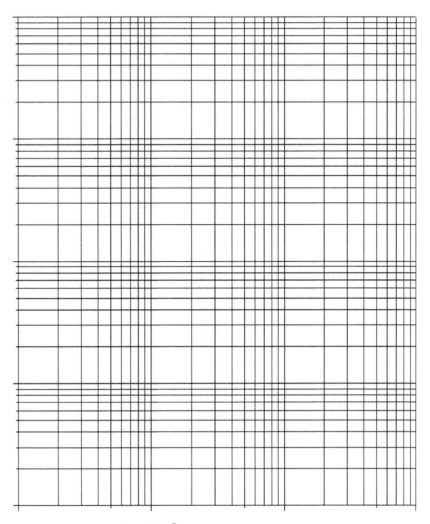

Abbildung 4.2: Logarithmisches Übungsdiagramm

Teil II
Reinstoffe und Mischungen

... erfahren Sie, wie Sie den Aggregatzustand eines Stoffes in Abhängigkeit von den Zustandsgrößen Druck und Temperatur in einem Diagramm darstellen können. Sie lernen dabei Begriffe wie Tripelpunkt, überkritisches Gas oder Lyophilisation kennen. Von reinen Stoffen geht es dann zu Stoffgemischen, wobei Sie den Einfluss eines Stoffes auf die physikalisch-chemischen Eigenschaften des Mischungspartners kennenlernen. Begriffe wie Mischbarkeit, Eutektikum, Mehrphasensysteme und Diffusion werden erklärt. Bei der Vorstellung von Grenzflächenphänomenen geht es danach um Begriffe wie Oberflächenspannung und Adsorption. Abschließend können Sie bei den Übungen zeigen, dass Sie die theoretischen Grundlagen verstanden haben und praktisch umsetzen können.

Kapitel 5
Zustandsdiagramme (Phasendiagramme)

I n diesem Kapitel sollen Sie den sicheren Umgang mit Phasendiagrammen unterschiedlicher Stoffe erlernen. Machen Sie nicht den Fehler, derartige Diagramme für eine Prüfung auswendig zu lernen, ohne sie zu verstehen! Ein typischer Fehler in schriftlichen Prüfungen ist die falsche Zuordnung der Bereiche »fest«, »flüssig« und »gasförmig« in solchen Diagrammen. Die Phasendiagramme aller Stoffe sehen grundsätzlich ähnlich aus. Ausgerechnet die wichtige Substanz Wasser macht aber eine Ausnahme, was zum Beispiel bewirkt, dass eine gefüllte Wasserflasche beim Einfrieren platzt oder dass Sie auf Eis Schlittschuh laufen können, auf Eisenplatten aber nicht.

Im Abschnitt *Modifikation und Allotropie* erfahren Sie, warum Diamanten und Kohlebriketts chemisch identisch, aber physikalisch verschieden sind, und warum eine im sommerheißen Kofferraum geschmolzene Schokoladentafel nach dem Abkühlen nicht mehr so knackig wird.

Die Zustände fest, flüssig und gasförmig

In Teil 1 dieses Buches stelle ich Ihnen ein vereinfachtes Modell zur Beschreibung der Aggregatzustände auf molekularer Ebene vor. Im Feststoff liegen die Moleküle oder Atome im direkten Kontakt miteinander auf festgelegten Positionen vor. In Flüssigkeiten besteht ebenfalls direkter Kontakt, aber die Positionen sind verschiebbar. Gasmoleküle bewegen sich in großen Abständen voneinander. Bei der Einwirkung von Kräften verhalten sich Feststoffe elastisch, Flüssigkeiten viskos und Gase komprimierbar.

Bei etwas genauerer Betrachtung zeigen sich weitere Feineinteilungen. Ein Feststoff kann in hochgeordneten Kristallstrukturen erstarrt sein, in denen die Atome oder Moleküle in bestimmten Raumrichtungen und Abständen immer wieder gleich auftreten. Chemisch identische Stoffe können in unterschiedlichen Kristallformen vorliegen. Daneben gibt es auch Feststoffe, deren Atome oder Moleküle keinerlei regelmäßige Anordnung besitzen. Dieser sogenannte *amorphe Zustand* liegt beispielsweise bei Gläsern vor.

 Die Moleküle einer Flüssigkeit sind normalerweise frei beweglich, sodass keine geordneten Strukturen vorliegen können. Es gibt aber auch Flüssigkeiten, deren Moleküle in ihrer Beweglichkeit eingeschränkt sind. Dadurch können in einer festgelegten Richtung regelmäßige Anordnungen auftreten. Solche Flüssigkeiten kennen Sie als *Flüssigkristalle*.

LCD-Bildschirme (Liquid Crystal Display) nutzen die Eigenschaft mancher Flüssigkristalle, im elektrischen Feld ihre Ausrichtung zu ändern und damit für polarisiertes Licht durchlässig oder undurchlässig zu werden

Ob eine Substanz bei Raumtemperatur fest, flüssig oder gasförmig ist, hängt von der Art und Stärke der Wechselwirkungen zwischen den kleinsten Teilchen ab. Die stärksten zusammenhaltenden Kräfte stellen chemische Bindungen zwischen Atomen dar. In Diamanten wirken kovalente Bindungen (Elektronenpaarbindungen), in Eisen die Metallbindung und in Kochsalz die Ionenbindung. Etwas schwächer sind polare Wechselwirkungen und Wasserstoffbrückenbindungen wie beim Wasser, das daher bei Raumtemperatur flüssig ist. Die schwächsten Wechselwirkungen treten zwischen unpolaren Molekülen auf. Diese hydrophoben (wasserabstoßenden) Wechselwirkungen basieren auf den sogenannten *Van-der-Waals-Kräften*, die hauptsächlich von der Molekülgröße und -form abhängen. Grundsätzlich liegen bei sehr niedrigen Temperaturen alle Substanzen als Feststoffe vor. Bei Temperaturerhöhung werden die meisten Substanzen irgendwann durch Schmelzen flüssig und danach durch Sieden gasförmig, sofern sie sich nicht zuvor durch die Wärmeeinwirkung chemisch zersetzen oder direkt vom festen in den gasförmigen Zustand übergehen (sublimieren).

Zustandsdiagramme

Wie Sie leicht an Ihrem Feuerzeug erkennen können, spielt auch der Druck eine wichtige Rolle für den Aggregatzustand einer Substanz. Die brennbare Flüssigkeit darin ist Propan oder Butan. Wenn Sie das Ventil öffnen, kommt kein Flüssigkeitsstrahl aus dem Feuerzeug. Der im Inneren unter Druck stehende flüssige Stoff kommt als Gas herausgezischt.

 Zustandsdiagramme zeigen den Aggregatzustand eines Stoffes in Abhängigkeit von der Temperatur und vom Druck an. Da an einigen Stellen mehrphasige Systeme auftreten, beispielsweise Gas und Flüssigkeit beim Sieden, heißen diese Diagramme auch *Phasendiagramme*.

Diese sehen für die meisten Stoffe sehr ähnlich aus. Abbildung 5.1 zeigt ein typisches Phasendiagramm.

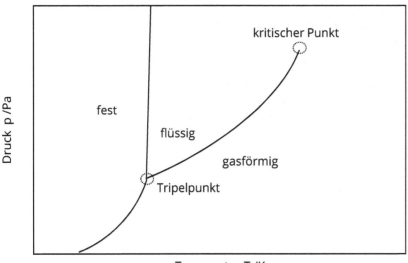

Abbildung 5.1: Schematische Darstellung eines Zustandsdiagramms

Auf der x-Achse ist die Temperatur aufgetragen, also steigt in dem Diagramm die Temperatur von links nach rechts. Entsprechend steigt der Druck, der auf der y-Achse aufgetragen ist, von unten nach oben. Das Diagramm wird durch Linien, deren Form einem schräg stehenden y ähneln, in drei Bereiche geteilt:

✔ Von links nach rechts, also bei steigender Temperatur, markieren die Bereiche den festen, flüssigen und gasförmigen Zustand.

✔ Die Linie zwischen dem festen und flüssigen Bereich ist die *Schmelzkurve*, die zwischen dem flüssigen und gasförmigen Bereich die *Siedekurve* und die zwischen dem festen und gasförmigen Bereich die *Sublimationskurve*.

✔ Die Siedekurve endet auf der rechten Seite mit dem *kritischen Punkt*.

✔ Der Punkt, an dem die drei Linien aufeinandertreffen, ist der *Tripelpunkt*.

✔ Bei extrem hohem Druck treten auch bei höheren Temperaturen feste Modifikationen auf. Dieser Bereich ist in dem Diagramm nicht mit aufgetragen.

Verwirrende Zustände – Tripelpunkt und überkritisches Gas

Für die Auswertung eines Zustandsdiagramms spielen der Tripelpunkt und der kritische Punkt eine entscheidende Rolle. Am Tripelpunkt liegt ein Dreiphasensystem vor. Die flüssige Substanz ist teilweise gefroren und siedet gleichzeitig. Oberhalb des Tripelpunkts spannt sich zwischen der Schmelzkurve und der Siedekurve der flüssige Bereich auf. Dieser wiederum endet plötzlich am kritischen Punkt. Bei Temperaturen und Drucken oberhalb des kritischen Punktes kann ein

Gas nicht mehr verflüssigt werden. Ein überkritisches Gas zeigt allerdings Eigenschaften von Gasen und von Flüssigkeiten gleichzeitig. Es ist komprimierbar, kann aber aufgrund der sehr hohen Dichte andere Stoffe lösen. Überkritische Gase werden daher auch als *überkritische Fluide* bezeichnet.

Was Sie aus der Angabe der beiden Punkte über die Eigenschaften einer Substanz herauslesen können, zeige ich Ihnen in den nachfolgenden Zustandsdiagrammen von Kohlendioxid (siehe Abbildung 5.2), Propan und Methan (siehe Abbildung 5.3).

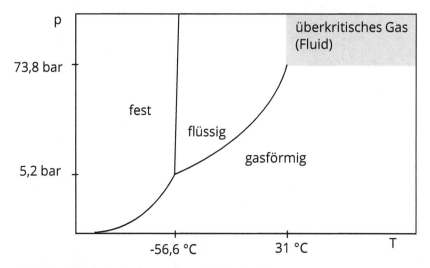

Abbildung 5.2: Zustandsdiagramm von Kohlendioxid

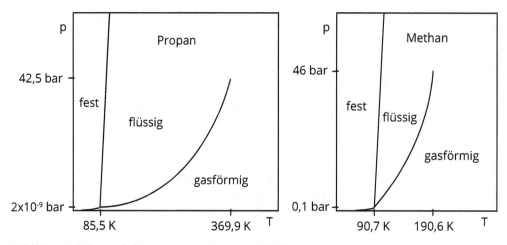

Abbildung 5.3: Zustandsdiagramme von Propan und Methan

Der Tripelpunkt von Kohlendioxid liegt bei $-56{,}6$ °C und $5{,}2$ bar. Den kritischen Punkt finden Sie bei 31 °C und $73{,}8$ bar (siehe Abbildung 5.2). Unter normalen Bedingungen von 20 °C und 1 bar liegt Kohlendioxid als Gas vor. Beim Abkühlen wird das Gas nicht verflüssigt, da der Atmosphärendruck unterhalb des Tripelpunkts liegt. Es wird bei $-78{,}5$ °C fest. Festes Kohlendioxid heißt auch Trockeneis. Es kann zum Kühlen von Lebensmitteln verwendet werden und sorgt dafür, dass sich mit der Zeit keine Überschwemmung des Kühlbehälters einstellt. Überkritisches Kohlendioxid ist ein sehr beliebtes Extraktionsmittel, da es bereits bei relativ niedriger und damit schonender Temperatur das Herauslösen von bestimmten Substanzen erlaubt und anschließend bei Normaldruck rückstandslos entweicht. Eine typische Anwendung ist die Entkoffeinierung von Kaffee.

Die Tripelpunkte von Propan und Methan unterscheiden sich nicht wesentlich (siehe Abbildung 5.3). Auch der kritische Druck ist ungefähr gleich. Den entscheidenden Unterschied sehen Sie in der kritischen Temperatur. Während die kritische Temperatur von Propan bei 369,9 K (96,7 °C) und damit oberhalb der Raumtemperatur liegt, liegt die kritische Temperatur von Methan mit 190,6 K (−79,4 °C) weit unterhalb der Raumtemperatur. Demzufolge lässt sich Methan bei Raumtemperatur durch Druckerhöhung nicht verflüssigen, während Propan bereits bei 8,4 bar flüssig wird.

Wahrscheinlich ärgern Sie sich über die hohen Benzinpreise. Und vielleicht haben Sie sich schon einmal Gedanken über einen Umstieg auf ein Gasfahrzeug gemacht. Immerhin können Sie damit die Fahrkosten mehr als halbieren und gleichzeitig aufgrund der günstigeren Emissionswerte der Umwelt einen Gefallen tun. Bei den Gasfahrzeugen gibt es zwei Typen. Die einen nutzen das sogenannte Autogas oder LPG (Liquid Petrol Gas), die anderen Erdgas oder CNG (Compressed Natural Gas). Autogas besteht hauptsächlich aus Propan. Im Autotank ist es bei einem Druck unter 10 bar flüssig. Erdgas besteht hauptsächlich aus Methan, das unter Druck nicht verflüssigt werden kann. Mit Erdgasfahrzeugen können Sie noch mehr sparen als mit Autogasfahrzeugen. Ein Gas benötigt jedoch ein viel größeres Volumen als eine Flüssigkeit. Um eine ausreichende Menge Erdgas zur Verfügung zu haben, muss ein sehr großer Autotank vorhanden sein, der zudem problemlos einen Druck von über 200 bar vertragen muss. Beim Tanken wird nicht in Litern, sondern in Kilogramm abgerechnet. Ähnlich verhält es sich beim Wasserstoff, der gern als Treibstoff der Zukunft angepriesen wird. Bei den Wasserstofffahrzeugen sind Drucktanks für über 500 bar eingebaut.

Anomalie des Wassers

Wasser ist sicherlich der wichtigste Stoff für alle Lebewesen. Es wurde schon in den ältesten Philosophien als eines der Urelemente angesehen. Auch in den modernen Naturwissenschaften, die längst geklärt haben, dass Wasser kein chemisches Element, sondern eine Verbindung mit der Zusammensetzung H_2O ist, hat es nichts von seiner Bedeutung eingebüßt. Bereits im Jahr 1742 wurde durch den schwedischen Physiker Anders Celsius die nach ihm benannte Temperaturskala eingeführt, die auf dem Gefrierpunkt und dem Siedepunkt von Wasser bei Normaldruck basiert. Daher ist es fast selbstverständlich, dass das Zustandsdiagramm von Wasser eines der zuerst untersuchten und am besten bekanntesten ist. Warum stelle ich es Ihnen erst jetzt vor? Ganz einfach: Es weist eine Anomalie auf, die es von fast allen anderen Substanzen unterscheidet. Sehen Sie sich das Zustandsdiagramm von Wasser (siehe Abbildung 5.4) genau an! Erkennen Sie den Unterschied?

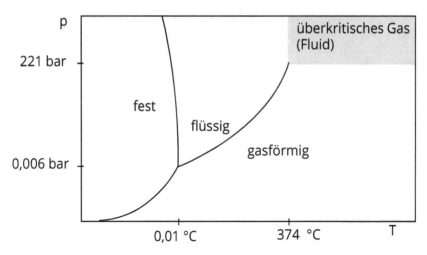

Abbildung 5.4: Zustandsdiagramm von Wasser

Beim genauen Hinsehen erkennen Sie, dass die Schmelzlinie, die den festen Zustand (Eis) vom flüssigen Zustand (Wasser) trennt, nicht nach rechts, sondern leicht nach links geneigt ist. Wasser kann bei 0 °C nicht durch Druck in Eis übergehen. Eis kann hingegen bei leichten Minusgraden durch hohen Druck zum Schmelzen gebracht werden. Was das praktisch bedeutet, können Sie sich beim Eiskunstlaufen ansehen. Druck ist physikalisch gesehen eine Kraft pro Fläche. Die Gewichtskraft der Eisläufer wirkt über eine sehr kleine Kufenfläche auf das Eis. Bei dem dabei entstehenden gewaltigen Druck in Verbindung mit der gleichzeitigen Schmelzwärmeübertragung wird das Eis an der Kontaktfläche angeschmolzen und ermöglicht ein Gleiten auf dem dabei kurzfristig gebildeten Wasserfilm. Der Grund für dieses »unnormale« Verhalten von Wasser liegt in der Anordnung der Moleküle im Eiskristall. Diese erfordert mehr Raum als im flüssigen Zustand, weshalb bei hohen Drucken ein Zusammenschieben der Moleküle zu einer Zerstörung der Kristallstruktur und damit zu einer Verflüssigung führt. Da Eis bei gleicher Menge ein größeres Volumen hat als Wasser, also eine niedrigere Dichte, schwimmt es auf dem Wasser. Wenn Wasser in einer vollen Glasflasche eingefroren wird, platzt die Flasche in Folge der Volumenzunahme. Das müssen Sie übrigens bei anderen Flüssigkeiten nicht befürchten. Eine Glasflasche mit Speiseöl wird das Einfrieren im Gefrierschrank problemlos überstehen.

Gibbs'sche Phasenregel

Unter einer Phase versteht der Physikochemiker Volumenbereiche einer Substanz, die chemisch und physikalisch homogen (einheitlich) sind. Die Volumenbereiche können aus einem Reinstoff bestehen, beispielsweise Wasser. Sie können aber auch mehrere Reinstoffe in einer homogenen Mischung enthalten, wie es beispielsweise in Salzlösungen der Fall ist. Eine Phase besteht grundsätzlich aus einem Phaseninneren und einer Phasengrenzfläche, die sie von der Phasenumgebung eindeutig abgrenzt. Siedendes Wasser ist beispielsweise ein Zweiphasensystem, da Wasser und Wasserdampf in sich homogen sind und sich voneinander eindeutig abgrenzen.

Der amerikanische Physiker Josiah Willard Gibbs veröffentlichte in den Jahren 1876 bis 1878 grundlegende Untersuchungen zu den Eigenschaften von Mehrphasensystemen, die als Basis für die Thermodynamik angesehen werden. Einer der veröffentlichten Lehrsätze ist die *Gibbs'sche Phasenregel*:

$$F = C - P + 2$$

Die Anzahl der Freiheitsgrade F eines Systems ist gleich der Anzahl der Komponenten C minus der Anzahl der Phasen P plus 2. Komponenten sind Reinstoffe. Die Freiheitsgrade sind die Systemvariablen, die unabhängig voneinander variiert werden können, ohne das Phasensystem zu verändern.

Das klingt kompliziert, ist aber eigentlich ganz einfach. Betrachten Sie das Zustandsdiagramm des Wassers. Da außer Wasser kein weiterer Stoff vorhanden ist, handelt es sich um ein Einkomponentensystem. Die Variablen sind Temperatur T und Druck p. Bei Raumtemperatur und Normaldruck liegt Wasser in flüssiger Form vor. Eine kleine Änderung der Temperatur und des Drucks ändert nichts am Phasenverhalten des Systems. Die beiden Variablen T und p sind also unabhängig voneinander variierbar, ohne das Phasensystem zu verändern. Die Anzahl der Freiheitsgrade sollte also 2 sein. In der Gibbs'schen Formel setzen Sie C gleich 1, da das Wasser die einzige Komponente ist. Die Anzahl der Phasen P ist ebenfalls 1, da nur flüssiges Wasser vorliegt. Damit errechnen Sie die Anzahl der Freiheitsgrade:

$$F = 1 - 1 + 2, \quad \text{also} \quad F = 2$$

Betrachten Sie nun aber das System bei 100 °C und 1 bar. Im Zustandsdiagramm finden Sie den Punkt auf der Verdampfungskurve. Es liegt siedendes Wasser vor – ein Zweiphasensystem. Wenn Sie siedendes Wasser bei 121 °C haben wollen, können Sie das nur erreichen, wenn Sie den Druck auf genau 2 bar erhöhen. Für siedendes Wasser gilt also, dass bei jeder Veränderung der einen Zustandsvariablen eine feststehende Änderung der zweiten Zustandsvariablen erforderlich ist (sonst liegt kein siedendes Wasser mehr vor). Die zweite Variable ist nicht gleichzeitig frei veränderbar, und damit gibt es nur einen Freiheitsgrad.

$$F = 1 - 2 + 2, \quad \text{also} \quad F = 1$$

Am Tripelpunkt liegen die drei Phasen Eis, Wasser und Wasserdampf gleichzeitig vor. Das Dreiphasensystem existiert nur bei festgelegter Temperatur und festgelegtem Druck. Jede Variation einer der Zustandsgrößen T oder p würde das Phasensystem verändern. Es existieren also keine Freiheitsgrade.

$$F = 1 - 3 + 2, \quad \text{also} \quad F = 0$$

Modifikation und Allotropie

Eigentlich legen die Zustandsdiagramme eindeutig fest, wie eine Substanz bei einer bestimmten Temperatur und einem bestimmten Druck auszusehen hat. Aber sehen Sie sich das Zustandsdiagramm von Kohlenstoff in Abbildung 5.5 an!

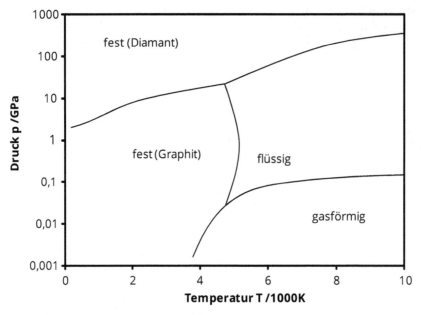

Abbildung 5.5: Zustandsdiagramm von Kohlenstoff (beachten Sie die logarithmische Auftragung der y-Achse)

Der untere Teil des Diagramms sieht aus, wie Sie es bei den bisher vorgestellten Zustands-diagrammen kennengelernt haben. Von links nach rechts sind die Aggregatzustände fest (Graphit), flüssig und gasförmig den entsprechenden Diagrammflächen zugeordnet. Die Umgebungsbedingungen sind für einen sehr hohen Temperatur- und Druckbereich angege-ben, damit der Tripelpunkt bei 0,011 Gigapascal (110 bar) und 4600 Kelvin (4327 °C) in das Diagramm passt. Das Diagramm besagt, dass Kohlenstoff unter Normalbedingungen als Gra-phit vorliegen sollte. Im oberen Diagrammbereich sehen Sie, dass unter extrem hohen Dru-cken von mehr als einem Gigapascal (10000 bar) ein Bereich für einen weiteren Feststoff (Diamant) abgegrenzt ist. Was für eine paradiesische Welt des hohen Drucks! Hier wandeln sich Bleistiftminen in Diamanten um. Dummerweise könnte kein Mensch in dieser diamant-reichen Umgebung überleben. Aber – es gibt doch auch in unserer Welt des Normaldrucks Diamanten. Das ist eine Tatsache! Aber wie ist das möglich? Irgendwann vor Millionen Jah-ren wurde der Kohlenstoff unter gewaltigem Druck und bei extrem hohen Temperaturen aus flüssigem Kohlenstoff auskristallisiert. Beim schnellen Übergang in die Normalbedingungen konnte der Diamant sich nicht in die energetisch bevorzugte Form Graphit umwandeln, da hierzu eine große Energiemenge für das Aufbrechen der zwischenatomaren Bindungen er-forderlich ist. Man sagt, dass Diamant bei Normalbedingungen metastabil ist. Und solange niemand auf die Idee kommt, den Diamanten auf 5000 °C zu erhitzen, wird er diese Form behalten.

Verschiedene Erscheinungsformen einer Substanz bei gleichen Umgebungs-bedingungen heißen *Modifikationen*. Das Auftreten mehrerer Modifikationen nennt der Wissenschaftler bei chemischen Verbindungen *Polymorphie* und bei chemischen Elementen *Allotropie*.

Außer beim Kohlenstoff tritt auch bei anderen chemischen Elementen Allotropie auf. Phosphor, Schwefel und Zinn sind hierfür die bekanntesten Beispiele. Ein interessantes Beispiel für Polymorphie von chemischen Verbindungen liefert die Kakaobutter. Es handelt sich dabei um ein Fett, das beim Auspressen von Kakao gewonnen wird. Kakaobutter liegt normalerweise in der sogenannten β-Modifikation vor, die einen Schmelzpunkt von etwa 35 °C hat. Bei der Herstellung von Schokolade und seltener bei der Herstellung von Arzneizäpfchen (Suppositorien) wird Kakaobutter durch Schmelzen, Mischen mit weiteren Zutaten und abschließendem Erstarren in einer Form verarbeitet. Bei einer Schmelztemperatur über 40 °C liegt die Kakaobutter als ein klares gelbliches Öl vor. Dieses Öl schafft es jedoch nicht, beim Abkühlen in der ursprünglichen Form zu kristallisieren. Stellt man es in den Kühlschrank, bildet sich die sogenannte β-Modifikation, die einen Schmelzbereich knapp oberhalb von 20 °C hat. Die Schokolade würde dadurch bereits beim Anfassen mit den Fingern anfangen zu schmelzen und schmierig werden. Um das zu vermeiden und die gewünschte »knackige« β-Modifikation zu erhalten, wird nur bis zur »Cremeschmelze« erwärmt, die bei sehr langem Rühren (Conchieren) immer noch kleinste Kristallisationskeime enthält. Oder man muss nach dem Klarschmelzen durch Rühren und genaue Temperatursteuerung die erforderlichen Kristallisationskeime der β-Modifikation erzeugen.

Eiskalt weggedampft und lyophil nach der Gefriertrocknung

Wasser gilt als Element des Lebens. Aber in Arzneimitteln oder Lebensmitteln stellt es häufig die Hauptursache für eine begrenzte Haltbarkeit dar. Es begünstigt chemische Zersetzungen durch die sogenannte *Hydrolyse* und stellt gleichzeitig ein ideales Medium für das Wachstum von Mikroorganismen wie Bakterien oder Schimmelpilzen dar. Daher kann es vorteilhaft sein, das Wasser für die Dauer der Lagerung zu entfernen und erst kurz vor dem Gebrauch der Zubereitung wieder zuzusetzen. Die einfachste Möglichkeit ist, die Lösung zu erhitzen und solange kochen zu lassen, bis das Wasser vollständig abgedampft ist. Dabei würden aber wertvolle pharmazeutische Inhaltsstoffe zerstört werden, oder die geschmacksgebenden Aromen des Lebensmittels würden mit verdampfen. Ein Blick auf das Zustandsdiagramm des Wassers liefert Lösungsmöglichkeiten. Die Verdampfung des Wassers bei niedrigem Druck erfolgt bei entsprechend niedrigerer Temperatur. Oder – noch eleganter und optimal das Produkt schonend – gefrorenes Wasser kann bei Drücken unterhalb des Tripelpunkts ohne vorheriges Auftauen durch Sublimation abgedampft werden. Letzteres ist das Prinzip der Gefriertrocknung.

Im Zustandsdiagramm des Wassers können Sie sich die aufeinanderfolgenden Schritte der Gefriertrocknung veranschaulichen (siehe Abbildung 5.6):

1. Das flüssige Ausgangsprodukt (1) wird eingefroren.

2. Im Vakuum verdampft das Wasser aus dem gefrorenen Produkt (2) durch Sublimation.

3. Der entstandene Wasserdampf (3) schlägt sich auf einem Kondensator (4) nieder.

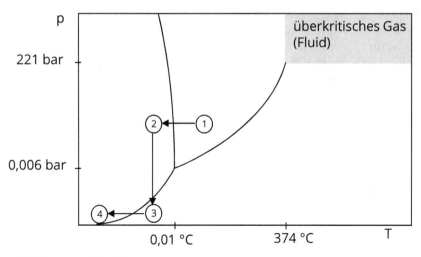

Abbildung 5.6: Ablaufschema der Gefriertrocknung

Genau genommen reicht es nicht aus, das Ausgangsprodukt unter den Gefrierpunkt des Wassers abzukühlen, da durch die gelösten Inhaltsstoffe der Gefrierpunkt erniedrigt wird (siehe Kapitel 6). Im Gefriertrockner steht das Produkt in einer Vakuumkammer auf einer Heizplatte (siehe Abbildung 5.7). Der kalte Wasserdampf wird durch eine Vakuumpumpe am kältesten Bauteil des Geräts, dem Kondensator, vorbei gesaugt und schlägt sich auf diesem nieder. Das Produktvolumen scheint sich durch die Entfernung des Wassers praktisch nicht zu verändern, da die vom Wasser befreiten Inhaltsstoffe ein sehr poröses Gerüst bilden. Pharmazeutische Wirkstoffe haben meist eine derart niedrige Konzentration, dass sie nach der Gefriertrocknung nicht für diese erwünschte Gerüstbildung ausreichen würde. Daher setzt der Pharmazeut der Ausgangslösung den Gerüstbildner Mannitol zu.

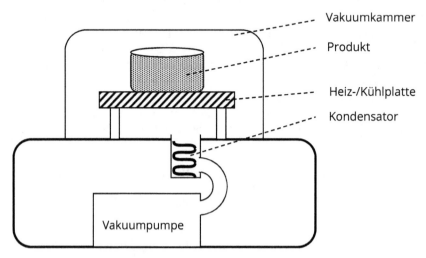

Abbildung 5.7: Schematischer Aufbau eines Gefriertrockners

Im gefriergetrockneten Endprodukt führt die poröse Struktur des feinstverteilten Inhaltsstoffs dazu, dass bei der Zugabe von Wasser sofort eine Auflösung stattfindet.

Das Fachwort für Gefriertrocknung heißt *Lyophilisation*. Das Produkt ist lyophil, was übersetzt »lösungsfreundlich« bedeutet.

Den Unterschied zum »normalen« Trocknen sehen Sie ganz drastisch, wenn Sie einen Instantkaffee aus gefriergetrockneten Körnchen herstellen. Eine halb volle Tasse Frühstückskaffee, die Sie vor dem Urlaub in der Abreisehektik vergessen haben, enthält nach drei Wochen ebenfalls nur noch die eingetrockneten Reste, die sich gegen eine Auflösung durch Spülwasser wesentlich hartnäckiger wehren.

Ohne Energie läuft nichts!

Mein erster Versuch mit der Gefriertrocknung vor vielen Jahren verlief ernüchternd. Für eine Projektarbeit wollte ich als Student eine hochkonzentrierte, gallertartige Seifenlösung lyophilisieren. Nach einer Kurzeinweisung in das Gerät stellte ich das zuvor bei –30 °C eingefrorene Produkt in den Gefriertrockner. Die Kondensatortemperatur wählte ich korrekt mit –50 °C. Für die Kühl-/Heizplatte, auf der das Produkt stand, wählte ich eine Temperatur von –30 °C. Ich wollte schließlich nicht, dass das Produkt wieder auftaut. Nach dem Einschalten der Vakuumpumpe ließ ich der Sache ihren Lauf. Als ich am nächsten Tag das gefriergetrocknete Produkt entnehmen wollte, erlebte ich eine Überraschung. Nach dem Erreichen der Raumtemperatur war bestenfalls eine minimale Trocknung an der Oberfläche erkennbar. Praktisch das gesamte Wasser war noch in der Gallerte enthalten. Meine damals recht begrenzten Kenntnisse der Physikalischen Chemie hatten zu einer falschen Einstellung der Heizplattentemperatur geführt. Diese hätte ungefähr 20 °C höher als die Produkttemperatur sein müssen. Aber warum wäre dann das Produkt während der Gefriertrocknung nicht aufgetaut?

 Für die Vorgänge Sublimation, Schmelzen und Verdampfen wird Wärmeenergie benötigt. Bei den umgekehrten Vorgängen Resublimation (gasförmig-fest), Erstarrung und Kondensation wird die gleich große Wärmemenge freigesetzt.

Jeder Wechsel des Aggregatzustands ist mit der Aufnahme oder Abgabe von Energie verbunden. Die Sublimation von Wasser bei der Gefriertrocknung erfordert pro Mol Wasser (18 g) eine Wärmemenge von ungefähr 47 kJ. Die Wärme kann der Umgebung entzogen werden, die dazu aber wärmer sein muss als das Eis. Auch das Schmelzen und die Verdampfung einer Substanz erfordert Energie. Bei Normaldruck beträgt die Schmelzenergie von Wasser 6 kJ/mol und die Verdampfungsenergie 40,7 kJ/mol.

Verdampfungswärme am eigenen Leib erfahren

Die Wärmeübergänge beim Verdampfen und Kondensieren von Flüssigkeiten können Sie einfach am eigenen Leib erfahren. Keine Angst, Sie müssen sich dazu nicht über einem Kochtopf die Hand verbrühen. Im Gegenteil! Ein Kältespray, das bei Sportverletzungen zur Behandlung von Prellungen eingesetzt wird, wird in flüssiger Form auf die Haut aufgesprüht. Durch die Hautwärme verdunstet die Flüssigkeit. Der dabei stattfindende Wärmeentzug bewirkt die gewünschte Kühlung. Das umgekehrte Phänomen können Sie bei einem Saunaaufguss erleben. In der 80°-C-Umgebung sind Sie mit einer Körpertemperatur von 36 °C der kälteste Punkt und wirken damit als Kondensator. Der beim Aufguss entstehende Wasserdampf kondensiert auf Ihrer Haut. Die dadurch bewirkte Wärmeübertragung gibt Ihnen das Gefühl, es sei wesentlich wärmer geworden. Ein Blick auf das Wandthermometer wird Sie überzeugen, dass die Saunatemperatur unverändert ist. Die Temperaturerhöhung betrifft nur die menschlichen »Kondensatoren«.

Kapitel 6
Lösungen und Mischungen

Seit vielen Jahrhunderten nutzt der Mensch Salze oder Zucker, mit denen er bestimmte Lebensmittel haltbar macht. Vielleicht haben Sie sich schon einmal gefragt, warum Honig oder Omas selbst gemachte Marmelade problemlos lange Zeit aufbewahrt werden können, während die zuckerreduzierte Marmelade aus dem Supermarkt mehrere Wochen nach dem Anbruch zu schimmeln beginnt. Die Antwort gibt ein physikalisch-chemisches Phänomen. Der osmotische Druck trocknet jeden frechen Mikroorganismus aus, der es wagt, Ihrem Honig zu nahe zu kommen. Weiterhin erfahren Sie in diesem Kapitel, warum das Streuen von Salz im Winter hilft, Schnee und Eis dahinschmelzen zu lassen, und ob die Eisschollen, die im Winter auf den nördlichen Meeren schwimmen, salzig schmecken oder nicht. In den letzten Abschnitten des Kapitels stelle ich Ihnen Zweiphasen-Systeme vor. Öle lösen sich bekanntlich nicht in Wasser. Aber mit einem physikalisch-chemischen Zaubertrick können Sie, beispielsweise durch Zugabe von Nagellackentferner, kleine Öltröpfchen in Wasser auflösen.

Beim Vermischen von zwei Substanzen können grundsätzlich zwei Mischungstypen entstehen. Entweder erhält man eine homogene einphasige Mischung (Lösung) oder es bildet sich ein Zweiphasen-System, bei dem zumindest unter dem Mikroskop die beiden Substanzen noch getrennt erkennbar sind. Im zweiten Fall spricht der Physikochemiker von einer Nicht-Mischbarkeit der beiden Komponenten. Zum Einstieg in das Kapitel »Mischungen« werde ich Ihnen zunächst die sogenannten »echten« Lösungen vorstellen, bei denen ein gelöster Stoff in einem Lösungsmittel, dem sogenannten *Solvens*, in Form der kleinsten möglichen Teilchen homogen verteilt vorliegt. Bei der Auflösung von Salzen sind die kleinsten möglichen Teilchen Ionen. Kochsalz (NaCl) beispielsweise ist aus positiv geladenen Natriumionen Na^+ und negativ geladenen Chloridionen Cl^- aufgebaut, die im Kristall regelmäßig angeordnet sind. Nach dem Auflösen in Wasser liegen die Ionen getrennt (dissoziiert) vor. Zucker hingegen besteht aus kristallin angeordneten Molekülen, die entsprechend bei der Auflösung im Wasser als kleinste Teilchen in der Lösung anzutreffen sind.

Das ist die ideale Lösung

Eine *ideale Lösung* liegt vor, wenn beide Mischungspartner ihre physikalischen Eigenschaften gleichberechtigt in die Mischung einbringen. Das Volumen, die Temperatur und der Dampfdruck einer idealen Mischung ergeben sich einfach durch Addition oder Mittelwertbildung aus den Werten und Anteilen der beiden Komponenten. Auf molekularer Ebene müssen dazu die Moleküle homogen verteilt vorliegen. Die Wechselwirkungen der Moleküle einer Komponente untereinander und mit den Molekülen des Mischungspartners dürfen sich nicht unterscheiden. Aber in der Physikalischen Chemie ist es nicht anders als im wirklichen Leben: Die ideale Lösung ist ein Ideal, das im besten Fall nur annähernd werden kann. Für eine ideale Lösung müssten die Moleküleigenschaften beider Komponenten gleich oder zumindest sehr ähnlich sein. Ein Beispiel kann Ihnen das verdeutlichen: Ein Liter Methanol und ein Liter Ethanol ergeben zwei Liter Mischung, aber aus einem Liter Wasser und einem Liter Schwefelsäure erhalten Sie beim Vermischen nur 1,8 Liter.

Dampfdruck einer reinen Flüssigkeit

Unter der Temperatur oder dem Volumen einer Substanz können Sie sich etwas vorstellen. Wenn Sie hingegen den Begriff *Dampfdruck* beschreiben sollten, würden Ihnen spontan wahrscheinlich Bilder von alten Dampflokomotiven oder Schnellkochtöpfen durch den Kopf gehen. Das ist zwar nicht ganz falsch, aber der Druck des Wasserdampfs in einem verschlossenen Gefäß mit kochendem Wasser ist nur das Resultat dessen, was ein Physikochemiker unter dem Dampfdruck einer Lösung versteht.

Bei schönem Sommerwetter können Sie nasse Wäsche draußen zum Trocknen aufhängen und sicher sein, dass nach wenigen Stunden das Wasser abgetrocknet ist. Das Wasser ist durch Verdampfung in den gasförmigen Zustand übergegangen, obwohl die Außentemperatur weit unterhalb des Siedepunkts liegt. Dieses sogenannte *Verdunsten* basiert auf dem Dampfdruck des Wassers. Um den Zusammenhang zwischen dem Dampfdruck einer Lösung und dem Druck der verdampften Flüssigkeit zu verstehen, sollten Sie das folgende Gedankenexperiment (siehe Abbildung 6.1) gründlich und schrittweise verinnerlichen.

Im Ausgangszustand befindet sich Wasser bei 30 °C in einem verschlossenen Gefäß. Es könnte sich dabei um ein einfaches, zur Hälfte gefülltes Schraubglas handeln, das zur Temperatureinstellung in einem Thermostatbad steht (Abbildung 6.1). Der Ausgangszustand ist nur theoretisch denkbar, da Sie in der Praxis zum Versuchsstart keine völlig wasserdampffreie Luft bereitstellen können. Der nach oben zeigende Pfeil symbolisiert die Geschwindigkeit der Verdunstung.

Der Zwischenzustand ist durch eine Zunahme der gasförmigen Wassermoleküle über der Flüssigkeit gekennzeichnet. Im Sinne der Gastheorie (siehe Kapitel 1) fliegen diese weitgehend unbehindert von den Luftmolekülen ungerichtet durch den Gasraum. Der kleine, nach unten gerichtete Pfeil symbolisiert den Anteil der Wassermoleküle, die dabei auf die Wasseroberfläche treffen und dabei wieder in die Flüssigkeit aufgenommen werden (kondensieren). Die Verdunstungsgeschwindigkeit der Flüssigkeit bleibt bei konstanter Temperatur gleich, sodass zunächst mehr Wasser verdunstet als kondensiert.

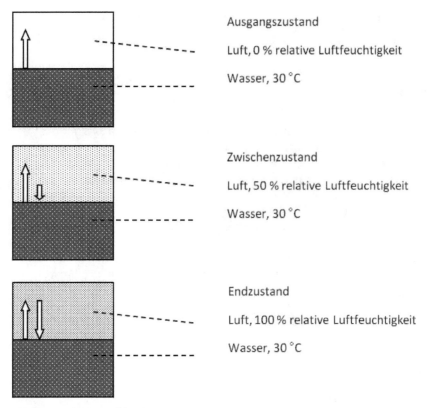

Abbildung 6.1: Dampfdruck von Wasser

Im Endzustand hat die Menge der Wassermoleküle im Gasvolumen durch die konstante Verdunstung so weit zugenommen, dass pro Zeitintervall gleich viele Moleküle kondensieren wie verdunsten. Dieses sogenannte *Fließgleichgewicht* sorgt dafür, dass die Anzahl der Gasmoleküle im Gasvolumen konstant bleibt.

Wichtig ist, dass Sie die Bedeutung der beiden Pfeile für die Verdunstung und für die Kondensation verstanden haben. Der entscheidende Pfeil ist der Verdunstungspfeil, da sich der Kondensationspfeil diesem im geschlossenen Raum anpasst. Die Verdunstungsgeschwindigkeit ist eine Eigenschaft des Lösungsmittels, die unabhängig vom Umgebungsdruck und der Zusammensetzung der Luft ist. Sie hängt allerdings von der Temperatur ab. Bei einer Temperaturerhöhung steigt die Geschwindigkeit der Verdunstung. Aber auch dann wird sich ein Gleichgewicht zwischen Verdunstung und Kondensation bei entsprechend höherer Konzentration der Wasserdampfphase einstellen.

Da die Luftmoleküle die Wasserdampfmoleküle praktisch nicht beeinflussen, gelten die gleichen Überlegungen für einen geschlossenen Raum, der bei Versuchsbeginn evakuiert wurde. Im Gleichgewichtszustand befinden sich dann nur noch die Wassermoleküle im Gasraum. Die Kondensationsgeschwindigkeit resultiert aus der Anzahl der Wasserdampfmoleküle pro Gasvolumen. Diese wiederum ist ein Maß für den Gasdruck. Der Gleichgewichtszustand von Verdunstung und Kondensation entspricht damit einem messbaren Druck des reinen Wasserdampfs.

Der Dampfdruck einer Flüssigkeit ist das Bestreben der Flüssigkeit, bei einer gegebenen Temperatur zu verdampfen. Er wird als Gasdruck über der Flüssigkeit in einem zuvor evakuierten geschlossenen Gefäß gemessen.

Verdampfen oder Sieden?

Das Verdunsten des Wassers bei Raumtemperatur ist lange nicht so spektakulär wie das Sieden bei 100 °C. Nicht nur, weil die Verdampfung bei der niedrigeren Temperatur wesentlich langsamer abläuft, sondern auch wegen der Blasenbildung beim Sieden. Die Wasserdampfblasen in der Flüssigkeit entstehen spontan, wenn – bevorzugt in der Nähe der Erwärmungsquelle – der Dampfdruck des Wassers höher ist als der Atmosphärendruck. Im Zustandsdiagramm des Wassers (siehe Abbildung 5.4 aus Kapitel 5) zeigt sich das darin, dass die Siedekurve bei Druckerniedrigung eine niedrigere Siedetemperatur anzeigt. Das könnte Ihnen erhebliche Schwierigkeiten bereiten, wenn Sie auf dem Gipfel des Mount Everest bei dem niedrigen Luftdruck Nudeln kochen wollten. Beim Kochen ist es nämlich nicht entscheidend, ob das Wasser siedet, sondern welche Temperatur es hat. Im Schnellkochtopf steht das Wasser dagegen unter einem Überdruck, die Siedetemperatur ist erhöht, und das über 100 °C heiße Wasser beschleunigt die Garzeiten.

Dampfdruckdiagramm einer idealen Mischung

Eine ideale Mischung können Sie z. B. aus Ethanol und Methanol herstellen. Der Dampfdruck von reinem Ethanol beträgt bei 20 °C 58 hPa, der von reinem Methanol 129 hPa. Der Dampfdruck der Mischung sollte also irgendwo dazwischen liegen. Wie Sie sicher schon befürchten, reicht dem Physikochemiker diese Aussage nicht. Er will den genauen Dampfdruck berechnen.

Angenommen, die Mischung enthält gleich viele Moleküle des Ethanols und des Methanols. Dann können nur halb so viele Ethanolmoleküle pro Zeitintervall verdunsten, als wenn alle Mischungsmoleküle vom Ethanol gestellt würden. Dementsprechend bildet sich das Gleichgewicht zwischen der Verdunstung des Ethanols und der Kondensation des Ethanoldampfs bei einer halb so hohen Anzahl der Ethanolmoleküle im Gasvolumen. Das Gleiche gilt für den Mischungspartner Methanol. Diese Überlegungen können Sie für jedes beliebige Mischungsverhältnis anstellen, beispielsweise ¼ Ethanolmoleküle und ¾ Methanolmoleküle. Der Druck des Mischungsdampfs über der Flüssigkeit ergibt sich aus der Summe der Ethanol- und Methanolmoleküle im Gasvolumen. Den Anteil der Einzelkomponenten am Gesamtdruck bezeichnet der Physikochemiker als *Partialdruck*.

In Abbildung 6.2 ist auf den beiden y-Achsen der Dampfdruck aufgetragen. Die obere, durchgezogene Linie zeigt den Dampfdruck der Mischung p_{gesamt} an. Die beiden gestrichelten Linien sind die Partialdampfdrücke.

Die x-Achse gibt den Stoffmengenanteil X (Molenbruch) des Ethanols an. Der Molenbruch ist der Anteil der Moleküle einer Komponente in der Mischung.

Wie Sie im Dampfdruckdiagramm sehen, steigt der Partialdruck des Ethanols $p_{Ethanol}$ linear mit X an. Beim Molenbruch $X_{Ethanol} = 1$ liegt reines Ethanol vor. Der Dampfdruck ist dann der des reinen Ethanols $p^0{}_{Ethanol} = 58$ hPa.

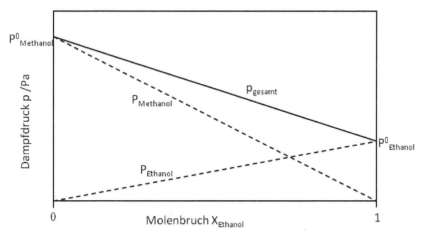

Abbildung 6.2: Dampfdruckdiagramm einer idealen Mischung

Der französische Chemiker François Marie Raoult formulierte für die Berechnung der Partialdampfdrucke und des Gesamtdampfdrucks das nach ihm benannte *Raoult'sche Gesetz*:

$$p_A = p^0{}_A \cdot X_A$$

$$p_{gesamt} = p_A \cdot p_B$$

Einfaches Rechnen mit Molen

Erfahrungsgemäß haben viele Studierende Probleme mit der Angabe des Mischungsverhältnisses als Molenbruch. Bei der Herstellung der Mischung werden beispielsweise 25 g Ethanol und 75 g Methanol abgewogen und gemischt. Es wäre doch viel einfacher, die Einwaagen in Prozent umzurechnen! Das stimmt zwar, aber die Eigenschaften von Mischungen sind meist direkt proportional zum Anteil der Moleküle der Komponenten. Wenn Sie im Hörsaal den Frauenanteil der Studierenden angeben wollen, können Sie auch nicht einfach alle Frauen und Männer wiegen, um daraus den Anteil zu berechnen.

Moleküle können Sie nicht zählen! Sie können aber die Erkenntnis von Avogadro nutzen, dass ein Mol einer beliebigen Substanz immer die gleiche Anzahl von Molekülen enthält: $N_A = 6{,}022 \cdot 10^{23}$ mol^{-1}. N_A ist die *Avogadro-Konstante*. Die Angabe der Mole ist demnach ein Maß für die Anzahl der Moleküle. Ein Mol entspricht der Molekülmasse M in Gramm. Für fast alle Berechnungen können Sie eine Formel finden und auswendig lernen. Aus der Einwaage m in Gramm berechnen Sie die Stoffmenge n in Mol nach der Formel: $n = m/M$.

Viel weniger lernintensiv ist es, proportionale Größen mit einem einfachen Dreisatz zu berechnen, den Sie nach folgender Methode formulieren:

1. Stellen Sie die »Wie viel-Frage«.

   Wieviel mol Ethanol sind 25 g Ethanol?
   oder kurz: n mol 25 g

2. Schreiben Sie die bekannten Angaben darunter.

   1 mol Ethanol sind 46 g Ethanol.
   oder kurz: 1 mol 46 g

3. Wenn die entsprechenden Angaben untereinander stehen, fügen Sie zwei Bruchstriche und ein Gleichheitszeichen ein.

$$\frac{n}{1} = \frac{25 \text{ g}}{46 \text{ g}}$$

25 g Ethanol sind 0,52 mol. Entsprechend berechnen Sie, dass 75 g Methanol (= 32 g/mol) 2,34 mol sind. Insgesamt enthält die Mischung 0,52 mol + 2,34 mol = 2,86 mol. Der Stoffmengenanteil des Ethanols ist 0,52 mol/2,86 mol = 0,18 (oder 18 %).

Den Molenbruch oder Stoffmengenanteil X einer Mischungskomponente berechnen Sie, indem Sie die Stoffmenge n der Komponente durch die Summe der Stoffmengen aller Komponenten teilen. Die Summe aller Molenbrüche einer Mischung ist 1.

Kolligative Eigenschaften

Die Eigenschaften eines Lösungsmittels werden durch darin gelöste Substanzen verändert.

Bei idealen Lösungen sind einige Veränderungen

✔ direkt proportional zur Anzahl der gelösten Moleküle pro Menge des Lösungsmittels und

✔ unabhängig von der Art des gelösten Stoffes.

Eigenschaften einer Lösung, die nur von der Teilchenzahl, nicht aber von der Teilchenart abhängen, nennt man *kolligativ*. Zu ihnen gehören:

✔ Die Erniedrigung des Dampfdrucks

✔ Die Erhöhung des Siedepunkts

✔ Die Erniedrigung des Gefrierpunkts

✔ Die Erhöhung des osmotischen Drucks

Wenn Sie also 0,1 mol Traubenzucker (= 90 g Glukose) oder 0,1 mol Rohrzucker (= 171 g Saccharose) in einem Kilogramm Wasser lösen, haben beide Lösungen den gleichen Dampfdruck, Siedepunkt, Gefrierpunkt und osmotischen Druck.

Dampfdruck

Wenn Sie einen Feststoff, beispielsweise Traubenzucker, in Wasser auflösen, sinkt der Dampfdruck des Wassers.

Nach dem Raoult'schen Gesetz berechnen Sie den Dampfdruck einer wässrigen Traubenzuckerlösung nach der Formel:

$$p_{\text{Lösung}} = p^0_{\text{Wasser}} \cdot X_{\text{Wasser}} + p^0_{\text{Traubenzucker}} \cdot X_{\text{Traubenzucker}}$$

Der Dampfdruck des Feststoffs ist praktisch 0. Die Summe aller Molenbrüche ist 1. Damit erhalten Sie durch Einsetzen und Umformung der Gleichung:

$$p_{\text{Lösung}} = p^0_{\text{Wasser}} \cdot (1 - X_{\text{Traubenzucker}}) \text{oder } \Delta p = p^0_{\text{Wasser}} - p_{\text{Lösung}}$$

$$= p^0_{\text{Wasser}} \cdot X_{\text{Traubenzucker}}$$

Die Differenz zwischen dem Dampfdruck von reinem Wasser und dem Dampfdruck der Lösung ist die *Dampfdruckerniedrigung* Δp. Die Dampfdruckerniedrigung einer beliebigen Lösung können Sie berechnen, indem Sie den Dampfdruck des reinen Lösungsmittels p^0_{LM} mit dem Molenbruch der gelösten Substanz X_A multiplizieren.

$$\Delta p = p^0_{\text{LM}} \cdot X_A$$

Siedepunkt

Eine Flüssigkeit siedet, wenn der Dampfdruck gleich dem Atmosphärendruck über der Flüssigkeit ist. Da der Dampfdruck einer Lösung gegenüber dem Dampfdruck des reinen Lösungsmittels erniedrigt ist, siedet die Lösung erst bei einer höheren Temperatur.

Die Siedepunkterhöhung ist proportional zum Molenbruch der gelösten Substanz. Eine praktische Anwendung dieses Effekts ist die Ebullioskopie, die Bestimmung der Molmasse einer unbekannten Substanz durch die Messung des Siedepunkts.

Bei verdünnten Lösungen ist der Molenbruch proportional zur molalen Konzentration b, die die Anzahl der Mole gelöster Substanz pro Kilogramm Lösungsmittel angibt. Die Formel für die *Ebullioskopie* ist:

$$b = \frac{\Delta T_{\text{SdP}}}{K_e}$$

K_e ist die ebullioskopische Konstante. Sie ist eine Stoffkonstante des Lösungsmittels und gibt an, um wie viel Kelvin der Siedepunkt von einem Kilogramm Lösungsmittel durch ein Mol gelöster Substanz erhöht wird.

Lösungsmittel	Siedetemperatur T_{SdP} / °C	Ebullioskopische Konstante K_e / $K \cdot kg \cdot mol^{-1}$
Wasser	100	0,514
Ethanol	78,3	1,04
Cyclohexan	80,8	20,2

Hier ein Beispiel: Sie haben eine organische Substanz synthetisiert, deren Molmasse Sie bestimmen wollen. Dazu lösen Sie 100 g in einem Kilogramm Cyclohexan. Die Lösung siedet bei 90,9 °C, der Siedepunkt ist also um 10,1 K gegenüber dem reinen Cyclohexan erhöht. Beim Einsetzen in die ebullioskopische Formel errechnen Sie:

$$b = 10{,}1\,\mathrm{K}/20{,}2\,\mathrm{K} \cdot \mathrm{kg} \cdot \mathrm{mol}^{-1}$$

$$b = 0{,}5\,\mathrm{mol} \cdot \mathrm{kg}^{-1}$$

Die Einwaage von 100 g auf ein Kilogramm Cyclohexan entspricht 0,5 mol. Die relative Molmasse ist daher $100\mathrm{g}/0{,}5\mathrm{mol} = 200\mathrm{g} \cdot \mathrm{mol}^{-1}$.

Vorsicht! Salzfalle!

Die Molmasse von Kochsalz (NaCl) ist $58{,}5\mathrm{g} \cdot \mathrm{mol}^{-1}$. Wenn Sie also 58,5 g NaCl in einem Kilogramm Wasser lösen, sollte der Siedepunkt 100,514 °C betragen. Tatsächlich steigt der Siedepunkt aber auf 101,024 °C, also doppelt so stark wie erwartet. Der Grund liegt in der *Dissoziation*, also dem Zerfall von NaCl in Na^+- und Cl^--Ionen in wässriger Lösung. Die Anzahl der gelösten Teilchen aus einem Mol Salz ist also gegenüber der Anzahl aus einem Mol nicht-dissoziierender Stoffe in einer idealen wässrigen Lösung verdoppelt. Um das in den Berechnungsformeln zu berücksichtigen, wird die molale Konzentration b mit dem van 't Hoff'schen Faktor i (siehe unten) multipliziert.

Gefrierpunkt

Bei allen Lösungen wird der Gefrierpunkt des Lösungsmittels durch die gelöste Substanz erniedrigt. Als kolligative Eigenschaft ist die Gefrierpunkterniedrigung unabhängig von der Art der gelösten Substanz und proportional zur Konzentration der gelösten Teilchen. Auch mit der Gefrierpunkterniedrigung ist analog zur Ebullioskopie eine Bestimmung der Molmasse gelöster Substanzen durchführbar. Diese sogenannte *Kryoskopie* ist apparatetechnisch sogar leichter durchführbar, da der Einfluss des Umgebungsdrucks weniger entscheidend ist. Unter Einbeziehung des van 't Hoff'schen Faktors i lautet die kryoskopische Gleichung:

$$b = \frac{\Delta T_{\mathrm{SmP}}}{i \cdot K_{\mathrm{k}}}$$

Die kryoskopische Konstante K_{k} hat für das Lösungsmittel Wasser den Wert $1{,}86\ \mathrm{K} \cdot \mathrm{kg} \cdot \mathrm{mol}^{-1}$.

So wird es kalt

Die Messung des Gefrierpunkts einer Lösung ist vergleichsweise einfach (siehe Abbildung 6.3). Sie benötigen ein sehr genaues Thermometer, das möglichst eine Ablesung auf 1/1000 °C ermöglicht. Zur Kühlung der Messprobe dient eine Kältemischung, die Sie einfach durch Mischen von Eis und Kochsalz herstellen. Der Effekt ist verblüffend! Vor der Zugabe des Kochsalzes hat das bei Raumtemperatur angetaute Eis eine Temperatur von genau 0 °C. Beim Zumischen des Kochsalzes fällt die Temperatur unter –20 °C. Der niedrige Schmelzpunkt der Eis/Kochsalz-Mischung zwingt das Eis zum Auftauen.

Die dazu notwendige Schmelzwärme wird dem Wasser entzogen, das dadurch stark abkühlt.

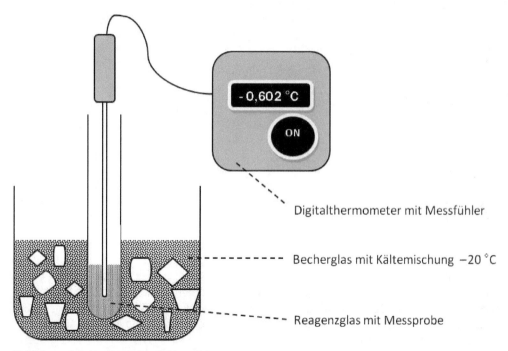

Abbildung 6.3: Messung des Gefrierpunkts

Temperaturverlauf bei der Gefrierpunktbestimmung

Die Auswertung der Gefrierpunktmessung ist nicht ganz so trivial, wie Sie vielleicht vermuten. Bei der Beobachtung des Temperaturverlaufs erleben Sie eine Überraschung! Die Flüssigkeit wird bei der Abkühlung nicht spontan beim Gefrierpunkt mit dem Einfrieren beginnen, sondern mehr oder weniger deutlich kälter werden. Wenn Sie dann aber in der unterkühlten Flüssigkeit rühren, beginnt sie mit dem Einfrieren. Dabei steigt die Temperatur aufgrund der frei werdenden Gefrierwärme trotz der fortgesetzten Kühlung rasch an bis zum Erreichen des Gefrierpunkts (siehe Abbildung 6.4).

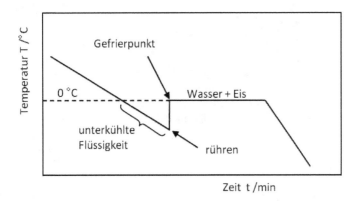

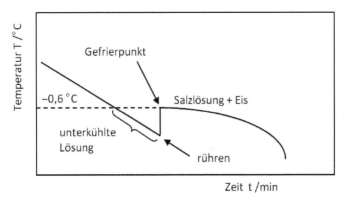

Abbildung 6.4: Temperaturverlauf bei der Gefrierpunktbestimmung. Oben: Wasser und Eis; unten: Salzlösung und Eis

Den Gefrierpunkt lesen Sie als höchste Temperatur beim Temperaturanstieg nach dem Rühren ab. Bei einem reinen Lösungsmittel können Sie sich dabei Zeit lassen. Im oberen Teil von Abbildung 6.4 sehen Sie, dass die Wasser-Eis-Mischung so lange bei genau 0 °C bleibt, bis das Wasser vollständig gefroren ist. Die Salzlösung tut Ihnen den Gefallen nicht! Beim Einfriervorgang fällt die Temperatur unter den Gefrierpunkt der anfänglich vorliegenden Salzlösung ab. Warum? Eine Lösung kann doch unterhalb ihres Gefrierpunkts nicht flüssig sein. Richtig, das ist sie auch nicht! Beim Einfrieren kristallisiert das reine Wasser als Eis aus. In der verbleibenden Lösung steigt dadurch die Salzkonzentration, und dementsprechend sinkt der Gefrierpunkt. Damit ist auch die Frage vom Anfang dieses Kapitels geklärt, ob die Eisschollen oder Eisberge, die auf den Nordmeeren schwimmen, salzig schmecken. Das ist nicht der Fall. Das aus dem salzigen Meerwasser ausgefrorene Eis besteht aus reinem Wasser!

Der Mpemba-Effekt

Im Jahr 1963 machte der 13-jährige tansanische Schüler Ernesto Mpemba eine verblüffende Entdeckung. Bei der Herstellung von Speiseeis, womit er sich bei einer Sportveranstaltung etwas Geld verdiente, erhitzte er die Mischung vor dem Einfrieren. Damit verschaffte er sich einen Wettbewerbsvorteil vor den anderen Eisverkäufern, weil sein Eis paradoxerweise schneller eingefroren war. Als Physikstudent untersuchte er später dieses Phänomen und veröffentlichte 1969 die Ergebnisse. Er löste damit eine sehr kontrovers geführte Diskussion aus, die bis heute anhält. Verfechter der Mpemba-Theorie versuchen, den Effekt der Kristallisation über die Veränderung der Mikrostruktur des Wassers zu erklären. Es ist bekannt, dass im flüssigen Zustand nicht alle Wassermoleküle frei beweglich sind. Einige Wassermoleküle bilden sogenannte *Clusterstrukturen*, die ähnlich wie im festen Zustand miteinander verbunden sind und als Kristallisationskeime wirken könnten.

Kritiker erklären den Mpemba-Effekt als nicht existent. Das schnellere Einfrieren des Wassers nach vorherigem Erhitzen erklären sie als Verdunstungseffekt. Durch die höhere Verdunstung des heißen Wassers kühlt dieses schneller ab. Gleichzeitig nimmt die Flüssigkeitsmenge ab, sodass beim Erreichen des Gefrierpunkts eine kleinere Flüssigkeitsmenge vorliegt. Die kleinere Menge und die dabei eventuell ausfallenden Salze begünstigen die Kristallisation des Wassers.

Osmotischer Druck

Von den vier kolligativen Eigenschaften ist der osmotische Druck sicherlich am wenigsten anschaulich, dafür aber für die Biowissenschaften besonders wichtig. Es waren auch hauptsächlich Biologen an seiner Entdeckung und Beschreibung beteiligt. Der französische Botaniker Henri Dutrochet prägte den Begriff *Osmose* für das Phänomen, dass Wasser durch biologische Membranen wandert, um einen Konzentrationsausgleich zu erzielen. Der deutsche Botaniker Wilhelm Pfeffer entwickelte 1877 ein Messgerät zur quantitativen Erfassung der Osmose, die *Pfeffer'sche Zelle* (siehe Abbildung 6.5).

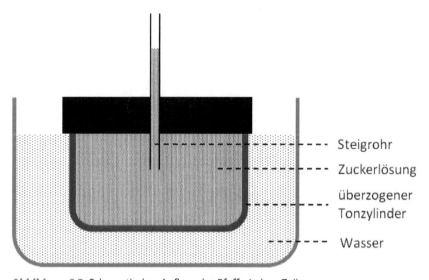

- - - Steigrohr

- - - Zuckerlösung

- - - überzogener
Tonzylinder

- - - Wasser

Abbildung 6.5: Schematischer Aufbau der Pfeffer'schen Zelle

Der osmotische Effekt benötigt eine sogenannte *semipermeable* (= halbdurchlässige) *Membran*. Diese muss für das Wasser durchlässig und gleichzeitig für den gelösten Stoff undurchlässig sein. In der Pfeffer'schen Zelle dient ein nichtglasierter, mit Kupferhexacyanophosphat überzogener Tonzylinder als semipermeable Membran. Der mit Zuckerlösung gefüllte Tonzylinder wird in Wasser getaucht. Das Wasser dringt durch die Membran in den Zylinder ein, um einen Konzentrationsausgleich herbeizuführen. Dadurch nimmt das Volumen der Zuckerlösung zu, und die Lösung steigt im Steigrohr nach oben. Es entsteht ein hydrostatischer Druck, der das Wasser in Gegenrichtung durch die Membran zurückzudrücken versucht.

 Die Erdanziehungskraft erzeugt in einer mit Wasser gefüllten Röhre einen nach unten gerichteten Druck, den sogenannten *hydrostatischen Druck*, der nach dem Pascal'schen Gesetz $p_H = \rho \cdot g \cdot h$ als Produkt der Dichte ρ, der Erdbeschleunigung g und der Steighöhe h berechnet wird.

Bei einer bestimmten Steighöhe ist der hydrostatische Druck so hoch, dass kein Wasser mehr zum Konzentrationsausgleich in den Zylinder eindringen kann. Der osmotische Druck der Lösung, der von der Teilchenkonzentration abhängt, erzeugt einen gleich großen hydrostatischen Gegendruck.

Es geht auch anders herum: Umkehrosmose

Durch die Wirkung eines mit Hochdruckpumpen erzeugten physikalischen Drucks, der höher ist als der osmotische Druck einer Lösung, kann das Wasser aus einer Lösung durch eine semipermeable Membran herausgedrückt werden. Diese sogenannte *Umkehrosmose* oder *Reversosmose* bietet vielfältige Anwendungsmöglichkeiten. Wasserentsalzungsanlagen ermöglichen mit dieser Technologie die Herstellung von Trinkwasser, vollentsalztem Wasser bis hin zu Reinstwasser. Lebensmitteltechnologen nutzen die Umkehrosmose zur schonenden Konzentrierung von Getränken und zur Herstellung von alkoholfreiem Bier. Pharmazeuten und Biotechnologen konzentrieren mit dieser Methode wertvolle, temperaturempfindliche Wirkstoffe bei der Aufarbeitung einer Fermentationslösung.

Die van 't Hoff'sche Gleichung für den osmotischen Druck

Analog zur allgemeinen Gasgleichung für ideale Lösungen (siehe Kapitel 1) stellte van 't Hoff eine Formel für den Zusammenhang zwischen der molaren Konzentration (Anzahl der Mole gelöster Substanz pro Liter Lösung) und dem osmotischen Druck einer Lösung auf:

$$p_{osm} = \frac{n}{V} \cdot i \cdot R \cdot T$$

Der osmotische Druck p_{osm} ist gleich der molaren Konzentration n/V des gelösten Stoffes multipliziert mit dem van 't Hoff'schen Faktor i, der allgemeinen Gaskonstanten R und der absoluten Temperatur T.

Biomembranen und Isotonie

Menschen, Tiere und Pflanzen bestehen aus einer Vielzahl von Zellen. Mikroorganismen wie Bakterien und Pilze sind einzellige Lebewesen. Um ihre Aufgaben erfüllen zu können, benötigen sie Wasser, Salze und Nährstoffe. Damit diese nicht verloren gehen, sind die Zellen mit einer semipermeablen Biomembran umgeben. Diese ist für Wasser leicht zu durchdringen, während Salze und Nährstoffe nur mithilfe langsamerer Transportmechanismen durch die Membran geschleust werden können. Daher ist es für die Zellen wichtig, dass sie sich in einer wässrigen Umgebung befinden, die den gleichen osmotischen Druck wie das Zellinnere aufweist, also »isotonisch« ist (siehe Abbildung 6.6, Mitte).

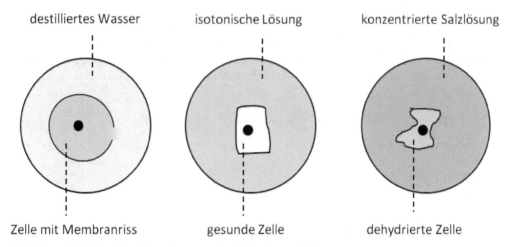

Abbildung 6.6: Zelle in Medien mit unterschiedlicher Osmolalität

In destilliertem Wasser quillt eine Zelle durch das eindringende Wasser auf. Da die Elastizität der Zellmembran begrenzt ist, reißt diese und lässt das Zellinnere austreten (siehe Abbildung 6.6, links). Nach Einlegen in eine konzentrierte Salzlösung wandert das Wasser aus der Zelle in die Salzlösung, und die Zelle stirbt aufgrund der Dehydrierung (siehe Abbildung 6.6, rechts). Im lebenden Organismus wäre das fatal, aber bei der Konservierung von Lebensmitteln ist dieser Effekt vorteilhaft. Mit Pökelsalz behandelte Fleischprodukte oder mit Zucker behandelte Trockenfrüchte sind durch den hohen osmotischen Druck vor dem Befall mit Mikroorganismen geschützt.

Die Einstellung des isotonischen Drucks spielt eine wichtige Rolle bei der Herstellung von Nährlösungen für Bakterienkulturen und bei der Herstellung von arzneilichen Zubereitungen, die mit einer Spritze in menschliches Körpergewebe injiziert werden oder als Infusion in großen Mengen in den Blutkreislauf gelangen sollen.

Isotonie bei Getränken ist dagegen eher ein Werbegag. Sicherlich ist es empfehlenswert, nach sportlicher Betätigung dem Körper Wasser, Salze und Kohlenhydrate zuzuführen. Möglicherweise kann die Aufnahme dieser Substanzen aus isotonischen Getränken besser erfolgen. Aber auch nicht-isotonische Getränke können Sie problemlos zur Durstlöschung verwenden. Ein sich hartnäckig haltendes Gerücht besagt, dass destilliertes Wasser giftig ist, weil es dem Körper lebenswichtige Salze entzieht. Diesen Unsinn widerlege ich gern damit, dass ich vor den Augen meiner entsetzten Studenten ein Glas davon trinke. Ich erfreue mich nach wie vor bester Gesundheit.

 Im menschlichen Körper beträgt der osmotische Druck innerhalb der Zellen und in der umgebenden Flüssigkeit 7,5 bar. Dies entspricht dem osmotischen Druck einer Kochsalzlösung mit einer Konzentration von 0,9 g/100 ml.

Vom Mol zum Osmol und zurück

Werfen Sie bei Ihrem nächsten Krankenhausbesuch einmal einen Blick auf eine Infusionsflasche. Auf dem Etikett sind die Konzentrationen der Inhaltsstoffe in der Einheit osm/kg (Osmol pro Kilogramm) angegeben. Bei der Addition aller Osmol-Werte erhalten Sie eine Summe von ungefähr 0,3 osm/kg.

Das *Osmol* ist eine Einheit für die Stoffmengen der Teilchen in einer Lösung. Bei nicht-dissoziierenden Stoffen, zum Beispiel Zuckern, entspricht ein Osmol einem Mol. Bei dissoziierenden Stoffen, zum Beispiel Salzen oder Säuren, erhalten Sie die Osmol-Werte durch Multiplikation der Mol-Werte mit dem van 't Hoff'schen Faktor i, der die Anzahl der gebildeten Ionen angibt.

Beispielrechnung: Osmolalität einer 0,9-prozentigen Kochsalzlösung

1. Die isotonische Kochsalzlösung hat einen Gehalt von 0,9 g NaCl pro 100 g Lösung.

2. Das entspricht ungefähr 9 g NaCl in einem Liter Wasser.

3. Ein Mol NaCl sind 58,5 g.

4. 9 g NaCl sind 0,154 mol.

5. NaCl dissoziiert in einer idealen wässrigen Lösung in die Ionen Na^+ und Cl^-. Der Faktor i hat also den Wert 2.

6. Die osmolale Konzentration errechnen Sie zu 0,154 mol/kg mal 2 gleich 0,308 osm/kg.

Leider weicht die isotonische Kochsalzlösung schon minimal von einer idealen Lösung ab. Wechselwirkungen zwischen den Ionen bewirken, dass der Faktor i real etwas kleiner als 2 ist. Nach Literaturangaben liegt die Osmolalität einer isotonischen Lösung im Bereich 0,28 bis 0,3 osm/kg.

 In der wissenschaftlichen klinischen Medizin gilt ein Wert von 0,288 osm/kg als optimaler statistischer Mittelwert für die Osmolalität einer isotonischen Infusionslösung.

Beispielrechnung: Konzentration einer isotonischen Glukoselösung

1. Eine Osmolalität von 0,288 osm/kg wird als ideal isotonisch angenommen.

2. Ein Mol Glukose entspricht 180 g.

3. Glukose ist ein Nichtelektrolyt, also ist i = 1. Demnach gilt für eine Glukoselösung, dass 0,288 osm/kg gleich 0,288 mol/kg sind.

4. 0,288 mol Glukose sind 51,84 g.

5. Zur Herstellung einer isotonischen Glukoselösung müssen Sie also 51,84 g wasserfreie Glukose in einem Kilogramm Wasser auflösen.

In der klinischen Praxis wird eine Glukoselösung mit einer Massenkonzentration von 5 % zur parenteralen Ernährung eingesetzt.

Verwirrspiel: Molalität, Molarität, Gehalt oder Konzentration

Der Oberbegriff *Gehalt* ist eine Bezeichnung für die mengenmäßige Zusammensetzung einer Mischung. Bei der Verwendung des Begriffs Gehalt liegen Sie also immer richtig!

Die *Konzentration* ist ein Spezialfall des Gehalts. Die Konzentration errechnen Sie als Menge (Masse, Stoffmenge oder Volumen) einer Komponente pro Volumen der Mischung. Beispiel: Stoffmengenkonzentration mol/L oder Massenkonzentration g/100 ml.

Der *Anteil* ist ebenfalls ein Spezialfall des Gehalts. Hierbei erfolgen die Angaben der Menge der Komponente und der Mischung in der gleichen Einheit, also Masse pro Masse oder Volumen pro Volumen. Anteilsangaben erfolgen entweder ohne Einheit oder in Prozent. Beispiel: Stoffmengenanteil (Molenbruch) ohne Einheit oder Alkoholangaben beim Wein als Volumenprozent %(V/V).

Die *Molarität* oder Stoffmengenkonzentration gibt die Anzahl der Mole einer Komponente pro Liter Lösung an. Zur Herstellung von einem Liter 0,5-molarer Lösung wiegen Sie 0,5 mol der Substanz in einen Messkolben ein und füllen mit dem Lösungsmittel bis zur 1-Liter-Markierung auf.

Die *Molalität* gibt die Anzahl der Mole einer Komponente pro Kilogramm Lösungsmittel an. Im Gegensatz zur Molarität dient also nicht die Menge der Mischung, sondern die des reinen Lösungsmittels als Bezugsgröße. Eine 0,5-molale Lösung erhalten Sie beispielsweise, wenn Sie 0,5 mol der Substanz in einem Kilogramm Wasser lösen. Bei stark verdünnten Lösungen sind die Zahlenwerte für die Molarität und die Molalität praktisch fast gleich.

Angaben eines Anteils in *Prozent* sind nicht eindeutig, da die Einheiten der Komponenten nicht erkennbar sind. Sie müssen zusätzlich angeben, ob es sich um Massenprozent oder Volumenprozent handelt. Bei Mischungen zweier Flüssigkeiten, zum Beispiel Alkohol (Ethanol) und Wasser, erfolgt die Angabe meist in Volumenprozent (Vol.-% oder %(V/V)). Ein Liter Wein mit einem Alkoholgehalt von 11 % enthält also 0,11 Liter reinen Alkohol. Bei Lösungen eines Feststoffs in einer Flüssigkeit erfolgt die Gehaltsangabe in Massenprozent (%(m/m)). Die 0,9-prozentige Kochsalzlösung enthält 0,9 g Kochsalz in 100 g Lösung. Die Angabe auf dem Etikett einer isotonischen 0,9%-Kochsalzlösung »100 ml enthalten 0,9 g NaCl« ist also streng genommen nicht richtig. Der Fehler ist jedoch vernachlässigbar klein.

Nichts wie weg! Diffusion, Auflösung und Verteilung

In einer idealen Lösung sind die gelösten Teilchen gleichmäßig im gesamten Volumen verteilt. Die thermische Energie der Teilchen führt zu ungerichteten Bewegungen in der Flüssigkeit, sodass die statistische Verteilung erhalten bleibt.

Doch wie sieht es bei der Herstellung einer Lösung aus? Unmittelbar nach der Zugabe eines flüssigen oder festen Stoffes zu einem Lösungsmittel kann die Verteilung noch nicht homogen sein. Auch ohne dass Sie den Vorgang durch Umrühren beschleunigen, findet eine scheinbar gerichtete Bewegung der gelösten Teilchen von den Bereichen hoher Konzentration in Bereiche niedriger Konzentration statt, bis sich eine homogene Verteilung eingestellt hat. Das können Sie sehr schön beobachten, wenn Sie Tinte vorsichtig in einem Glas Wasser unterschichten (siehe Abbildung 6.7).

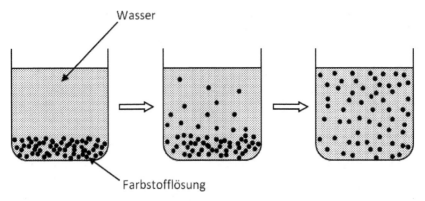

Abbildung 6.7: Diffusion von Tinte in Wasser

Aus der konzentrierten Farbstofflösung gelangen einige Farbstoffmoleküle durch die Molekularbewegung in die unmittelbar angrenzende Schicht des zuvor ungefärbten Wassers. Von dort geht wiederum ein Teil der Farbstoffmoleküle in die nächste angrenzende Wasserschicht, und ein gleich großer Teil wandert in die konzentrierte Lösung zurück. Aus rein statistischen Gründen wandern aus den konzentrierteren Schichten mehr Moleküle in die weniger konzentrierten Schichten als umgekehrt. Im Endzustand führt die ungerichtete Bewegung der Moleküle zu einer gleichmäßigen Verteilung des Farbstoffs im gesamten Volumen.

 Diffusion ist die Bewegung von gelösten Teilchen, die beim Vorliegen eines Konzentrationsgefälles einen Stofftransport bis zum Erreichen einer homogenen Mischung bewirkt.

Die Fick'schen Diffusionsgesetze

Der deutsche Physiologe Adolf Eugen Fick stellte im Jahr 1855 bei quantitativen Versuchen zur Diffusionsgeschwindigkeit empirische Formeln zur Beschreibung der Diffusion auf.

Die Wanderungsbewegung beschreibt er als Fluss oder Diffusionsstrom J. Dieser entspricht der Stoffmenge (Anzahl dn der Mole), die pro Zeitintervall dt durch eine Fläche A diffundieren.

Je größer der Konzentrationsunterschied ist, desto größer ist der Diffusionsstrom. Wenn die Fläche A eine Entfernung dx von einem Ort der Konzentration c aufweist, ist der Diffusionsstrom proportional zur Konzentrationsdifferenz dc und umgekehrt proportional zur Entfernung dx.

Das *erste Fick'sche Gesetz* lautet:

$$J = \frac{dn}{A \cdot dt} = -D \cdot \frac{dc}{dx}$$

Die Proportionalitätskonstante D ist der *Fick'sche Diffusionskoeffizient*. Dieser ist bei einer festen Temperatur abhängig von der diffundierenden Substanz und vom Lösungsmittel. Er spielt bei verschiedenen wissenschaftlichen Fragestellungen eine wichtige Rolle. Beispielsweise kann der Diffusionskoeffizient als Maß für die Geschwindigkeit dienen, mit der ein Wirkstoff im menschlichen Körper durch Diffusion an den Wirkort gelangt. Bei Arzneistoffen in wässrigen Systemen liegt D im Bereich von 10^{-8} m^2/s.

Das erste Fick'sche Gesetz gilt nur beim Vorliegen eines konstanten Konzentrationsgefälles. Aber auch bei einer zeitlichen Änderung des Konzentrationsgefälles und einer damit verbundenen Änderung des ortsabhängigen Diffusionsstroms bleibt die Bedeutung des Diffusionskoeffizienten erhalten. Das zweite Fick'sche Diffusionsgesetz ist eine entsprechende Erweiterung des ersten Fick'schen Gesetzes. Ich stelle es nur der Vollständigkeit halber vor, damit Sie sehen, dass der Diffusionskoeffizient auch im mathematisch viel komplizierteren *zweiten Fick'schen Gesetz* als Proportionalitätsfaktor auftritt:

$$\frac{\partial c}{\partial t} = -\frac{\partial J}{\partial x} = D \cdot \frac{\partial^2 c}{\partial x^2}$$

Für die mathematisch Interessierten unter Ihnen: Das Symbol ∂ deutet an, dass es sich hier um partielle Ableitungen handelt.

Die Noyes-Whitney-Gleichung

Die beiden amerikanischen Chemiker Arthur Amos Noyes und Willis Rodney Whitney stellten im Jahr 1897 eine Gleichung zur Beschreibung der Lösungsgeschwindigkeit von Feststoffen in einer angrenzenden Flüssigkeit auf:

$$\frac{dM}{dt} = \frac{-D \cdot A}{x} \cdot (c_s - c)$$

Die Menge M des Feststoffs, die pro Zeitintervall in Lösung geht, ist proportional zur Feststoffoberfläche A und zur Differenz zwischen der Sättigungskonzentration c_S und der Konzentration c der umgebenden Lösung.

Zumindest auf den zweiten Blick sollte Ihnen die Ähnlichkeit mit dem ersten Fick'schen Gesetz auffallen. Es wurde nur leicht umgestellt, indem die Fläche A auf die rechte Seite der Gleichung gebracht wurde. Tatsächlich wird die Auflösungsgeschwindigkeit durch einen Diffusionsvorgang dominiert. Unmittelbar an der Oberfläche des Feststoffs bildet sich zu Beginn des Auflösevorgangs eine gesättigte Lösung (siehe Abbildung 6.8). Damit weiterer Feststoff in Lösung gehen kann, muss der gelöste Stoff durch Diffusion aus dieser gesättigten Lösung in das umgebende Lösungsmittel wandern. Es kann sich nur so viel neuer Stoff in der gesättigten Schicht lösen, wie gleichzeitig durch Diffusion in die Lösung übergeht.

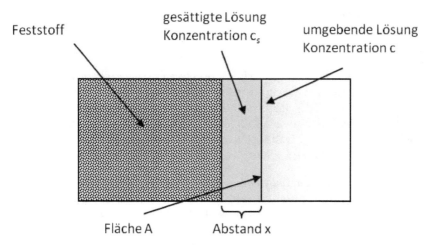

Abbildung 6.8: Auflösung eines Feststoffs

Welche Konsequenzen sich aus dem Noyes-Whitney-Gesetz ergeben, können Sie sich bei einer Tasse Tee veranschaulichen. Ein echter Teegenießer pflegt seinen Tee mit Kandiszuckerstücken zu süßen. Dieser löst sich wesentlich langsamer auf als eine gleiche Menge fein vermahlenen Zuckers. Der Grund liegt einfach in der wesentlich größeren Oberfläche A des Puderzuckers, die durch das Vermahlen entstanden ist. Außerdem erklärt die Gleichung, warum Sie den Auflösungsvorgang durch Umrühren beschleunigen können. Sie verkleinern durch die Scherung die Dicke x der gesättigten Schicht und erhöhen die Konzentrationsdifferenz, da der mechanische Mischvorgang die Konzentration c in der Umgebung erniedrigt.

Der Nernst'sche Verteilungskoeffizient

Öle und viele organische Lösungsmittel bilden mit Wasser ein Zweiphasensystem aus zwei getrennten Lösungsmitteln. Durch kräftiges Schütteln oder Rühren können Sie zwar eine sogenannte *Emulsion* erzeugen, bei der eine der beiden Flüssigkeiten in Form kleiner Tröpfchen in der anderen verteilt (dispergiert) wird. Doch im Ruhezustand fließen diese Tröpfchen wieder zusammen, und es bilden sich erneut zwei übereinanderliegende Schichten.

Kommt zu diesem Zweiphasensystem noch ein weiterer Stoff dazu, hat dieser die Qual der Wahl, in welchem der beiden Lösungsmittel er sich lösen soll. Ionische Stoffe, zum Beispiel Kochsalz, sind hydrophil (= wasserliebend) und werden sich nur im Wasser lösen. Unpolare organische Stoffe, zum Beispiel Naphtalin, sind lipophil (= fettliebend) und lösen sich nur im organischen Lösungsmittel. Die Mehrzahl der Stoffe hat aber hydrophile und lipophile Eigenschaften und wird sich anteilig in beiden Phasen lösen.

Der deutsche Physikochemiker Walther Nernst stellte im Jahr 1891 eine Gleichung zur Berechnung der Verteilung eines gelösten Stoffes in einem Zweiphasensystem auf:

$$K = \frac{c_1}{c_2}$$

Das Nernst'sche Verteilungsgesetz besagt, dass sich in einem Zweiphasensystem ein konstantes Verhältnis der Konzentrationen in den beiden Phasen einstellt. Der *Nernst'sche Verteilungskoeffizient* K spielt eine wichtige Rolle bei der Flüssig-Flüssig-Extraktion. Hierbei liegt der Stoff zunächst nur in einer Flüssigkeit gelöst vor, zum Beispiel Wasser, und soll durch Ausschütteln in die zweite Flüssigkeit überführt werden, zum Beispiel Ether.

 Der Nernst'sche Verteilungssatz sieht sehr einfach aus. Die Anwendung bereitet den Studierenden in einer Klausur aber erhebliche Probleme. Die entsprechende Übungsaufgabe in Kapitel 8 ist eine harte Nuss!

Der LogP-Wert

Von besonderer Bedeutung in den Biowissenschaften ist der Verteilungskoeffizient eines Stoffes im System n-Octanol/Wasser. Das liegt nicht daran, dass n-Octanol eine besonders häufig in der Natur anzutreffende Substanz wäre. Dieser Stoff aus der Gruppe der mittelkettigen Alkohole ist eher selten natürlichen Ursprungs, aber dafür leicht chemisch herzustellen. Seine Besonderheit liegt darin, dass er eine ähnliche Lipophilie hat wie Biomembranen. Die Verteilung eines Stoffes im System Octanol/Wasser dient daher als einfaches Modell für die Verteilung des Stoffes zwischen biologischen Lipidmembranen und dem wässrigen Medium innerhalb und außerhalb von Zellen.

Der Octanol/Wasser-Koeffizient hat das Symbol K_{OW} oder P. Ein überwiegend fettlöslicher Stoff hat einen P-Wert größer als 1, ein besser in Wasser löslicher Stoff kleiner als 1. In der Literatur wird meistens der logarithmierte Wert LogP angegeben, der bei lipophilen Stoffen entsprechend positiv und bei hydrophilen Stoffen negativ ist. Anhand der LogP-Werte kann der Umweltchemiker die Anreicherung eines Schadstoffs in Biomasse beurteilen, und der Arzneimittelforscher kann die Aufnahmegeschwindigkeit eines Wirkstoffs in den Körper abschätzen.

Zwei Stoffe schmelzen dahin bis zum eutektischen Tiefpunkt

Sie haben in diesem Kapitel bereits gelernt, dass ein gelöster Stoff in niedriger Konzentration den Gefrierpunkt oder Schmelzpunkt des Lösungsmittels erniedrigt. Umgekehrt gilt das Gleiche. Der Schmelzpunkt eines Feststoffs wird durch ein Lösungsmittel oder auch einen anderen Feststoff erniedrigt. Aus diesem Grund kann ein Chemiker die Reinheit eines Stoffes durch eine Schmelzpunktbestimmung nachweisen. Ein verunreinigter Stoff hat einen niedrigeren Schmelzpunkt als der Reinstoff.

Die gegenseitige Erniedrigung der Schmelzpunkte von zwei Feststoffen können Sie sich bei einem Laborversuch veranschaulichen, in dem Sie etwa gleiche Mengen Menthol und Campher in einem Mörser verreiben. Die beiden Reinstoffe sind fest, und beim Verreiben erhalten Sie eine klare Flüssigkeit.

Im Temperatur-Mischungs-Diagramm (siehe Abbildung 6.9) ist auf den beiden y-Achsen die Temperatur aufgetragen. Die x-Achse zeigt das prozentuale Mischungsverhältnis. Auf der linken y-Achse ist der Massenanteil von Stoff B gleich 0 %, es liegt also nur der reine Stoff A vor. Auf der rechten y-Achse liegen 100 % reiner Stoff B vor.

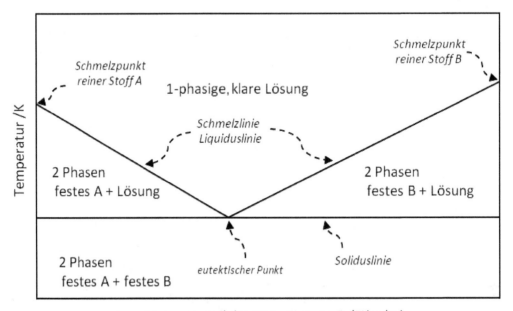

Abbildung 6.9: Temperatur-Mischungs-Diagramm einer binären Mischung

Oberhalb der Schmelzlinie oder Liquiduslinie (lateinisch: liquidus = flüssig) liegt eine klare Lösung oder Schmelze vor.

Die Schmelzlinie besteht aus zwei Teillinien. Der linke Teil startet beim Schmelzpunkt des reinen Stoffes A und fällt bei Zugabe von Stoff B aufgrund der Schmelzpunkterniedrigung. Der rechte Teil endet beim Schmelzpunkt des reinen Stoffes B und gibt bis dorthin die Schmelzpunkterniedrigung durch Stoff A wieder. Die beiden Teile treffen am niedrigsten Punkt zusammen, dem sogenannten *eutektischen Punkt*.

Die Zusammensetzung am eutektischen Punkt ist die sogenannte *eutektische Mischung*, die Temperatur ist die eutektische Temperatur. Unterhalb der eutektischen Temperatur ist ein Gemisch vollständig fest. Daher heißt die Linie, die im Diagramm parallel zur x-Achse durch den eutektischen Punkt verläuft, *Soliduslinie* (lateinisch: solidus = fest).

Zwischen den beiden Teilen der Liquiduslinie und der Soliduslinie liegen jeweils fest-flüssige Zweiphasenbereiche.

Wie Sie die Zusammensetzung einer Mischung in diesen Zweiphasenbereichen bestimmen, können Sie sich im Mischungsdiagramm der Wasser-Kochsalzmischung veranschaulichen (siehe Abbildung 6.10).

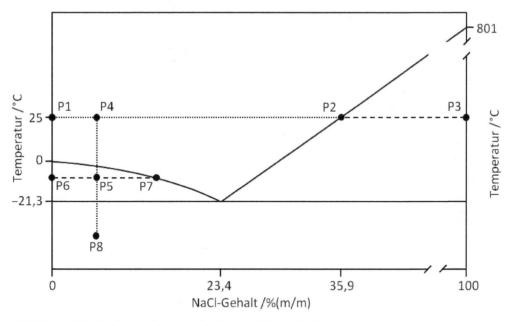

Abbildung 6.10: Mischungsdiagramm des Systems Wasser/NaCl

Am Punkt P1 ist der Kochsalzgehalt 0 %, es liegt also reines Wasser vor, das bei 25 °C flüssig ist.

Folgen Sie der gepunkteten Linie bis zum Punkt P2. Bei 25 °C wird dem Wasser NaCl zugegeben, das sich bis zur Sättigung bei 35,9 % löst.

Die gestrichelte Linie von P2 bis P3 entspricht einer weiteren Erhöhung des NaCl-Gehalts. Für alle Mischungen auf dieser Linie gilt: Es liegt ein Zweiphasensystem aus gesättigter Lösung (P2) und festem NaCl (P3) vor.

Am Punkt P4 liegt eine Kochsalzlösung mit einem Gehalt von etwa 6 % vor.

Entlang der Linie von P4 bis P8 wird bei gleich bleibender Zusammensetzung der Mischung die Temperatur bis unter die eutektische Temperatur erniedrigt.

Der Punkt P5 liegt unterhalb der Schmelzlinie. Bei etwa −4 °C ist ein Teil des Wassers als Eis ausgefroren (P6), der Rest der Mischung besteht aus einer durch das Ausfrieren des Wassers konzentrierteren Lösung mit dem Gefrierpunkt −4 °C (P7).

Der Punkt P8 liegt unterhalb der eutektischen Temperatur im Zweiphasenbereich fest/fest. Beim Erreichen der eutektischen Temperatur ist die noch verbleibende Flüssigkeit, die der eutektischen Mischung entspricht, in Form fein verteilter Eis- und Salzkristalle eingefroren.

 Binodallinien sind Linien, die im Mischungsdiagramm unterschiedliche Phasensysteme trennen (hier: Soliduslinie und Liquiduslinie sowie die rechte und die linke y-Achse). *Konoden* sind waagerechte Linien in Zweiphasenbereichen (hier: die gestrichelten Linien P2-P3 und P6-P7), deren Schnittpunkt mit den Binodallinien die Zusammensetzung der beiden Phasen angibt.

Die vorgestellten Diagramme stellen den einfachsten Fall eines binären Temperatur-Mischungsdiagramms dar. Etwas komplizierter wird es, wenn die beiden beteiligten Stoffe Mischkristalle bilden oder die bei der Gefrierpunktserniedrigung entstehenden Flüssigkeiten nicht miteinander mischbar sind (siehe Abbildung 6.11). Mithilfe Ihrer Kenntnisse über Binodallinien und Konoden können Sie aber auch solche Diagramme problemlos entschlüsseln.

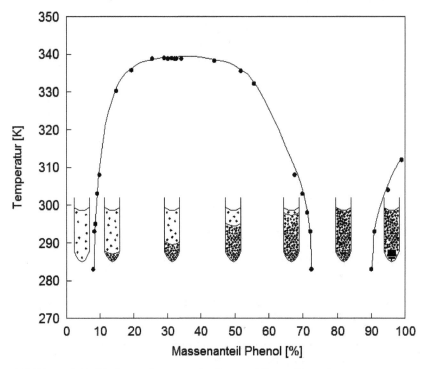

Abbildung 6.11: Mischungsdiagramm des Systems Wasser/Phenol

Phenol ist ein kristalliner Feststoff, der in sehr niedrigen Konzentrationen als Konservierungsmittel eingesetzt wird. In höheren Konzentrationen diente Phenol früher auch zur Desinfektion. Aus toxikologischen und Geruchsgründen (»typischer Krankenhausgeruch«, Karbolgeruch) wird es heute nur noch wenig eingesetzt.

Verflüssigtes Phenol (Phenolum liquefactum) ist eine klare Flüssigkeit, die aus etwa 10 Teilen Wasser und 90 Teilen Phenol besteht.

Abbildung 6.11 basiert auf Messwerten. Legen Sie bei etwa 295 K ein Lineal parallel zur x-Achse auf das Diagramm, um die Eigenschaften der Mischungen bei Raumtemperatur zu ermitteln. Auf der linken y-Achse liegt reines Wasser vor, das bei dieser Temperatur flüssig ist. Bei der Zugabe von Phenol bleibt der einphasig-flüssige Zustand bis zu einem Gehalt von etwa 10 % Phenol erhalten. Danach geht es über eine Binodallinie in ein Zweiphasensystem. Ihr Lineal zeigt nun im Zweiphasensystem die Konode an. Diese Konode trifft bei etwa 70 % Phenol wieder auf die Binodallinie. Interessanterweise liegt dahinter aber nicht das feste Phenol vor, sondern eine Flüssigkeit, die durch eine Schmelzpunkterniedrigung des festen Phenols durch Wasser entstanden ist, das verflüssigte Phenol. Der Zweiphasenbereich besteht demnach aus zwei nicht mischbaren Flüssigkeiten: eine gesättigte wässrige Phenollösung und verflüssigtes Phenol. Bei weiterer Erhöhung des Phenolgehalts auf etwa 90 % geht das verflüssigte Phenol wieder in ein Zweiphasensystem über. Die Konode zeigt Ihnen, dass die beiden Phasen aus verflüssigtem Phenol und aus festem Phenol bestehen.

Darf es etwas mehr sein? – Dreikomponentendiagramme

Ärgerlich! Beim Öffnen des Benzintanks vom Motorrad sind ein paar Tropfen Regenwasser in den Tank geraten. Das Wasser wird sich nicht im Benzin auflösen und könnte in den Vergaser gelangen. Also was tun? Tank entleeren, Vergaser ausbauen und alles trocken legen? Nicht unbedingt! Zum Glück gibt es die Physikalische Chemie. Durch die Zugabe eines Alkohols, zum Beispiel Isopropanol, kann das Wasser im Benzin aufgelöst werden. Das dabei gebildete Einphasengemisch kann problemlos als Treibstoff genutzt werden.

Das Dreikomponentendiagramm (Dreiecksdiagramm) in Abbildung 6.12 zeigt das Phasenverhalten von Dreikomponentenmischungen von Wasser, Öl und Alkohol.

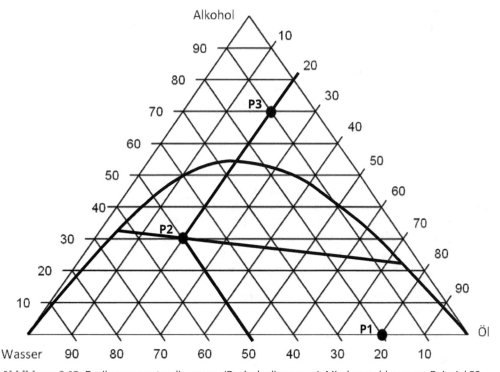

Abbildung 6.12: Dreikomponentendiagramm (Dreiecksdiagramm): Mischung ablesen am Beispiel P2

Auf der Grundseite des Dreiecks ist von rechts nach links der Gehalt des Wassers aufgetragen. Der linke untere Eckpunkt entspricht dem reinen Wasser. Die rechte Seite des Dreiecks zeigt den Ölgehalt. Der rechte untere Eckpunkt entspricht dem reinen Öl (Benzin). Die linke Seite des Dreiecks gibt den Alkoholgehalt an. Der obere Eckpunkt entspricht dem reinen Alkohol (Isopropanol).

Im Diagramm sind drei Mischungen durch Punkte markiert, deren Zusammensetzung Sie folgendermaßen aus dem Diagramm ablesen:

✔ Den Wassergehalt erhalten Sie, indem Sie vom Mischungspunkt parallel zur rechten Dreiecksseite eine Gerade bis zur Wasserachse ziehen und dort den Wert ablesen.

✔ Den Ölgehalt erhalten Sie, indem Sie vom Mischungspunkt parallel zur linken Dreieckseite eine Gerade bis zur Ölachse ziehen und dort den Wert ablesen.

✔ Den Alkoholgehalt erhalten Sie, indem Sie vom Mischungspunkt parallel zur Grundseite des Dreiecks eine Gerade bis zur Alkoholachse ziehen und dort den Wert ablesen.

Die drei Mischungen haben demnach die Zusammensetzung:

✔ P1: 20 % Wasser, 80 % Öl, 0 % Alkohol

✔ P2: 50 % Wasser, 20 % Öl, 30 % Alkohol

✔ P3: 10 % Wasser, 20 % Öl, 70 % Alkohol

Allgemein gilt, dass auf den Dreieckseiten binäre Mischungen der Komponenten der beiden Eckpunkte liegen. Der Alkohol ist sowohl mit Wasser als auch mit Öl in jedem Verhältnis mischbar. Wasser und Öl sind praktisch nicht mischbar, die gegenseitige Löslichkeitsgrenze liegt unter 1 %.

Im Diagramm sehen Sie noch eine **Binodallinie**, die sich bogenförmig oberhalb der Grundlinie aufspannt. Unterhalb dieser Linie sind alle Mischungen zweiphasig, oberhalb einphasig.

P1 und P2 sind demnach Mischungen, die aus einer überwiegend wässrigen und einer überwiegend Öl enthaltenden Phase bestehen. Der Alkohol ist in beiden Phasen anteilig gelöst. Durch den enthaltenen Alkohol kann jede der beiden Phasen mehr von der Gegenphase aufnehmen. Je mehr Alkohol in der Mischung vorhanden ist, desto ähnlicher wird die Zusammensetzung der beiden Phasen. Ab einem bestimmten Alkoholgehalt können sich die beiden Phasen zu einer einphasigen Lösung vereinigen. P3 ist eine Mischung im Einphasenbereich.

Im Dreikomponentendiagramm können wie im binären Temperatur-Mischungs-Diagramm Konoden im Zweiphasenbereich eingezeichnet werden, deren Schnittpunkte mit der Binodallinie die Zusammensetzung der beiden Phasen anzeigen. Allerdings verlaufen diese Konoden nicht parallel zur Grundlinie, sondern müssen experimentell bestimmt werden. In Abbildung 6.12 ist eine Konode durch die Mischung P2 gelegt. Die Zusammensetzung der beiden Phasen lesen Sie am rechten und linken Schnittpunkt mit der Binodallinie ab:

✔ Wasserphase: 64 % Wasser, 32 % Alkohol, 4 % Öl

✔ Benzinphase: 4 % Wasser, 22 % Alkohol, 74 % Öl

Kapitel 7

Oberflächlich betrachtet: Grenzflächenphänomene

E in besonders spannendes Thema ist die Betrachtung von Grenzflächen zwischen zwei unterschiedlichen Phasenbereichen, beispielsweise zwischen Wasser und Luft oder zwischen einer wässrigen Lösung und einem Feststoff. In diesem Kapitel zeige ich Ihnen, dass die Moleküle an diesen Grenzflächen ganz besondere Bedingungen vorfinden. Mit einfachen Versuchen können Sie verblüffende Grenzflächeneffekte erzielen. Eisen scheint zu schwimmen, Wasser fließt nach oben und ein Farbstoff wird aus einer Lösung weggezaubert. Die Theorie, die zur Erklärung dieser Versuche dient, ist einfacher, als Sie vielleicht befürchten. Sie lernen anhand anschaulicher Modelle die zugrunde liegenden Gesetzmäßigkeiten der Oberflächenspannung von reinen Flüssigkeiten und von Seifenlösungen kennen. Außerdem erfahren Sie, welche Vorgänge, Formeln und Diagramme sich hinter dem geheimnisvollen Begriff Adsorptionsisotherme verbergen.

Moleküle im Spannungsfeld an der Grenze

Im Gegensatz zu den Kapiteln 5 und 6, in denen ich Ihnen einige physikalisch-chemische Gesetzmäßigkeiten von reinen Stoffen und Stoffmischungen vorstelle, geht es in diesem Kapitel um das Verhalten von Molekülen an der Grenzfläche zwischen zwei Phasen. Die Oberfläche einer Flüssigkeit ist eine solche Grenzfläche, die eine flüssige Phase von der darüber liegenden Gasphase abgrenzt.

Die »schwimmende« Büroklammer

Dass die Grenzfläche etwas Besonderes ist, können Sie mit einem einfachen Experiment zeigen. Sie benötigen dazu nur ein sauberes Glas, Wasser, zwei Büroklammern und eine Gabel. Lassen Sie die erste Büroklammer in das mit Wasser gefüllte Glas fallen! Sie wird sofort untergehen und zu Boden sinken. Das ist nicht überraschend, da das Metall der Büroklammer eine höhere Dichte hat als das Wasser. Danach legen Sie die zweite Büroklammer auf die Gabel und tauchen die Gabel langsam in das Wasser ein. Die Büroklammer sollte dabei möglichst flach auf die Wasseroberfläche gelangen. Beim Untertauchen der Gabel bleibt die Klammer auf der Oberfläche liegen. Wenn es nicht auf Anhieb funktioniert, liegt es vielleicht daran, dass Sie die Gabel zu hastig durch die Oberfläche geführt oder die Büroklammer nicht ganz flach auf das Wasser gelegt haben. Kein Problem! Heben Sie mit der Gabel die Büroklammer wieder auf die Oberfläche und wiederholen Sie den Eintauchvorgang. Es wird funktionieren, und Sie können die auf dem Wasser »schwimmende« Büroklammer bestaunen.

Die Oberflächenspannung als Kraft pro Länge

Ihre Physikkenntnisse lassen Sie ungläubig den Kopf schütteln. Es ist einfach unmöglich, dass Metall ohne luftgefüllte Hohlräume in Wasser schwimmt. Bei genauem Hinsehen können Sie erkennen, dass die Büroklammer tatsächlich nicht schwimmt, sondern auf der Wasseroberfläche liegt. Diese verhält sich wie eine dünne Haut, die durch die Oberflächenmoleküle des Wassers gebildet wird. Sie wird durch das Gewicht der Büroklammer nur leicht nach unten gedrückt. Um diese »Haut« zu durchdringen, müsste der Metalldraht auf seiner ganzen Länge die Oberflächenmoleküle voneinander trennen. Je länger die zu durchdringende Strecke ist, desto mehr Kraft ist zum Aufschlitzen nötig. Die Gewichtskraft eines dünnen langen Drahts reicht nicht aus.

 Zum Durchdringen einer Flüssigkeitsoberfläche muss eine Kraft aufgewendet werden, die proportional zur Strecke ist, entlang derer die Oberflächenmoleküle voneinander getrennt werden. Der Proportionalitätsfaktor heißt *Oberflächenspannung* σ.

In der Formelschreibweise sieht diese Definition folgendermaßen aus:

$$F = \sigma \cdot s \quad \text{oder} \quad \sigma = \frac{F}{s}$$

Die Oberflächenspannung σ ist also eine Kraft F pro Strecke s. Sie hat die Einheit $N \cdot m^{-1}$ (Newton pro Meter). Da die Oberflächenspannung der meisten Flüssigkeiten weit unter $1 \, N \cdot m^{-1}$ liegt, werden Sie in der Literatur eher die Angaben in $mN \cdot m^{-1}$ (Millinewton pro Meter) oder in älteren Tabellenwerken in dyn/cm finden. Die Oberflächenspannung von Wasser bei 20 °C beträgt $72,75 \, mN \cdot m^{-1}$ (veraltet: 72,75 dyn/cm).

Die Oberflächenspannung als Energie pro Fläche

Höchstwahrscheinlich haben Sie sich noch nie Gedanken darüber gemacht, warum ein fallender Wassertropfen die Form einer Kugel annimmt. Es scheint einfach selbstverständlich, dass Tropfen rund und nicht würfelförmig sind. Doch es gibt eine einleuchtende physikalisch-chemische Begründung für die Bevorzugung der Kugelform, die mit der Oberflächenspannung zusammenhängt. Um sie zu verstehen, müssen Sie zuerst das Phänomen Oberflächenspannung auf molekularer Ebene betrachten. In Abbildung 7.1 sind schematisch die Kräfte dargestellt, die auf ein Wassermolekül an der Grenzfläche zur Luft und im Phaseninneren wirken.

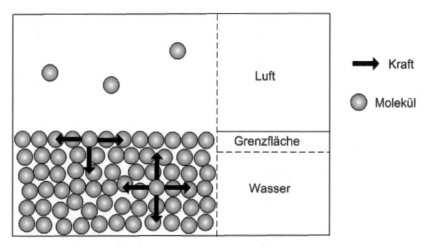

Abbildung 7.1: Kräfte auf Wassermoleküle im Phaseninneren und an der Grenzfläche Wasser/Luft

Die Kräfte sind durch Pfeile symbolisiert. Auf das Molekül im Phaseninneren wirken Anziehungskräfte von allen umgebenden Molekülen. Die resultierende Gesamtkraft ist gleich null. Diese Lage ist energetisch günstig. Wenn das Molekül aufgrund der thermischen Bewegung mit den benachbarten Molekülen den Platz tauscht, wird keine Energie verbraucht beziehungsweise Arbeit (= Kraft × Weg) verrichtet. Das Kräftegleichgewicht bleibt bei der Bewegung erhalten. Anders ergeht es dem Molekül an der Oberfläche. Da von den weit entfernten Molekülen der darüber liegenden Gasphase keine Anziehungskräfte auf dieses Molekül wirken, resultiert eine Kraft in das Innere der Flüssigkeit. Das Molekül möchte dorthin, ähnlich wie ein Stein, den Sie in einem Meter Höhe loslassen, durch die Erdanziehungskraft nach unten fällt. Es kann seine Lageenergie (potenzielle Energie) aber nicht so einfach erniedrigen wie der fallende Stein. Beim Verlassen der Oberfläche müsste ein anderes Molekül den ungeliebten Platz einnehmen. Die Lageenergie dieser Oberflächenmoleküle bleibt also gleich. Je größer die Oberfläche ist, desto größer ist die Summe der Lageenergien der Oberflächenmoleküle, die sogenannte Oberflächenenergie.

 Die *Oberflächenenergie* einer Flüssigkeit ist proportional zur Oberfläche. Der Proportionalitätsfaktor ist die Oberflächenspannung σ.

In der Formelschreibweise sieht diese Definition folgendermaßen aus:

$$E = \sigma \cdot A \quad \text{oder} \quad \sigma = \frac{E}{A}$$

Demnach ist die Oberflächenspannung eine Energie pro Fläche und hat die Einheit $J \cdot m^{-2}$ (Joule pro Quadratmeter). Das scheint der ersten Definition zu widersprechen, wonach die Oberflächenspannung eine Kraft pro Strecke ist und die Einheit $N \cdot m^{-1}$ hat. Aber Ihre Formelsammlung der Physik verrät Ihnen, dass ein Joule gleich einem Newton mal Meter ist. Sie können also $J \cdot m^{-2}$ auch als $N \cdot m \cdot m^{-2}$ schreiben. Durch Kürzen des Bruchs wird daraus wieder $N \cdot m^{-1}$.

Was hat das Ganze nun mit der Kugelform eines Tropfens zu tun? Ganz einfach: Für einen Milliliter Wasser in Kugelform beträgt die Oberfläche etwa 4,8 cm^2. Das gleiche Volumen in Würfelform hat eine Oberfläche von 6 cm^2. Die Kugel ist bei gegebenem Volumen die Form mit der geringsten Oberfläche. Ein System strebt immer den Zustand mit der niedrigsten Energie an, und der kugelförmige Tropfen hat die niedrigste mögliche Oberflächenenergie.

Ringmethode, Tropfmethode und Blasendruckmethode

Die beiden vorgestellten Definitionen und Formeln bilden die Grundlage für eine ganze Reihe von Methoden zur Messung der Oberflächenspannung von Flüssigkeiten. Drei der meistverwendeten Methoden stelle ich Ihnen hier vor. Eine weitere Messmethode lernen Sie im Abschnitt *Es geht aufwärts: die Steighöhenmethode* weiter unten in diesem Kapitel kennen.

Ringmethode

Die Ringmethode basiert auf dem gleichen Prinzip wie der Versuch mit der Büroklammer (siehe Abbildung 7.2).

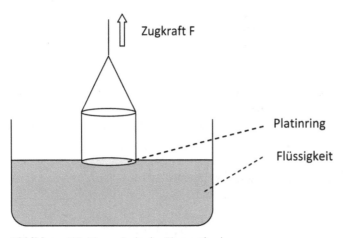

Abbildung 7.2: Messprinzip der Ringmethode

Ein kreisrunder Metallring aus sehr dünnem Platindraht befindet sich zum Beginn der Messung in der Flüssigkeit unmittelbar unter der Oberfläche. Unter dem Einfluss einer langsam ansteigenden Zugkraft kann der Draht erst dann die Oberfläche nach außen durchbrechen, wenn die Kraft für eine Überwindung der Oberflächenspannung ausreicht. Grundsätzlich könnten Sie aus der maximalen Kraft und der Länge des Drahts die Oberflächenspannung berechnen. Das ist aber nicht nötig, da Sie diese in mN · m^{-1} direkt auf einer Geräteskala ablesen können.

Tropfmethode

Bei der Tropfmethode lassen Sie ein Flüssigkeitsvolumen langsam aus einer dünnen Glasröhre abtropfen, dem sogenannten *Stalagmometer* (siehe Abbildung 7.3).

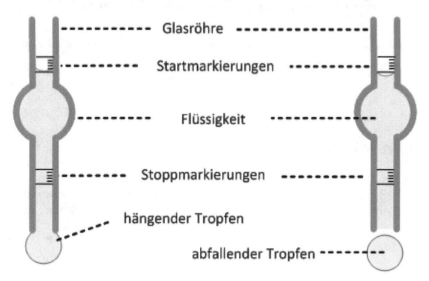

Abbildung 7.3: Messprinzip der Tropfmethode

Das austretende Wasser bildet einen langsam größer werdenden Tropfen, der so lange an der Austrittsöffnung hängen bleibt, bis er zu schwer wird und abtropft. Genau am Abrisspunkt ist die Gewichtskraft so groß, dass sie zur Überwindung der Oberflächenspannung an der Kontaktstrecke mit dem äußeren Umfang der Austrittsöffnung ausreicht. Aus den bekannten Formeln für die Gewichtskraft und die Oberflächenspannung können Sie eine Beziehung zur Berechnung herleiten:

Gewichtskraft: $F = m \cdot g$ (Masse mal Erdbeschleunigung)

Oberflächenspannung: $F = \sigma \cdot s$, wobei die Abrissstrecke am Außenradius r gemäß der Gleichung für den Kreisumfang $s = 2 \cdot \pi \cdot r$ ist.

Da beim Abriss beide Kräfte gerade gleich sind, gilt:

$$m \cdot g = \sigma \cdot 2 \cdot \pi \cdot r \quad \text{und damit} \quad \sigma = \frac{m \cdot g}{2 \cdot \pi \cdot r}$$

Sie könnten also einen Tropfen wiegen und die Oberflächenspannung σ daraus berechnen. Das klingt einfach, ist aber praktisch nicht möglich. Stellen Sie sich vor, Sie wollten eine leicht flüchtige Flüssigkeit messen, zum Beispiel Ether. Bis Sie mit dem aufgefangenen Tropfen die Waage erreicht haben, ist dieser längst verdunstet. Daher läuft die Versuchsauswertung folgendermaßen: Sie lassen ein definiertes Volumen der Flüssigkeit abtropfen und zählen die Anzahl n der Tropfen. Das Volumen können Sie im oberen und unteren Markierungsbereich des Stalagmometers ablesen. Sobald die Flüssigkeit beim Austropfen den oberen Markierungsbereich erreicht hat und ein Tropfen gerade abgefallen ist, beginnen Sie zu zählen. Beim Erreichen des unteren Markierungsbereichs lassen Sie den letzten Tropfen noch abtropfen. Aus den Markierungslinien vor dem ersten und nach dem letzten gezählten Tropfen ermitteln Sie das Gesamtvolumen V. Das Volumen eines Tropfens ergibt sich aus dem Gesamtvolumen geteilt durch die Tropfenanzahl n. Nun benötigen Sie noch die Dichte ρ der Flüssigkeit, um aus dem Volumen eines Tropfens seine Masse zu berechnen.

Die Berechnungsformel für die Tropfmethode lautet dann $\sigma = \dfrac{V \cdot \rho \cdot g}{n \cdot 2 \cdot \pi \cdot r}$ oder nach Zusammenfassung der bekannten Größen zu einer Gerätekonstante k:

$$\sigma = k \cdot \rho \cdot \frac{V}{n}$$

Blasendruckmethode

Die Blasendruckmethode ist eine relativ neue Messtechnik, die sich wegen ihrer einfachen, schnellen und sicheren Durchführbarkeit zunehmender Beliebtheit erfreut. Zur Bestimmung der Oberflächenspannung dient hierbei der Luftdruck in kleinen Bläschen, die über eine dünne Metallröhre aus dem Messgerät in die Flüssigkeit eingeblasen werden (siehe Abbildung 7.4).

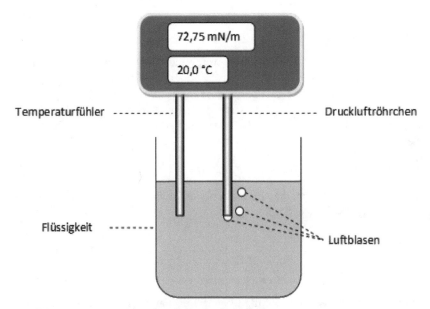

Abbildung 7.4: Messprinzip der Blasendruckmethode

An der Austrittsöffnung des Luftröhrchens, das in die zu messende Flüssigkeit eingetaucht ist, entsteht durch die herausgedrückte Luft eine neue Grenzfläche. Die Oberflächenspannung der Flüssigkeit bewirkt durch das Anstreben einer möglichst kleinen Oberfläche eine Erhöhung des Luftdrucks im Luftröhrchen. Aus dem Druck unmittelbar vor dem Abperlen der Luftblase berechnet ein im Messgerät gespeichertes Programm die Oberflächenspannung der Flüssigkeit.

Im Gegensatz zu den beiden anderen vorgestellten Methoden misst das Blasendruck-Tensiometer die Oberflächenspannung an einer gerade neu gebildeten Oberfläche. Bei reinen Flüssigkeiten spielt diese Tatsache keine Rolle. Wenn aber in der Flüssigkeit Stoffe gelöst sind, die sich bevorzugt in der Oberfläche anreichern und dabei die Oberflächenspannung verändern, erhalten Sie andere Werte als mit den beiden anderen Methoden. Nur bei sehr langsamem Aufbau der Luftblasen haben die gelösten Stoffe genügend Zeit, an der Blasenoberfläche die gleiche Anreicherung wie an der oberen Grenzfläche zur Luft zu erreichen. Aufgrund dieser Zeitabhängigkeit des Messwerts betrachtet der Physikochemiker die Blasendruckmethode als dynamische Messung und die Ring- und die Tropfmethode als statische Messungen.

Tenside: Und die Spannung ist weg

Alkohole, wie zum Beispiel Ethanol, und Kochsalz sind gut wasserlöslich, Fett und Öl sind es nicht. Der Chemiker erklärt dieses unterschiedliche Lösungsverhalten mit der Elektronenverteilung auf molekularer Ebene.

Hydrophilie und Lipophilie

Wasser- und Ethanolmoleküle sind elektrische Dipole. Sie weisen an einem Molekülende eine negative und am anderen Ende eine positive Teilladung auf. Kochsalz besteht aus negativ geladenen Chlorid-Ionen und positiv geladenen Natrium-Ionen.

Bei Reinstoffen liegen die entgegengesetzten Ladungen der Teilchen direkt nebeneinander. Für die Herstellung einer Lösung ist zum Trennen der Teilchen Energie nötig. Die Zusammenlagerung der Teilchen des Lösungsmittels und des gelösten Stoffes liefert dagegen Energie, da sich hierbei wieder entgegengesetzte Ladungen annähern.

Fette und Öle sind aus unpolaren Molekülen aufgebaut, die durch Van-der-Waals-Kräfte zusammengehalten werden. Weder für die unpolaren Moleküle noch für die polaren Wassermoleküle würde die Aneinanderlagerung in einer Lösung genügend Energiegewinn bringen, um die Trennungsenergie auszugleichen. Ein aus unpolaren Molekülen bestehender Stoff kann sich dagegen gut in einem Öl lösen, da zwischen den Molekülen des gelösten Stoffes und denen des Lösungsmittels gleichartige Anziehungskräfte wirken.

 Mit Wasser mischbare Stoffe bezeichnet der Chemiker als *hydrophil* (sinngemäß: wasserfreundlich). Stoffe, die nicht mit Wasser, aber dafür mit Ölen mischbar sind, bezeichnet er als *hydrophob* (sinngemäß: Wasser meidend) oder *lipophil* (sinngemäß: ölfreundlich).

Gespaltene Persönlichkeit: das Tensidmolekül

Einige Stoffe bestehen aus Molekülen, die einen hydrophoben und einen hydrophilen Anteil besitzen. Der hydrophobe Anteil besteht meist aus Kohlenwasserstoffen, beispielsweise aus einer Kette von CH_2-Gruppen. Der hydrophile Anteil besteht entweder aus einer geladenen funktionellen Gruppe wie $-COO^-$ oder $-O-SO_3^-$ oder aus einem hydrophilen Molekül wie Zucker oder dem wasserlöslichen Polyethylenglycol (Macrogol), das mit dem hydrophoben Molekülanteil chemisch verbunden ist. Einen solchen Stoff nennt der Chemiker *amphiphil* (sinngemäß: wasser- und ölfreundlich). Zwei Beispiele für amphiphile Moleküle sehen Sie in Abbildung 7.5.

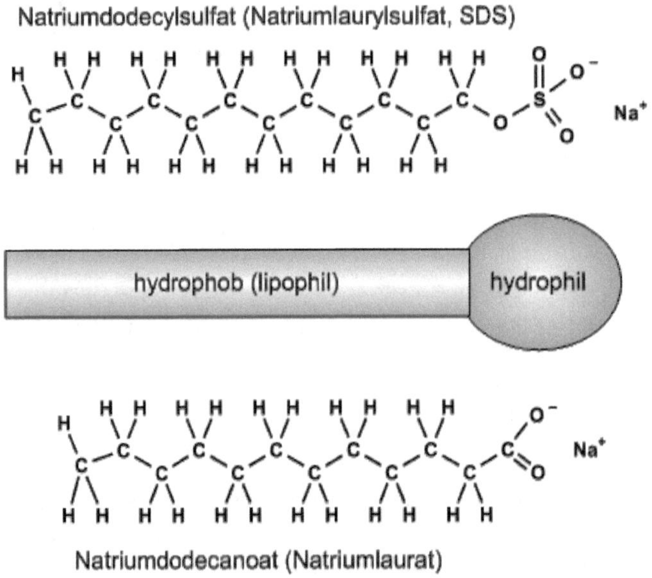

Natriumdodecylsulfat (Natriumlaurylsulfat, SDS)
Na⁺
hydrophob (lipophil)
hydrophil
Na⁺
Natriumdodecanoat (Natriumlaurat)

Abbildung 7.5: Formeln und schematische Darstellung von amphiphilen Molekülen

Wenn Sie einen solchen Stoff in Wasser geben, haben die Moleküle ein Problem. Der hydrophile Molekülanteil möchte sich im Wasser lösen, der hydrophobe Molekülanteil ist aber im Wasser nicht willkommen. Bei niedriger Konzentration reichern sich die Moleküle an der Oberfläche des Wassers an. Die hydrophilen Teile tauchen in die Lösung ein, während die hydrophoben Teile aus der Oberfläche herausragen (siehe Abbildung 7.6).

Gas
Grenzfläche
Wasser
Gasmoleküle
Tensidmoleküle
Wassermoleküle

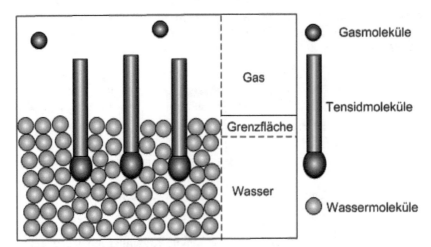

Abbildung 7.6: Tensidmoleküle an einer Wasseroberfläche

Ein Teil der Oberflächenmoleküle des Wassers liegt daher nicht mehr in direktem Kontakt miteinander, sondern durch die hydrophoben Teile voneinander getrennt vor, zu denen wesentlich niedrigere Anziehungskräfte bestehen. Die Oberfläche wird dadurch »weicher«, die Oberflächenspannung – also die Kraft pro Strecke zum Trennen der Oberflächenmoleküle – ist niedriger als bei reinem Wasser. Aufgrund ihrer Wirkung auf die Oberflächenspannung (lateinisch: tensio = Spannung) heißen diese Stoffe auch *Tenside*.

Gemeinsam sind wir stark: die Mizelle

Der Platz an der Oberfläche ist jedoch begrenzt. Bei höherer Konzentration müssen mehr und mehr amphiphile Moleküle in das Innere der Lösung. Wenn dort genügend Moleküle vorhanden sind, lagern sie sich zu kugelförmigen Gebilden zusammen, bei denen die hydrophilen Molekülteile die Außenfläche und die hydrophoben Teile das Innere der Kugel bilden (siehe Abbildung 7.7). Eine solche kugelförmige Zusammenlagerung bezeichnet der Physikochemiker als *Mizelle* und die Lösung als *mizellare Lösung*.

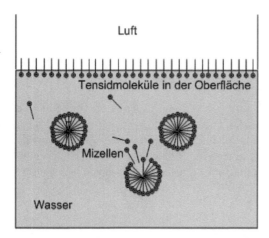

Abbildung 7.7: Mizellbildung in einer Tensidlösung

Die Kritische Mizellbildungskonzentration

Die Konzentration, ab der ein amphiphiler Stoff in wässriger Lösung Mizellen bilden kann oder muss, heißt *Kritische Mizellbildungskonzentration* oder *CMC* (englisch: critical micelle concentration). Sie können die CMC eines Tensids experimentell bestimmen, indem Sie eine Verdünnungsreihe herstellen und nach jedem Verdünnungsschritt die Oberflächenspannung messen. Sie können beispielsweise mit einer Anfangskonzentration von 1,28 % beginnen und diese schrittweise mit Wasser im Verhältnis 1:1 verdünnen. In Abbildung 7.8 sehen Sie die Messwertkurve für Natriumdodecylsulfat (SDS, englisch: Sodium Dodecylsulfate).

Im Bereich zwischen 0 % und 0,16 % sehen Sie einen stetigen Abfall der Oberflächenspannung bis knapp unter $30\,\text{mN} \cdot \text{m}^{-1}$. Bei Konzentrationen oberhalb von 0,16 % messen Sie einen gleich bleibenden Wert von etwa $30\,\text{mN} \cdot \text{m}^{-1}$. Die Kritische Mizellbildungskonzentration CMC liegt für das Tensid Natriumdodecysulfat im Bereich von 0,16 % (m/m).

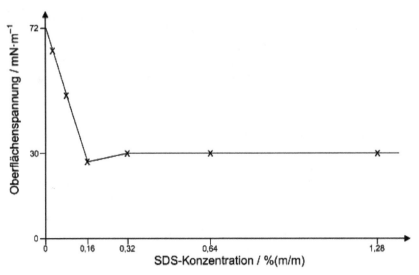

Abbildung 7.8: Messwertkurve zur Bestimmung der CMC eines Tensids

Klar und hektisch

Mizellare Lösungen sind äußerlich nicht von echten Lösungen unterscheidbar, die gelöste Einzelmoleküle oder Ionen enthalten. Sie sind keineswegs getrübt oder milchig, da die Mizellen im Durchmesser nur wenig größer sind als die Länge der beteiligten Moleküle. Sie dürfen sich diese Mizellen auch keineswegs als stabiles Gebilde vorstellen. Bei Raumtemperatur findet ein ständiger Zerfall und Neuaufbau von Mizellen innerhalb von weniger als einer Tausendstelsekunde statt.

Tenside als Emulgatoren

Im Abschnitt *Die Oberflächenspannung als Energie pro Fläche* in diesem Kapitel erfahren Sie, dass die Lage von Flüssigkeitsmolekülen in der Grenzfläche zu Luft energetisch ungünstig ist. Die Oberflächenspannung zwingt die Flüssigkeit, eine möglichst kleine Oberfläche anzunehmen. Fast ebenso ungünstig ist die Lage in der Phasengrenze zwischen zwei nicht mischbaren Flüssigkeiten. Zur Unterscheidung von der Oberflächenspannung σ benutzt der Physicochemiker bei der Phasengrenze zwischen zwei Flüssigkeiten den Begriff *Grenzflächenspannung* γ.

Wenn Sie eine Öl-Wasser-Mischung kräftig schütteln, entsteht kurzzeitig eine milchig trübe Flüssigkeit. Darin liegt das Öl in viele kleine Tröpfchen verteilt vor. Eine solche sogenannte Emulsion ist aber kein stabiler Zustand. Weder das Wasser noch das Öl sind erfreut über die Vergrößerung der Grenzfläche durch das Zerteilen der Ölphase. Daher fließen die Öltropfen möglichst schnell wieder zusammen.

Tenside fühlen sich hingegen an einer Phasengrenze besonders wohl. Sie können sich mit ihrem hydrophilen Molekülteil im Wasser und mit ihrem lipophilen Molekülteil im Öl lösen und stabilisieren damit die Grenzfläche. Da die Grenzflächenspannung durch die Tenside erniedrigt ist, erfahren diese Öltröpfchen einen geringeren Energiegewinn durch das Zusammenfließen und sind stabiler. In ihrer Funktion als Stabilisatoren für Emulsionen heißen Tenside daher *Emulgatoren*.

Tenside als Reinigungsmittel

Bereits in der Antike benutzte der Mensch Seifen für Reinigungszwecke. Die bei der Verseifung durch Kochen von Fetten mit alkalischen (basischen) Lösungen gewonnenen Seifen enthalten hauptsächlich Natriumsalze von langkettigen Carbonsäuren. Als Tenside erniedrigen Seifen die Grenzflächenspannung und erleichtern das Ablösen von Fett oder Schmutz vom menschlichen Körper oder von Gegenständen, indem sie als amphiphile Substanzen zwischen der hydrophoben Verschmutzung und dem lipophoben Wasser vermitteln. Reinigungsmittel heißen in der Fachsprache *Detergentien* (lateinisch: detergere = abwischen). Seifen haben den Nachteil, dass sie mit Calcium- oder Magnesiumionen in hartem Wasser einen unlöslichen Niederschlag bilden. Für Waschzwecke und zur Körperreinigung gibt es heute synthetische Seifenersatzstoffe, sogenannte *Syndets* (synthetische Detergenzien), die diesen Nachteil nicht aufweisen und daher die klassischen Seifen weitgehend verdrängt haben.

Saugen ohne Unterdruck: die Kapillarität

Die Erdanziehungskraft führt dazu, dass Wasser normalerweise bergab fließt. Um Wasser in einem Rohr von unten nach oben fließen zu lassen, müssen Sie Saug- oder Druckpumpen einsetzen. Für eine Ausnahme von dieser physikalischen Grundregel sorgt wieder die Physikalische Chemie. In besonders dünnen Glasröhrchen, sogenannten *Kapillaren*, wird Wasser regelrecht eingesaugt. Dieses Phänomen ist Ihnen sicherlich so vertraut, dass Sie es gar nicht so erstaunlich finden. Beispielsweise aus der Arztpraxis, wo die Krankenschwester mit einer solchen Kapillare einen Bluttropfen vom Finger oder Ohrläppchen einsaugt. Grundsätzlich beruht auch das Aufsaugen von Wasser durch ein Küchentuch oder Löschpapier auf diesem Effekt, der sogenannten *Kapillarität*.

Flach bis kugelrund: der Benetzungswinkel

Die Kapillarität beruht auf einem Grenzflächeneffekt. Im Gegensatz zur Oberfläche, die eine Grenzfläche der Flüssigkeit zu einem Gas oder Vakuum darstellt, ist hier die Grenzfläche zwischen der Flüssigkeit und einem Feststoff von Bedeutung. Betrachten Sie zunächst in Abbildung 7.9 wieder die Kräfte, die auf ein Wassermolekül im Phaseninneren und an der Grenzfläche wirken.

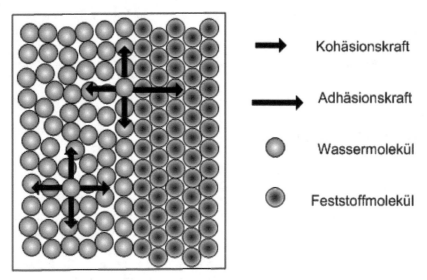

Abbildung 7.9: Kräfte auf Wassermoleküle im Phaseninneren und an der Grenzfläche Wasser/Feststoff

Im Gegensatz zur Oberfläche wirken an der Grenzfläche nicht nur die Anziehungskräfte von den Molekülen des Phaseninneren auf das Grenzflächen-Molekül, sondern auch Kräfte von den angrenzenden Molekülen des Feststoffs.

 Die zum Phaseninneren gerichteten Kräfte bezeichnet der Physikochemiker als *Kohäsionskräfte* (sinngemäß: Zusammenhalt-Kräfte) und die Kräfte zur festen Nachbarphase als *Adhäsionskräfte* (sinngemäß: Anhaft-Kräfte).

Wie Sie bei der Betrachtung der Oberflächenphänomene sehen, sind die Kohäsionskräfte für die Oberflächenspannung verantwortlich. Sie bewirken, dass die Flüssigkeit bestrebt ist, eine möglichst kleine Oberfläche zu erreichen. Die Adhäsionskräfte bewirken das genaue Gegenteil, indem sie die Moleküle der Flüssigkeit in die Grenzfläche ziehen. Je nachdem, welche Kräfte überwiegen, wird die Flüssigkeit versuchen, die Grenzfläche zu verkleinern oder zu vergrößern.

Wie sich das Zusammenspiel zwischen Adhäsion und Kohäsion auswirkt, können Sie sehen, wenn Sie Tropfen unterschiedlicher Flüssigkeiten auf eine flache Glasplatte geben (siehe Abbildung 7.10).

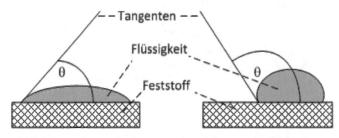

Abbildung 7.10: Tropfenformen auf einer festen Oberfläche

Bei Flüssigkeiten mit niedriger Oberflächenspannung überwiegt die Adhäsionskraft. Sie bilden einen flachen Tropfen. Im Extremfall kann sich sogar ein dünner Film auf der Oberfläche ausbreiten. Je höher die Oberflächenspannung der Flüssigkeit ist, desto mehr überwiegt die Kohäsion und umso stärker zieht sich der Tropfen zusammen.

 Zur quantitativen Beschreibung der liegenden Tropfenform dient der Benetzungswinkel oder Kontaktwinkel θ (sprich: theta). Diesen Winkel messen Sie durch Anlegen einer Tangente an den Flüssigkeitstropfen am Berührungspunkt mit der Feststofffläche. Ein kleiner Benetzungswinkel bedeutet, dass die Flüssigkeit den Feststoff gut benetzt.

Es wird eng: Depression und Aszension in Kapillaren

Der Benetzungswinkel tritt nicht nur bei liegenden Tropfen auf. Wenn Sie die Oberfläche des Wassers in einem gefüllten Glas betrachten, sehen Sie, dass das Wasser am Rand mit einer leichten Kurve ansteigt. In einem Glasröhrchen mit 0,5 cm Durchmesser bildet die Wasseroberfläche sogar eine vollständig gewölbte Fläche, die der Chemiker als *Meniskus* (lateinisch: Halbmond) bezeichnet.

Die Wölbung der Oberfläche bewirkt für die Flüssigkeit einen Konflikt. Einerseits möchte sie an der Wand des Glasröhrchens den Benetzungswinkel ausbilden, andererseits ist eine gewölbte Oberfläche größer als eine flache Oberfläche. Die Oberflächenspannung zieht im Bemühen, eine möglichst kleine Fläche einzunehmen, das Wasser in der Mitte des Röhrchens etwas nach oben. Der Benetzungswinkel lässt aber gleichzeitig das Wasser an der Glaswand mit ansteigen. Bei einer relativ weiten Glasröhre kommt der daraus resultierende Anstieg des Wassers sehr schnell zum Erliegen, da die Gewichtskraft das angehobene Wasservolumen nach unten zieht. Je dünner das Röhrchen ist, desto kleiner ist das ansteigende Wasservolumen und damit die Gewichtskraft. In Kapillaren mit einem Durchmesser von weniger als einem Millimeter führt dieses Phänomen zu einem sichtbaren Anstieg der Flüssigkeit (siehe Abbildung 7.11, links).

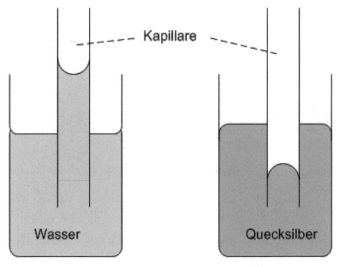

Abbildung 7.11: Aszension (links) und Depression (rechts) in einer Kapillare

Eine schlecht benetzende Flüssigkeit hat einen Benetzungswinkel größer als 90°. Daher wölbt sich die Flüssigkeit an der Grenzfläche zum Glas nach unten. Die gleichen Überlegungen, die den Anstieg des Wassers in der Kapillare erklären, können Sie zum Herunterdrücken von Quecksilber heranziehen (siehe Abbildung 7.11, rechts).

 Wasser und andere gut benetzende Flüssigkeiten steigen in einer eingetauchten Kapillare nach oben. Dieses Phänomen nennt der Physikochemiker *Aszension*. Bei der *Depression* sinkt der Flüssigkeitsspiegel einer schlecht benetzenden Flüssigkeit in der eingetauchten Kapillare.

Das zerbrochene Quecksilberthermometer

Quecksilber ist ein Metall, das bei Raumtemperatur flüssig ist. Früher enthielten fast alle Thermometer diesen hochgiftigen Stoff, da er sich bei Erwärmung sehr gleichmäßig ausdehnt. Fieberthermometer arbeiten heutzutage meist mit einer elektronischen Temperaturmessung, aber im Labor sind häufig noch alte mit Quecksilber gefüllte Glasthermometer im Einsatz. Problematisch wird es, wenn ein Quecksilberthermometer auf den Boden fällt und zerbricht. Die kleinen Tröpfchen benetzen kaum den Boden und tanzen beim Versuch, sie mit einem Küchentuch aufzunehmen, wild umher. Das sieht zwar lustig aus, aber Sie sollten dieses unfreiwillige Experiment möglichst vermeiden. Beim Verdunsten von nicht entfernten Quecksilbertröpfchen entstehen giftige Dämpfe, die Sie mit der Atemluft einatmen. Das Aufsaugen der Tröpfchen wird Ihnen mit Papiertüchern nicht gelingen. Es gibt ein recht teures Spezialpulver zum Aufnehmen des Quecksilbers. Billiger und ebenfalls gut wirksam ist ein Zinkblech, das sehr hohe Adhäsionskräfte zum Quecksilber ausbildet und dieses regelrecht ansaugt. Die beiden Metalle bilden danach eine feste Mischung, das sogenannte Amalgam, das Sie dann als Sondermüll entsorgen können.

Es geht aufwärts: die Steighöhenmethode

Im Abschnitt *Ringmethode, Tropfmethode und Blasendruckmethode* in diesem Kapitel stelle ich Ihnen drei Methoden zur Messung der Oberflächenspannung vor. An dieser Stelle lernen Sie nun die Steighöhenmethode kennen, bei der eine quantitative Messung der Kapillarität zur Bestimmung der Oberflächenspannung dient.

Das Zusammenspiel von Benetzungswinkel und Oberflächenspannung führt zum Anstieg der Flüssigkeit in einer eingetauchten Kapillare. Die Erdanziehungskraft auf die Flüssigkeitssäule begrenzt den Anstieg. Am Ende liegt ein Kräftegleichgewicht vor:

Die Erdanziehungskraft $F = m \cdot g$ ist gleich der Kraft an der Oberfläche $F = \sigma \cdot s$.

Da Sie die Flüssigkeitssäule schlecht wiegen können, müssen Sie aus dem Volumen der gefüllten Röhre und der Dichte der Flüssigkeit die Masse berechnen: $m = \pi \cdot r^2 \cdot h \cdot \rho$

Die Strecke s entspricht, ähnlich wie bei der Tropfmethode, der Kontaktstrecke der Oberfläche mit der Kapillarwand, also dem Umfang der Flüssigkeitssäule: $s = 2 \cdot \pi \cdot r$

Durch Gleichsetzen der beiden Kräftegleichungen erhalten Sie die Gleichung:

$$\pi \cdot r^2 \cdot h \cdot \rho \cdot g = \sigma \cdot 2 \cdot \pi \cdot r$$

oder nach Umstellung und Kürzung des Bruchs

$$\sigma = \frac{g \cdot r}{2} \cdot \rho \cdot h$$

Für praktische Messungen mit einem Kapillartensiometer können Sie den Bruch durch eine Gerätekonstante k ersetzen:

$$\sigma = k \cdot \rho \cdot h$$

Die in der skalierten Kapillare abgelesene Steighöhe h multipliziert mit der Dichte ρ der Flüssigkeit und der Gerätekonstante k ergibt den Wert der Oberflächenspannung σ.

Adsorptionsisotherme: die freundliche Art zu klammern

Die Adhäsionskräfte machen eine Feststoffoberfläche nicht nur für Flüssigkeiten interessant. Auch Gase oder gelöste Stoffe fühlen sich dort angezogen. Wenn deren Moleküle auf eine feste Oberfläche treffen, wird der größte Teil durch einen elastischen Stoß wieder in das ursprüngliche Phasenvolumen zurückkehren. Aber einzelne Moleküle bleiben haften und können erst nach der Aufnahme einer ausreichenden Menge thermischer Bewegungsenergie durch Stöße der angrenzenden Moleküle die Oberfläche wieder verlassen.

 Das Anhaften der Moleküle von Gasen oder gelösten Stoffen an einer Feststoffoberfläche bezeichnet der Chemiker als *Adsorption*, das Ablösen als *Desorption*.

Eine Reihe ähnlicher Begriffe sorgt manchmal für Verwirrung. Daher stelle ich Ihnen jetzt einige davon mit der entsprechenden Bedeutung vor. Die Adsorption haben Sie gerade als eine Anhaftung an eine Oberfläche kennengelernt. Das dazugehörende Verb ist adsorbieren. Im Gegensatz zur Adsorption ist die Absorption die Aufnahme eines Stoffes in eine benachbarte Phase. Chemisorption ist eine spezielle Form der Adsorption, bei der sich ein adsorbierter Stoff durch eine chemische Reaktion dauerhaft mit den Molekülen der Feststoffoberfläche verbindet. Die hier vorgestellte Adsorption heißt auch *Physisorption*, da die zeitlich begrenzte Anhaftung der Moleküle an die Oberfläche physikalisch auf der Wirkung von Adhäsionskräften beruht und eine chemische Reaktion nicht stattfindet.

Hin und weg bis zum Adsorptionsgleichgewicht

Zwischen den freien und den adsorbierten Molekülen stellt sich nach kurzer Zeit ein Gleichgewicht ein. Zu Beginn überwiegt die Adsorption, deren Geschwindigkeit von der Trefferquote der Moleküle auf die Oberfläche abhängt. Die Desorption ist ein zufälliger Vorgang, dessen Wahrscheinlichkeit mit der Anzahl der adsorbierten Moleküle so lange ansteigt, bis ein Fließgleichgewicht zwischen neuen adsorbierten und desorbierenden Molekülen entsteht.

Der Wunderstoff Aktivkohle

Aktivkohle besteht aus extrem poröser Kohle mit einer Oberfläche von bis zu 2000 m^2 pro Gramm. Eine Art ungereinigter Aktivkohle ist die Holzkohle, die Sie zum Grillen verwenden. Mit ihrer großen Oberfläche ist Aktivkohle ein ideales Adsorptionsmittel für die unterschiedlichsten Zwecke. Die Feuerwehr benutzt Aktivkohlefilter in Atemschutzmasken zum Binden von giftigen Reizgasen. In der Küche dienen solche Filter in Abzugshauben zur Beseitigung von Gerüchen. Der Notfallmediziner setzt Aktivkohle als sogenannte medizinische Kohle bei der Behandlung von Vergiftungen ein. Der im Magen-Darm-Trakt durch Adsorption gebundene Giftstoff kann nicht durch die Darmwand diffundieren und richtet daher keinen weiteren Schaden an.

Mit Aktivkohle können Sie einen einfachen »Zaubertrick« vorführen. Zu einer Farbstofflösung, die Sie beispielsweise mit wenigen Tropfen Tinte in einem Becher Wasser herstellen, geben Sie einen Teelöffel Aktivkohle. Anschließend filtern Sie die Aktivkohle wieder ab, und Sie haben eine klare, farblose Lösung, da der Farbstoff an der Oberfläche der Aktivkohle haften bleibt.

Die Adsorptionsisotherme nach Freundlich

Das Fließgleichgewicht zwischen Adsorption und Desorption hängt von verschiedenen Einflussgrößen ab:

✔ Die Teilchendichte, also die Anzahl der frei beweglichen Moleküle pro Volumen, bestimmt die Trefferquote auf die Feststoffoberfläche und damit die Geschwindigkeit der Adsorption. Bei Lösungen ist die Teilchendichte durch die Konzentration gegeben, bei Gasen durch den Druck.

✔ Die Oberfläche des Feststoffs ist ebenfalls entscheidend für die Adsorption. Je größer die verfügbare Oberfläche ist, desto höher ist die Adsorptionsgeschwindigkeit. Wenn Sie die Fläche nicht kennen, können Sie bei pulverförmigen Feststoffen die Masse als Bezugsgröße verwenden.

✔ Durch bereits adsorbierte Moleküle wird die freie Oberfläche vermindert. Bei einer Erhöhung der Lösungskonzentration steigt die Adsorptionsgeschwindigkeit weniger stark an.

✔ Die Geschwindigkeit der Desorption ist im Fließgleichgewicht gleich der Geschwindigkeit der Adsorption.

✔ Die Temperatur beeinflusst sowohl die Adsorptionsgeschwindigkeit als auch die Desorptionsgeschwindigkeit. Bei Messungen des Adsorptionsgleichgewichts müssen Sie daher immer bei gleicher Temperatur arbeiten, wissenschaftlich ausgedrückt unter isothermen Bedingungen.

Als *Adsorptionsisotherme* bezeichnet der Physikochemiker den Graphen oder die Formel zur Beschreibung des Gleichgewichts zwischen der adsorbierten Stoffmenge an der Oberfläche der Feststoffphase und der Stoffmengenkonzentration der umgebenden flüssigen oder gasförmigen Phase bei konstanter Temperatur.

Der deutsche Physikochemiker Herbert Freundlich veröffentlichte im Jahr 1907 eine wissenschaftliche Untersuchung zur Adsorption in Lösungen. Aus Experimenten leitete er eine Formel zur Beschreibung des Zusammenhangs zwischen der Masse des adsorbierten Stoffes m_a pro Masse des Feststoffs m_s und der Konzentration C der Lösung her:

$$\frac{m_a}{m_s} = K_F \cdot C^N$$

oder

$$\frac{m_a}{m_s} = K_F \cdot C^{\frac{1}{n}}$$

Die Konstante K_F ist der Freundlich-Koeffizient, der Wert N ist der Freundlich-Exponent. Sie sind reine Zahlenwerte ohne anschauliche Bedeutung und dienen zur Anpassung der Funktionsgleichung an die Messwerte. In der Literatur finden Sie auch den Kehrwert 1/n als Exponenten, um für n Zahlenwerte >1 anzugeben. Die grafische Darstellung des Funktionsverlaufs ähnelt der der Quadratwurzelfunktion (siehe Abbildung 7.12).

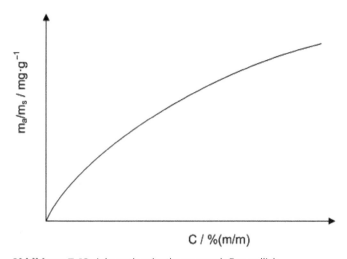

Abbildung 7.12: Adsorptionsisotherme nach Freundlich

Bei einer logarithmischen Achseneinteilung erhalten Sie anstelle der gebogenen Funktionskurve eine Gerade. Wie das funktioniert und welchen Vorteil das bietet, können Sie in Kapitel 3 im Abschnitt *Der Mathe-Trick mit dem Logarithmus* nachlesen.

In logarithmierter Form sieht die Funktionsgleichung der Adsorptionsisotherme nach Freundlich folgendermaßen aus:

$$\lg\,(m_a/m_s) = \lg K_F + N \cdot \lg C$$

Bei Langmuir wird der Platz knapp

Herbert Freundlich hatte für seine Adsorptionsversuche eine Formel gesucht, die mit möglichst wenig Konstanten auskommt und den Kurvenverlauf gut wiedergibt. Seine Adsorptionsgleichung funktioniert sehr gut bei verdünnten Lösungen. Bei stärker konzentrierten Lösungen oder unter hohem Druck stehenden Gasen würde seine Gleichung aber einen unbegrenzten Anstieg der adsorbierten Masse voraussagen. Das widerspricht der theoretischen Überlegung, dass die Adsorptionsgeschwindigkeit mit steigender Belegung der Oberfläche abnimmt. Bei sehr hohen Konzentrationen ist die Oberfläche praktisch vollständig belegt, und die ankommenden Moleküle können nur noch freie Flächen zur Adsorption finden, wenn gerade ein Platz durch Desorption frei geworden ist.

Aus diesen Überlegungen leitete der US-amerikanische Physikochemiker Irving Langmuir eine Gleichung her, die bei steigender Konzentration das Adsorptionsverhalten bis zur Ausbildung einer vollständigen Oberflächenbelegung beschreibt. Bei der maximalen Belegung bilden die adsorbierten Moleküle einen Film auf der Oberfläche, einen sogenannten *Monolayer* (sinngemäß: Einzelschicht).

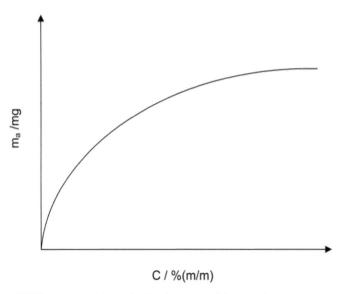

C / %(m/m)

Abbildung 7.13: Adsorptionsisotherme nach Langmuir

$$m_a = \frac{m_{max} \cdot K_L \cdot C}{1 + K_L \cdot C}$$

Die Formel sieht auf den ersten Blick kompliziert aus. Aber zwei einfache Überlegungen können Ihnen den Kurvenverlauf verständlich machen:

✔ Bei sehr niedriger Konzentration C der Lösung ist der Nenner des Bruchs $1 + K_L \cdot C$ praktisch gleich 1. (Einen Wert von 1,0001 würden Sie auch auf 1 abrunden!) Sie haben damit eine Geradengleichung, wobei die adsorbierte Stoffmenge m_a proportional zur Konzentration C ansteigt. Die Langmuir-Konstante K_L multipliziert mit der Konstanten

m_{max} bildet die Steigung der Geraden (im Gegensatz zum Freundlich-Koeffizienten ist die Langmuir-Konstante also nicht dimensionslos).

✔ Bei sehr hoher Konzentration C der Lösung wird der Nenner des Bruchs $1 + K^L \cdot C$ praktisch gleich $K_L \cdot C$. (Wenn Sie ein Monatseinkommen von einer Million Euro hätten, wäre eine Erhöhung um 1 Euro für Sie vernachlässigbar.) Da nur noch $K_L \cdot C$ im Nenner steht, können Sie mit dem $K_L \cdot C$ im Zähler kürzen. Die Funktionsgleichung lautet dann $m_a = m_{max}$. Die adsorbierte Masse bleibt unabhängig von der weiter steigenden Konzentration bei der maximal möglichen Adsorptionsmasse m_{max} konstant.

Die Adsorptionsisotherme nach Langmuir beginnt also mit einem fast linearen Anstieg, der zunehmend flacher wird, bis sich die Kurve dem Maximalwert nähert (siehe Abbildung 7.13).

Es geht doch was nach BET

Ein anderer Ansatz geht davon aus, dass sich beim Erreichen der Sättigungskonzentration C_s (oder bei Gasen des Sättigungsdrucks p_s) weitere Moleküle auf den bereits adsorbierten Molekülen anlagern können und damit eine mehrschichtige Oberflächenbelegung erzeugen. Die US-amerikanischen Wissenschaftler Stephen Brunauer, Paul Hugh Emmett und Edward Teller veröffentlichten im Jahr 1938 eine Gleichung, die praktisch eine Erweiterung der Adsorptionsisotherme nach Langmuir ist. Diese nach ihren Initialen benannte BET-Gleichung korrigiert die Langmuir-Gleichung unter Berücksichtigung des Sättigungsdrucks eines Gases.

 Wie bei allen Adsorptionsisothermen können Sie auch bei der BET-Gleichung die Größen C und p gegeneinander austauschen! Welche Größe Sie in der Gleichung verwenden, hängt davon ab, ob Sie die Adsorption eines Gases oder eines gelösten Stoffes beschreiben wollen.

$$m_a = \frac{m_{max} \cdot K \cdot p}{\left(1 - \frac{p}{p_s}\right) \cdot \left(1 + K \cdot p - \frac{p}{p_s}\right)}$$

Diese Formel ist zugegebenermaßen wirklich etwas kompliziert. Trauen Sie sich trotzdem zwei Überlegungen zu!

✔ Solange der Druck p viel kleiner als der Sättigungsdruck p_s ist, bleibt der Wert p/p_s fast null. Dann ist die Gleichung identisch mit der Langmuir-Gleichung.

✔ Wenn der Druck p sich dem Sättigungsdruck p_s annähert, wird der Wert p/p_s annähernd 1. Der linke Klammerausdruck im Nenner und damit der gesamte Nenner geht gegen null. Der gesamte Bruch steigt unbegrenzt an.

Der in Abbildung 7.14 gezeigte Kurvenverlauf gleicht bei niedrigen Drucken der Adsorptionsisotherme nach Langmuir. Die adsorbierte Masse m_a strebt zunächst eine monomolekulare Oberflächenbelegung mit der Masse m_{max} an. Je nach Größe des Sättigungsdrucks geht der Kurvenverlauf früher oder später in einen starken Anstieg über.

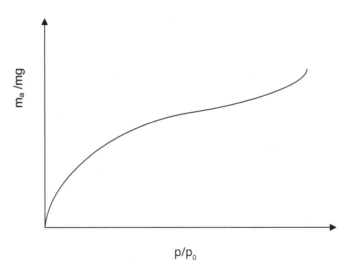

Abbildung 7.14: Adsorptionsisotherme nach BET

Die Adsorptionsisotherme nach BET können Sie nutzen, um die Oberfläche eines porösen Pulvers zu messen. Mit einem sogenannten *Areameter* bestimmen Sie durch Messungen einer Druckverminderung die adsorbierte Menge eines Gases, beispielsweise Stickstoff, die zur Ausbildung einer vollständigen Oberflächenbelegung des Feststoffs ausreicht. Diese Menge ist proportional zur belegten Fläche. Sie können also mit den bekannten Daten Ihres adsorbierten Gases aus den gemessenen Druckwerten direkt die spezifische Oberfläche des Feststoffs in $m^2 \cdot g^{-1}$ berechnen.

Kapitel 8
Übungen

Sind Sie bereit für eine Prüfung? In diesem Kapitel wagen Sie sich an Klausuraufgaben heran, die durchaus knifflig sind. Im Gegensatz zu einer »echten« Prüfungsklausur können Sie aber jederzeit den Hinweisen auf die benötigten Kenntnisse aus den Kapiteln in Teil II nachgehen. Außerdem haben Sie keine Benotung zu befürchten.

Sie finden im Aufgabentext eine ausführliche Erklärung zur Aufgabenstellung und genügend Tipps für den Lösungsweg. Ich habe keinen Zweifel, dass Sie die Aufgaben aus den Bereichen Osmolarität, Adsorption, Mehrphasensysteme und Verteilung erfolgreich bearbeiten werden. Die fertigen Lösungen finden Sie im Anhang B.

Isotonisierung einer Arzneistofflösung

In Kapitel 6 im Abschnitt *Osmotischer Druck* erfahren Sie, dass Mikroorganismen und Körperzellen in einer wässrigen Umgebung nur überleben können, wenn der osmotische Druck innerhalb und außerhalb der Zellen annähernd gleich ist. Im menschlichen Organismus erreichen Sie diese sogenannte Isotonie durch beliebige gelöste Stoffe mit einer Gesamtkonzentration von 0,288 osm/kg. Die Größe Osmol (Einheit osm) gibt die Stoffmenge aller gelösten Einzelteilchen an. Bei Nichtelektrolyten wie Traubenzucker (Glukose), die als »ganze« Moleküle in Lösung gehen, gilt 1 osm = 1 mol. Bei Elektrolyten (Salzen) müssen Sie die Stoffmenge mit der Anzahl der beim Auflösen gebildeten Ionen (Van-der-Waals-Faktor i) multiplizieren, es gilt daher 1 osm $=$ 1 mol $\cdot$ i. In stark verdünnten Lösungen von Salzen, die aus zwei Ionen aufgebaut sind, ist i = 2.

 Im Abschnitt *Vom Mol zum Osmol und zurück* des Kapitels 6 finden Sie eine schrittweise Anleitung für die Umrechnung.

In der folgenden Übungsaufgabe sollen Sie die Rezepturzusammensetzung für eine isotonische Injektionslösung berechnen, die ein Zahnarzt zur örtlichen Betäubung (Lokalanästhesie) einsetzen kann. Da eine stark verdünnte Lösung vorliegt, können Sie folgende Vereinfachungen anwenden:

✔ Der Van-der-Waals-Faktor i ist 2.

✔ Die Molalität (mol/kg) ersetzen Sie durch die Molarität (mol/l).

✔ Den Prozentgehalt (g/100 g) ersetzen Sie durch die Massenkonzentration (g/100 ml).

Übungsaufgabe 8.1

Sie sollen 20 ml einer sterilen, isotonischen Lidocainhydrochlorid-Lösung 2 % (m/m) herstellen. Der Wirkstoff ist ein Salz, das aus zwei Ionen aufgebaut ist. Die Molmasse ist 270,8 g/mol. Zur Einstellung der Isotonie verwenden Sie Kochsalz (NaCl, Molmasse 58,5 g/mol, i = 2). Das Lösungsmittel ist Wasser für Injektionszwecke (hochreines, steriles Wasser).

Berechnen Sie die Einwaagen der drei Rezepturbestandteile für die Herstellung von 20 ml Lösung!

(Am besten führen Sie alle Berechnungen für einen Ansatz von einem Liter durch und berechnen zum Abschluss die Rezeptur für 20 ml.)

Die Rezepturzusammensetzung ist:

Lidocainhydrochlorid	_____ g
NaCl	_____ g
Wasser für Injektionszwecke	zu 20 ml auffüllen

Noch mal Vorsicht! Logarithmische Auswertung eines Adsorptionsversuchs

In Kapitel 7 stelle ich Ihnen mehrere Adsorptionsisothermen vor, die bei konstanter Temperatur das Gleichgewicht zwischen einer gelösten Substanz und der an eine Feststoffoberfläche gebundene Substanz beschreiben. Für die Auswertung des folgenden Adsorptionsversuchs sollen Sie die Adsorptionsisotherme nach Freundlich anwenden. Bei der Auftragung der experimentell bestimmten Wertepaare in einem logarithmisch eingeteilten Diagramm können Sie eine Ausgleichsgerade durch die Punkte legen. Die beiden Konstanten K und N für die Funktionsgleichung nach Freundlich bestimmen Sie durch Ablesen des Schnittpunkts mit der y-Achse (Achtung! Bei logarithmischer x-Achse ist dort der x-Wert = 1) und die Berechnung der Geradensteigung (Achtung! Abgelesene Wertepaare logarithmieren).

Eine ausführliche Anleitung zum Umgang mit logarithmischen Diagrammen finden Sie in Kapitel 4, die Adsorptionsgleichung nach Freundlich in normaler und logarithmierter Form in Kapitel 7.

Versuchsbeschreibung: In einem Laborversuch werden vier Ausgangslösungen des Stoffes Natriumsalicylat mit jeweils 1 g Aktivkohle versetzt und anschließend im Schüttelwasserbad bei 20 °C ungefähr 5 Minuten hin und her bewegt. Dabei stellt sich ein Gleichgewicht zwischen der adsorbierten Menge und der entsprechend verminderten Konzentration der Lösungen ein. Die Gleichgewichtskonzentrationen werden nach dem Abfiltern der Aktivkohle analytisch gemessen.

Die für die Auswertung benötigten Werte der Ausgangs- und Gleichgewichtskonzentrationen finden Sie tabelliert in der Übungsaufgabe. Die Adsorptionswerte müssen Sie noch berechnen.

Übungsaufgabe 8.2

Bei einem Adsorptionsversuch mit vier Natriumsalicylatlösungen (jeweils 100 ml) und jeweils 1 g Aktivkohle erhalten Sie die in Tabelle 8.1 aufgeführten Messwerte. Berechnen Sie die fehlenden Adsorptionswerte. Bestimmen Sie durch grafische Auswertung im logarithmischen Diagramm (siehe Abbildung 8.1) die Konstanten K und N für eine Adsorptionsisotherme nach Freundlich.

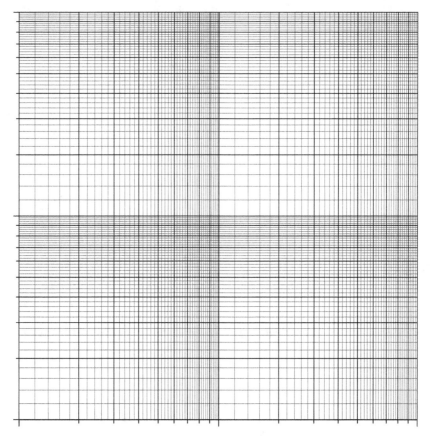

Abbildung 8.1: Logarithmisches Übungsdiagramm

Ausgangslösungen (100 ml) C [mg/100ml]	Gleichgewichtskonzentration C_L [mg/100ml]	Adsorption m_a/m_s [mg/g$_{Aktivkohle}$]
0,5	0,183	
1,0	0,459	
1,5	0,795	
2,5	1,425	

Tabelle 8.1: Messwerte des Adsorptionsversuchs

Experimentelle Erstellung eines Dreiecksdiagramms

In Kapitel 7 stelle ich Ihnen ein Dreikomponentendiagramm vor, das die Zusammensetzung einer Mischung in einer Dreiecksform darstellt. Bei zwei nicht miteinander mischbaren Flüssigkeiten (hydrophil/lipophil) können Sie mit einer dritten Flüssigkeit, die mit den beiden anderen Flüssigkeiten mischbar ist, eine einphasige Mischung herstellen. Die Grenzlinie im Diagramm, die einphasige von zweiphasigen Mischungen abgrenzt, heißt *Binodallinie*.

In einem Praktikumsversuch ermitteln Sie experimentell die Binodallinie für das System Wasser/Butanol/Essigsäure. Wasser und Butanol bilden Zweiphasenmischungen. Da es aber keine absolute Nichtmischbarkeit von zwei Flüssigkeiten gibt, bestimmen Sie zunächst die Löslichkeit von Butanol in Wasser und umgekehrt. Dazu geben Sie in einem verschließbaren Reagenzglas zu 10 ml der reinen Flüssigkeiten tropfenweise aus einer Bürette die jeweils andere Flüssigkeit und schütteln die Mischung nach jedem Tropfen kräftig durch. Sobald die Mischung nach dem Schütteln trüb bleibt, haben Sie den Übergang vom Einphasensystem zum Zweiphasensystem erreicht. Danach stellen Sie vier Zweiphasenmischungen aus Wasser und Butanol her und geben jeweils tropfenweise aus einer Bürette Eisessig (reine Essigsäure) dazu. Den Übergang zu Einphasensystemen haben Sie erreicht, sobald nach dem Schütteln eine klare Lösung entsteht.

Übungsaufgabe 8.3

Im Laborversuch beobachten Sie für Mischungen von Wasser (Dichte 1,0 g/ml), Butanol (Dichte 0,8 g/ml) und Eisessig (Dichte 1,05 g/ml) bei den in Tabelle 8.2 aufgeführten Messwerten (kursiv dargestellt) eine Änderung des Phasensystems. Berechnen Sie aus den gemessenen Volumenwerten die Massen der Komponenten und die Gehalte (g/100 g) der Mischungen. Tragen Sie die Mischungen in das Dreiecksdiagramm in Abbildung 8.2 ein und verbinden Sie die Punkte zu einer Binodallinie.

Mi- schung	Wasser/ ml = g	Buta- nol/ml	Buta- nol/g	Eises- sig/ml	Eis- essig/g	Wasser %(m/m)	Butanol %(m/m)	Eisessig %(m/m)
1	10,0	*1,0*		0	0			0
2	*2,0*	10,0		0	0			0
3	2,0	8,0		*0,7*				

Mi-schung	Wasser/ ml = g	Buta-nol/ml	Buta-nol/g	Eises-sig/ml	Eis-essig/g	Wasser %(m/m)	Butanol %(m/m)	Eisessig %(m/m)
4	4,0	6,0		1,6				
5	6,0	4,0		1,7				
6	8,0	2,0		1,5				

Tabelle 8.2: Messwerte für Mischungen von Wasser, Butanol und Eisessig, bei denen eine Änderung des Phasensystems auftritt

Um Ihnen die Aufgabe zu erleichtern, gebe ich Ihnen noch zwei Hilfestellungen.

1. Berechnungen für Mischung 3:

   ✔ Butanol: $8\,\text{ml} \cdot 0,8\,\text{g/ml} = 6,4\,\text{g}$; Eisessig: $0,7\,\text{ml} \cdot 1,05\,\text{g/ml} = 0,735\,\text{g}$

   ✔ Gesamtmenge: $2\,\text{g Wasser} + 6,4\,\text{g Butanol} + 0,735\,\text{g Eisessig} = 9,135\,\text{g}$

   ✔ Wassergehalt: $2\,\text{g}/9,135\,\text{g} = 21,9\,\text{g}/100\,\text{g} = 21,9\,\%\,(\text{m/n})$, gerundet

   ✔ Butanolgehalt: $6,4\,\text{g}/9,135\,\text{g} = 70,1\,\text{g}/100\,\text{g} = 70,1\,\%(\text{m/n})$, gerundet

   ✔ Eisessiggehalt: $0,735\,\text{g}/9,135\,\text{g} = 8\,\text{g}/100\,\text{g} = 8,0\,\%(\text{m/n})$, gerundet

   Achtung! Die drei Prozentwerte müssen in der Summe 100 % ergeben.

2. Im Dreiecksdiagramm lesen Sie den Wassergehalt auf der unteren Seite ab. Die Linien verlaufen nach links oben. Die rechte Dreiecksseite gibt den Butanolgehalt an. Die Linien verlaufen nach links unten. Die linke Dreiecksseite gibt den Eisessiggehalt an. Die Linien verlaufen parallel zur Grundseite.

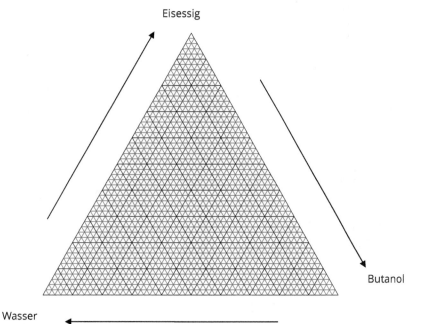

Abbildung 8.2: Dreiecksdiagramm Wasser/Butanol/Eisessig

Nicht so einfach, wie es scheint! Ausschütteln mit Ether

In Kapitel 6 stelle ich Ihnen den Nernst'schen Verteilungskoeffizienten K vor, der das konstante Verhältnis der Stoffmengenkonzentrationen c (mol/L) eines Stoffes bei einer Verteilung zwischen zwei flüssigen Phasen angibt.

Bei bekanntem Verteilungskoeffizienten können Sie die Extraktion eines Stoffes aus einem hydrophilen Lösungsmittel mit einem lipophilen Extraktionsmittel berechnen.

 Der Verteilungskoeffizient K_{EW} für eine Substanz im System Ether/Wasser ist definiert als: $K_{EW} = \dfrac{c_{Ether}}{c_{Wasser}}$

Die folgende Übungsaufgabe kann den Studierenden trotz der scheinbar einfachen Formel erhebliche Schwierigkeiten bereiten. Das Problem ist, dass Sie als c_{Wasser} nicht einfach die Konzentration der wässrigen Ausgangslösung in die Gleichung einsetzen dürfen. Die Konzentration im Wasser beschreibt den Gleichgewichtszustand nach der Verteilung.

 Übungsaufgabe 8.4

Aus 500 ml einer 0,5-molaren wässrigen Lösung soll der gelöste Stoff A durch Ausschütteln mit Ether extrahiert werden. Der Ether/Wasser-Verteilungskoeffizient ist 10. Berechnen Sie die Konzentration des Stoffes A im Ether nach einmaligem Ausschütteln mit 500 ml Ether sowie nach zweimaligem Ausschütteln mit je 250 ml Ether und anschließender Vermischung der beiden Etherextrakte.

Hinweis: Berechnen Sie die Stoffmenge n_{gesamt} vor jedem Extraktionsschritt mit der Formel $c = n/V$ oder $n = c \cdot V$. Im Gleichgewicht ist die Stoffmenge im Wasser n_{Wasser} gleich der Stoffmenge n_{gesamt} minus der Stoffmenge im Ether n_{Ether}.

Ergebnis:

Beim einmaligen Ausschütteln sind in 500 ml Ether _____ mol A enthalten.

Beim zweimaligen Ausschütteln sind in 500 ml Ether _____ mol A enthalten.

Teil III
Reaktionskinetik

... geht es hauptsächlich um chemische Reaktionen. Sie lernen, unter welchen Voraussetzungen Stoffe miteinander reagieren können. Vor allem aber erfahren Sie, wie die Geschwindigkeit einer Reaktion beschrieben wird. Damit können Sie berechnen, nach welcher Zeit noch wie viel Ausgangsstoff übrig ist und wie viel Produkt gebildet wurde.

Sie werden mit Begriffen wie Aktivierungsenergie, Reaktionsordnung und Halbwertszeit vertraut und können in den nachfolgenden Übungen unter Beweis stellen, dass Sie das Erlernte zur Auswertung von Messdaten nutzen können.

Kapitel 9
Lassen Sie es krachen: Die chemische Reaktion

In diesem Kapitel lassen Sie zwei Ausgangsmoleküle oder -atome aufeinanderprallen. Die dabei auftretenden Anziehungs- und Abstoßungskräfte stellen Sie in einem Diagramm dar. Dabei erkennen Sie die energetischen Voraussetzungen für eine chemische Reaktion. Sie verstehen, wozu der Funke zum Entzünden einer Verbrennung dient, und warum die Verbrennungsreaktion danach von alleine weitergeht.

Wer mit wem und wohin: Edukte und Produkte

Bei einer chemischen Reaktion entstehen aus einem oder mehreren Ausgangstoffen ein oder mehrere neue Stoffe.

Der Chemiker bezeichnet die miteinander reagierenden Ausgangsstoffe als *Edukte* oder *Reaktanden*. Die bei der Reaktion neu gebildeten Stoffe heißen *Produkte*.

Die Produkte sind Substanzen mit gegenüber den Edukten völlig veränderten Eigenschaften.

Hier einige Beispiele:

✔ Aus dem Metall Natrium und dem Gas Chlor entsteht das feste Produkt Kochsalz (Natriumchlorid, NaCl)

✔ Aus den beiden Gasen Wasserstoff und Sauerstoff entsteht die Flüssigkeit Wasser (H_2O)

✔ Aus dem Feststoff Calciumcarbonat ($CaCO_3$) entstehen beim Erhitzen der Feststoff Calciumoxid (CaO) und das Gas Kohlendioxid (CO_2).

Die meisten dieser Reaktionen sind mit der Abgabe oder dem Verbrauch von Energie in Form von Wärme (und/oder Licht) und mit einer Volumenänderung verbunden.

Chemiker benutzen hierbei die Formelschreibweise:

Edukte $\rightarrow$ Produkte

$2Na + Cl_2 \rightarrow 2NaCl$

$2H_2 + O_2 \rightarrow 2H_2O$

$CaCO_3 \rightarrow CaO + CO_2$

Vielleicht kennen Sie noch aus Ihrer Schulzeit die Reaktion von Wasserstoff und Sauerstoff zu Wasser. Der Name *Knallgasreaktion* sagt eigentlich schon sehr treffend, warum dieses Chemieexperiment bei Schülern ausgesprochen beliebt ist. Die beiden Gase können Sie einfach mischen, ohne dass irgendetwas passiert. Sobald Sie aber mit einem Funken das Gasgemisch entzünden, findet eine heftige Reaktion statt, die mehr oder weniger lautstark verläuft. Durch die Reaktion wird Wärme erzeugt. Der Wärmegewinn ergibt sich durch die niedrigere Energie der chemischen Bindungen des Produkts gegenüber denen der Edukte.

 Wenn bei einer chemischen Reaktion Energie freigesetzt wird, bezeichnet der Chemiker diese als *exotherm*. Wird hingegen Energie für die Bildung der Produkte verbraucht, ist die Reaktion *endotherm*. Die durch die Reaktion freigesetzte oder verbrauchte Energie wird als *Reaktionsenthalpie* bezeichnet. Diese wird üblicherweise in kJ $\cdot$ mol^{-1} (Kilojoule pro Mol) angegeben. (In Teil IV über die Thermodynamik erfahren Sie mehr über die Enthalpie.)

Da immer ein möglichst energiearmer Zustand angestrebt wird, sollte die Reaktion spontan ablaufen. Warum geschieht das nicht? Wozu wird der Funke benötigt? Welche Bedingungen müssen überhaupt erfüllt sein, damit Atome oder Moleküle miteinander reagieren können?

Die zwei Akteure prallen aufeinander

Bei Atomen und Molekülen ist es wie im richtigen Leben: Damit es mit dem Traumpartner funkt, muss man ihn zuerst treffen. Die chemischen Akteure liegen in der Gasmischung als getrennte Teilchen vor, die relativ zu ihrer Größe sehr weit voneinander entfernt sind. Durch ihre Bewegungsenergie fliegen sie wahllos durch den Raum.

Trefferquote

 Die *Stoßtheorie* besagt, dass für das Zustandekommen einer chemischen Reaktion zwei Teilchen mit hoher Bewegungsenergie aufeinandertreffen müssen.

Die Stoßzahl S ist ein Maß für die Trefferquote. Je mehr Teilchen in einem gegebenen Volumen vorhanden sind und je schneller sich diese bewegen, umso mehr Zusammenstöße und mögliche chemische Verknüpfungen sind zu erwarten. Aber nicht jeder Zusammenstoß führt zu einer Reaktion. Wie beim Billardspiel können die Teilchen auch voneinander abprallen (elastischer Stoß). Abbildung 9.1 verdeutlicht diese beiden Möglichkeiten.

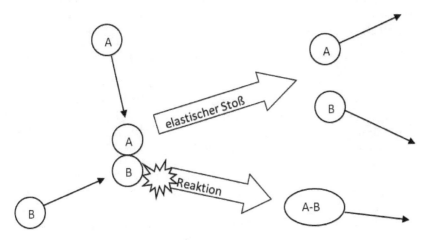

Abbildung 9.1: Elastischer Stoß oder chemische Reaktion

Zurück mit Zins: Aktivierungsenergie und Energiebilanz

Zur Vereinfachung können Sie sich Atome oder Moleküle als elastische Kugeln oder Bälle vorstellen, die im gasförmigen Zustand weit voneinander entfernt sind, sich praktisch nicht gegenseitig anziehen oder abstoßen und die sich aufgrund ihrer Wärmeenergie bewegen. Eine Temperaturerhöhung bewirkt eine Steigerung der Wärmeenergie. Vereinfacht ausgedrückt bewegen sich die Teilchen bei einer Erwärmung schneller. Durch die Bewegung kann es zu Zusammenstößen kommen. Was dabei möglich ist, zeigt Abbildung 9.2.

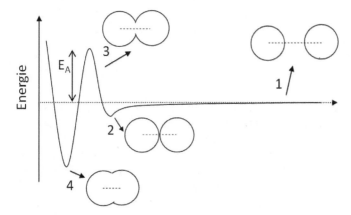

Abbildung 9.2: Energieverlaufsschema einer chemischen Reaktion

Sie können vier verschiedene Positionen der Moleküle zueinander unterscheiden:

✔ **Position 1:** Bei Annäherung treten Wechselwirkungen zwischen den Atomen aufgrund gegenseitiger Anziehungskräfte auf, die allerdings sehr gering sind. Die potenzielle Energie sinkt durch die Annäherung, ähnlich wie bei einem fallenden Stein, der von der Erdanziehungskraft angezogen wird.

✔ **Position 2:** Der energetisch günstigste Zustand für zwei Moleküle ist gegeben, wenn die Moleküle direkt aneinanderliegen.

✔ **Position 3:** Eine noch weitere Annäherung ist energetisch ungünstig und bewirkt eine sehr starke Abstoßung durch die gleich geladenen Elektronenhüllen. Wenn die Bewegungsenergie nicht groß genug ist, fliegen die Atome wieder voneinander weg, wie zwei Bälle, die gegeneinanderstoßen und dann wegfliegen.

✔ **Position 4:** Bei einer chemischen Reaktion zwischen den beiden Molekülen muss diese Abstoßung überwunden werden, um eine »Verschmelzung« der beiden Moleküle zu erreichen. Dazu muss die Bewegungsenergie beim Zusammenstoß genügend groß sein. Die nötige Energie zur Auslösung der Reaktion wird als *Aktivierungsenergie* E_A bezeichnet. Beim Zustandekommen der Reaktion wird aber durch das Knüpfen von neuen chemischen Bindungen wieder Energie gewonnen. Nach der Reaktion liegt bei einem bestimmten Abstand der Atomzentren, der sogenannten *Bindungslänge*, ein energetisches Minimum vor.

Bei einer Unterschreitung der optimalen Bindungslänge steigt die Energie aufgrund der Abstoßung der positiv geladenen Atomkerne wieder an.

Die Energiebilanz

Wie Sie sehen, ist die Energie des Produkts (Position 4) niedriger ist als die Energie der Edukte (Position 1). Die gewonnene Energie wird freigesetzt (exotherme Reaktion). Die freigesetzte Energie kann als Wärme die Bewegungsenergie im System erhöhen und durch elastische Stöße andere Teilchen zur Reaktion anregen. Der kleine Anschub durch einen Funken kann also einen ganzen Waldbrand auslösen.

Stabile und metastabile Produkte

Sie können Abbildung 9.2 auch von links nach rechts interpretieren. Eine chemische Verbindung wird sich dann in zwei getrennte Stoffe zersetzen. Um von Position 4 zu Position 1 zu gelangen, muss aber ein höherer »Energieberg« bezwungen werden. Durch Aufnahme von Wärmeenergie, beispielsweise durch elektromagnetische Strahlung (siehe Kapitel 19) oder elastische Zusammenstöße mit anderen Molekülen, kann also eine Aktivierungsenergie auch in Richtung des ungünstigeren Zustands überwunden werden. Wenn ausreichend Energie zur Verfügung steht, wird sich überwiegend der energetisch günstigste (niedrigste) Zustand als thermodynamisch stabilste Form einstellen. Steht aber keine Aktivierungsenergie zur Verfügung, bleibt der energetisch ungünstigere Zustand bestehen. Dieses Verhalten wird als *metastabil* bezeichnet.

Schritt für Schritt

Betrachten Sie nun noch einmal mit den neu gewonnenen Erkenntnissen die Knallgasreaktion. Diese ist doch wesentlich komplizierter, als es auf den ersten Blick scheint. Die Knallgasreaktion startet mit der folgenden Reaktion:

$$H2 \rightarrow H + H$$

Unter Energieaufnahme wird das Wasserstoffmolekül in zwei Wasserstoffatome gespalten, die als Radikale sehr reaktiv sind. Das Vorliegen ungepaarter Elektronen in Radikalen können Sie an dem Punkt in der Formelschreibweise erkennen.

 Atome oder Moleküle mit ungepaarten Einzelelektronen auf der äußersten Elektronenschale bezeichnet der Chemiker als *Radikale*. Da bei diesen aufgrund der ungepaarten Elektronen ein energetisch sehr ungünstiger Zustand vorliegt, greifen die Radikale andere Moleküle an, um Elektronenpaar-Bindungen zu bilden. Dabei entsteht aber wieder ein neues Radikal, es sei denn, der Reaktionspartner ist selbst ein Radikal. Der erste Fall führt zu einer Kettenreaktion, der zweite zu einer Abbruchreaktion.

Nun beginnt eine radikalische Kettenreaktion, bei der am Ende neben dem Wassermolekül wieder zwei H-Radikale übrig bleiben. Die einzelnen Schritte der Knallgasreaktion sind:

✔ Startreaktion: $H\cdot + O_2 \rightarrow OH + O\cdot$

✔ Kettenreaktion: $O\cdot + H_2 \rightarrow \cdot OH + H\cdot$

✔ Kettenreaktion: $OH + H_2 \rightarrow H_2O + H\cdot$

✔ Abbruchreaktion: $H\cdot + OH \rightarrow H_2O$

In der Kürze liegt die Würze

Sie haben in diesem Kapitel gelernt, dass

✔ durch chemische Reaktionen aus Edukten (= Reaktanden) Produkte gebildet werden.

✔ bei der Entstehung und Trennung von chemischen Bindungen Energie frei oder verbraucht werden kann (exotherm oder endotherm).

✔ zum Zustandekommen einer Reaktion die Moleküle mit genügend hoher Energie (Aktivierungsenergie) zusammenstoßen müssen (Stoßtheorie).

✔ chemische Reaktionen meist aus mehreren Teilreaktionen bestehen.

Neben der Trefferquote ist die Aktivierungsenergie das entscheidende Kriterium für die Geschwindigkeit der einzelnen Teilreaktionen. Die Geschwindigkeit der Gesamtreaktion hängt praktisch nur vom langsamsten Reaktionsschritt ab, der als der *geschwindigkeitsbestimmende Schritt* bezeichnet wird. Wie Sie die Geschwindigkeit einer Reaktion mathematisch beschreiben können, erfahren Sie in Kapitel 10.

Kapitel 10
Wer mit wem – die Reaktionsordnung

Nehmen Sie einmal eine kürzlich gekaufte Schachtel Kopfschmerztabletten in die Hand und schauen Sie auf das Haltbarkeitsdatum. Sie werden beruhigt feststellen, dass die Tabletten noch ein bis drei Jahre verwendbar sind. Wahrscheinlich haben Sie noch nie darüber nachgedacht, woher die Herstellerfirma weiß, wann das Medikament verfallen sein wird. Und schon gar nicht, warum es überhaupt abläuft. Bei einem überlagerten Lebensmittel können Sie noch sehen oder riechen, dass Schimmelpilze oder Bakterien ganze Arbeit geleistet haben. Aber was kann schon einem festen, scheinbar luft- und wasserdicht verpackten Arzneimittel passieren? Oder ein anderes Beispiel: Woher weiß der Archäologe, wann der Urmensch gelebt hat, von dem er nur ein paar Knochenfragmente ausgegraben hat? Ganz einfach: Die Wissenschaftler haben Methoden entwickelt, mit denen sie aus wenigen Analysedaten die Zukunft oder die Vergangenheit instabiler Substanzen berechnen können. In diesem Kapitel verrate ich Ihnen, welche geheimnisvollen Gleichungen die Forscher in den Chemielaboren anwenden. Sie lernen die Formeln zu verstehen und anzuwenden, mit denen Wissenschaftler Zerfallsprozesse analysieren. Ich kann es Ihnen nicht ersparen – jetzt wird es mathematisch! Die Reaktionskinetik soll es Ihnen ermöglichen, bei einer chemischen Reaktion den zeitlichen Verlauf der Konzentration der Ausgangsstoffe und der Produkte zu berechnen.

Einer für Alle

In Kapitel 9 erfahren Sie, dass eine chemische Reaktion einen Zusammenstoß der Atome oder Moleküle der Ausgangsstoffe erfordert. Die Anzahl der Zusammenstöße hängt von der Anzahl der Teilchen pro Volumen ab. Selbstverständlich können Sie die Teilchen nicht zählen. Aber glücklicherweise ist die Avogadro-Zahl schon entdeckt, die besagt, dass ein Mol einer beliebigen Substanz immer $6{,}022 \cdot 10^{23}$ Teilchen enthält. Sie können also für die Berechnungen einfach die Konzentration in mol/l oder nach Umrechnung in g/l als Maß für die Teilchendichte einsetzen.

Da Reaktionen stöchiometrisch (also in festgelegten molaren Verhältnissen aller Reaktionspartner) verlaufen, sind mit der Konzentrationsabnahme eines Edukts gleichzeitig die Konzentrationsabnahme aller weiteren Reaktanden und die Konzentrationszunahme der Produkte beschrieben.

Zum Beispiel: Zuckerinvertierung

A		B			C		D
Saccharose	+	Wasser	$\xrightarrow{\ H^+\ }$		Glukose	+	Fruktose
$C_{12}H_{22}O_{11}$	+	H_2O			$C_6H_{12}O_6$	+	$C_6H_{12}O_6$

Der normale Haushaltszucker Saccharose (Rohrzucker, auch wenn er bei uns überwiegend aus Zuckerrüben und nicht aus Zuckerrohr gewonnen wird) zerfällt in erwärmter wässriger Lösung bei Zugabe einer Säure in Glukose (Traubenzucker) und Fruktose (Fruchtzucker).

Wenn in einer Stunde durch die Reaktion ein Mol Saccharose umgesetzt wird, wird im gleichen Zeitraum ein Mol Wasser umgesetzt sowie ein Mol Glukose und ein Mol Fruktose gebildet. Sie müssen also nur die Konzentration der Saccharose zu einem beliebigen Zeitpunkt messen und kennen dann auch die Konzentrationen der beiden anderen Zucker.

Reaktionen erster und pseudoerster Ordnung

Die Ordnung einer Reaktion ist nichts weiter als die Anzahl der reagierenden Stoffe, von deren Menge oder Konzentration die Geschwindigkeit der Reaktion abhängt. Wenn Sie also von einer Reaktion erster Ordnung hören, dann ist eine Reaktion gemeint, an der nur ein Ausgangsstoff beteiligt ist, dessen Menge oder Konzentration im Lauf der Reaktion abnimmt. Dies ist beispielsweise typisch für die Zersetzungsreaktion einer Substanz ohne die Beteiligung einer zweiten Substanz. Ein Stoff A zerfällt in einen oder mehrere Stoffe:

$$A \rightarrow B (+ C + D \ldots)$$

Die Geschwindigkeit der Reaktion hängt zu jedem Zeitpunkt bei konstanter Temperatur nur von der Konzentration [A] dieses Stoffes ab. Da durch die Reaktion die Stoffmenge des Ausgangsstoffs abnimmt, verringert sich mit der Zeit die Reaktionsgeschwindigkeit.

Die Reaktionsgeschwindigkeit v ist definiert als die Änderung der Stoffkonzentration d[A] in einem unendlich kleinen Zeitintervall dt:

$$v = \frac{d[A]}{dt}$$

Vielleicht erinnern Sie sich noch mit mehr oder weniger großem Schrecken an Ihren Mathematikunterricht. Die Gleichung besagt, dass die Reaktionsgeschwindigkeit v mathematisch gesehen die erste Ableitung der Funktion [A] nach der Zeit ist. Keine Angst – Sie müssen nicht unbedingt Spezialist für Differentialrechnung sein, um den Rest des Kapitels zu verstehen!

Die Reaktionsgeschwindigkeit bei einer Reaktionskinetik erster Ordnung ist proportional zur Konzentration [A] des Reaktanden. Sie nimmt während des Reaktionsverlaufs ab.

$$\frac{d[A]}{dt} \propto [A] \quad \text{oder} \quad \frac{d[A]}{dt} = -k \cdot t$$

 Den Proportionalitätsfaktor k bezeichnet der Physikochemiker als *Reaktionsgeschwindigkeitskonstante.*

Mit unendlich kleinen Zahlen können Sie schlecht Berechnungen durchführen. Sie benötigen eine Funktionsgleichung, die eine Berechnung der Restkonzentration [A] in Abhängigkeit von der Zeit t ermöglicht.

Mathematisch betrachtet steht in der Formel, dass die erste Ableitung einer Funktion proportional zur Funktion selbst ist. Eine solche Gleichung bezeichnet der Mathematiker als *Differentialgleichung.* Er kann durch Lösen der Gleichung eine Funktion zur Berechnung der Restkonzentration [A] zu einem beliebigen Zeitpunkt herleiten. Ich will Sie hier nicht mit einer »Einführung in die höhere Mathematik« langweilen und verrate Ihnen gleich die Lösung:

$$[A] = [A_0] \cdot e^{-k \cdot t}$$

Wie Sie leicht überprüfen können, ist [A$_0$] die Anfangskonzentration. Setzen Sie einfach für die Zeit t den Wert null ein, dann wird der Exponentialterm zu e^0 (=1), und die Gleichung ergibt [A] = [A$_0$].

Beispielaufgabe

Berechnen Sie die Restkonzentration des Ausgangsstoffs nach einer Reaktionsdauer von einer Stunde bei einer Reaktionsgeschwindigkeitskonstante k = 0,04 min^{-1} und einer Anfangskonzentration [A0] $= 100$ mg/l

Lösungweg:

$[A] = 100 \text{ mg/l} \cdot e^{-0,04/\text{min} \cdot 60\text{min}}$

$[A] = 9,07 \text{ mg/l}$

Nach einer Stunde beträgt die Restkonzentration 9,07 mg/l.

Von der Reaktionsgleichung zur Halbwertszeit

In einem Diagramm können Sie den zeitlichen Verlauf der Reaktion darstellen.

Die gestrichelten Linien in Abbildung 10.1 sollen Ihnen ein charakteristisches Merkmal der Reaktionskinetik erster Ordnung verdeutlichen: Das Zeitintervall, in dem sich eine beliebige Menge oder Konzentration des Reaktanden halbiert, ist konstant.

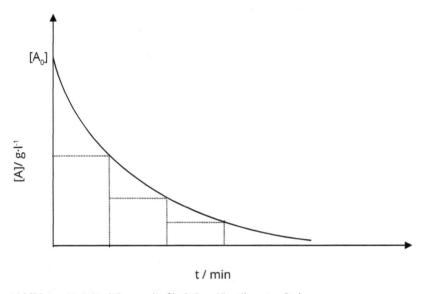

t / min

Abbildung 10.1: Reaktionsverlauf bei einer Kinetik erster Ordnung

 Die Zeit, in der sich die Ausgangskonzentration des Edukts halbiert, wird als Halbwertszeit $t_{1/2}$ oder $t_{50\%}$ bezeichnet.

Bei einer Reaktionskinetik erster Ordnung ist die Halbwertszeit unabhängig von der Ausgangskonzentration:

$$t_{1/2} = \frac{\ln 2}{k}$$

Sie können also im Verlauf der Reaktion zu einem beliebigen Zeitpunkt die Restkonzentration messen und dann vorhersagen, wann nur noch die Hälfte dieser Konzentration vorhanden sein wird.

Der Reaktionsverlauf bei einer Reaktion erster Ordnung ist also einerseits mithilfe der Reaktionsgeschwindigkeitskonstante k und andererseits über die Angabe der Halbwertszeit berechenbar. Wenn Sie nun die Wahl hätten, welche der beiden Konstanten Sie lieber zur Beschreibung des Reaktionsverlaufs verwenden, tippe ich ganz stark auf eine Bevorzugung der Halbwertszeit. Wenn Sie nicht gerade ein Mathegenie sind, ist diese Größe eben wesentlich anschaulicher, allein schon wegen der verwendeten Einheiten. Wer kann sich schon etwas unter der Angabe $k = 0{,}04\,min^{-1}$ vorstellen; eine Halbwertszeit $t_{1/2} = 30$ min gibt Ihnen aber sofort eine klare Vorstellung über die Geschwindigkeit der Reaktion.

Sie können die beiden Konstanten mithilfe der Formel für die Halbwertszeit einfach ineinander umrechnen.

Für Pfiffige mit schlechtem Gedächtnis

Sie bereiten sich auf eine Prüfung vor und haben Schwierigkeiten, sich so viele Formeln zu merken? Die Formel für die Halbwertszeit können Sie sich leicht herleiten. Setzen Sie einfach für die Restkonzentration [A] den Wert $\dfrac{[A_0]}{2}$ ein:

$$\frac{[A_0]}{2} = [A_0] \cdot e^{-k \cdot t_{1/2}}$$

Sie können nun beide Seiten der Gleichung durch [A_0] teilen und dann den Kehrwert bilden. Den Exponentialterm lösen Sie durch Logarithmieren (mit dem natürlichen Logarithmus ln) auf. Es bleibt die Gleichung:

$$\ln 2 = k \cdot t_{1/2}$$

Bei den Reaktionsgleichungen nullter und zweiter Ordnung ist die Herleitung ähnlich, nur noch einfacher, da Sie keine Exponentialterme auflösen müssen.

Strahlend: Der radioaktive Zerfall

Den Begriff Halbwertszeit kennen Sie doch irgendwo her?! Hat das nicht etwas mit Radioaktivität zu tun?

Richtig, der radioaktive Zerfall ist ein Beispiel für eine Stoffänderung, die nach einer Kinetik erster Ordnung abläuft! Es handelt sich hierbei nicht um eine chemische Reaktion, da keine Bindungen zwischen den Atomen betroffen sind, sondern um ein kernphysikalisches Phänomen.

Vom Physik- und Chemieunterricht wissen Sie, dass Atome aus einem Atomkern mit positiv geladenen Protonen und ungeladenen Neutronen sowie einer Atomhülle mit negativ geladenen Elektronen bestehen. Jedes chemische Element hat eine Ordnungszahl, die der Anzahl der Protonen entspricht. Verschiedene Isotope eines Elements unterschieden sich in der Anzahl der Neutronen. Aus dem Atomkern eines radioaktiven Stoffes können Fragmente abgestoßen werden. Diese sind entweder »kleine Atomkerne« aus zwei Protonen und zwei Neutronen, die sogenannte *Alphastrahlung*, oder Elektronen, die durch den Zerfall eines Neutrons in ein Proton und ein Elektron frei werden und die sogenannte *Betastrahlung* darstellen. Gleichzeitig wird die hierbei frei werdende Energie zum Teil als energiereiche, hochfrequente elektromagnetische Gammastrahlung abgegeben.

Da die Kernladung und damit die Ordnungszahl bei der Abstrahlung der Elementarteilchen verändert wird, entsteht dabei ein neues Element.

Ob und wann ein einzelnes Atom zerfällt, kann nicht vorhergesagt werden. Es existiert nur eine gewisse Wahrscheinlichkeit für diesen Vorgang. Bei einer großen Anzahl von Atomen führt diese Wahrscheinlichkeit zu einer definierten Anzahl von Zerfallsvorgängen, die direkt proportional zur Anzahl der Atome ist. Das ist genau die Voraussetzung, die zu einer Kinetik erster Ordnung führt. Da jeder Zerfall mit der Abgabe von Strahlung verbunden ist, kann die Restmenge des radioaktiven Stoffes über die Strahlungsmessung analytisch bestimmt werden.

Zeige mir deine Strahlung und ich sage dir, wie alt du bist

Vielleicht haben Sie sich schon einmal gefragt, woher die Archäologen wissen, wie alt das Dinosaurierskelett ist, das sie ausgegraben haben. Oder in welcher altbabylonischen Epoche der Mensch gelebt hat, von dem nur noch ein halber Kieferknochen übrig geblieben ist. Eine der ersten Methoden für die Altersbestimmung organischer Stoffe basiert auf der Messung eines radioaktiven Elements: die Radiokarbonmethode.

Die geniale Idee hatte der amerikanische Physikochemiker Libby im Jahr 1946. Er erhielt dafür 1960 den Chemienobelpreis.

Neben dem »normalen« Kohlenstoff ^{12}C mit der Ordnungszahl 6 und der Massenzahl 12 gibt es ein Kohlenstoffisotop ^{14}C mit der Massenzahl 14, dessen Kern zwei zusätzliche Neutronen enthält. Dies ist ein radioaktives Isotop, das beim Zerfall Betastrahlung abgibt und dadurch in das Element mit der nächsthöheren Ordnungszahl 7, also Stickstoff, umgewandelt wird.

$$^{14}C \rightarrow {}^{14}N + e^- + \nu^-$$

$\bar{\nu}$ (lies: nü quer) ist ein Antineutrino. Das ist ein winziges Elementarteilchen, das den Physikern zufolge bei diesem Zerfall zusätzlich freigesetzt wird. Da es praktisch nichts wiegt und so gut wie gar nicht mit Materie wechselwirkt, können Sie es ruhig vergessen. Ich habe es nur mit angegeben, damit ich keine bösen Kommentare von Kernphysikern beantworten muss.

^{14}C kommt in sehr geringer, aber konstant bleibender Menge in der Natur vor. Es verhält sich chemisch genau wie der normale Kohlenstoff, wird von Pflanzen in Form von Kohlendioxid aufgenommen, in der Photosynthese verarbeitet und gelangt über die Nahrungskette in jedes Lebewesen. Der ^{14}C-Anteil des gesamten Kohlenstoffs in jedem lebenden Organismus ist konstant. Sobald das Lebewesen stirbt, wird aber kein weiterer Kohlenstoff mehr aufgenommen, und durch den Zerfall sinkt der ^{14}C-Anteil mit einer Kinetik erster Ordnung. Das macht er übrigens ausgesprochen langsam, die Halbwertszeit des Zerfalls liegt bei 5715 Jahren.

Zur Berechnung des Alters muss nun zunächst das Verhältnis von ^{14}C zu ^{12}C in der Probe bestimmt werden. Das kann »klassisch« über die Messung der Strahlung mit einem Geigerzähler erfolgen, was aber lange dauert und eine große Probemenge erfordert. Eine moderne Methode bietet die Massenspektrometrie, bei der Atome oder Moleküle in eine Kreisbahn gebracht werden und aufgrund ihrer unterschiedlichen Massen und der daher unterschiedlichen Zentrifugalkräfte getrennt erfasst werden können.

Danach können Sie das Alter der Probe unter Einsetzen der bekannten Werte berechnen:

$$\left(\frac{^{14}C}{^{12}C}\right) = \left(\frac{^{14}C}{^{12}C}\right)_0 \cdot e^{-k\cdot t}$$

Die Geschwindigkeitskonstante oder Zerfallskonstante k hat den Wert von $1{,}21 \cdot 10^{-4}\,a^{-1}$ (a = Jahr).

Der Anteil des Radiokarbons in der Natur $\left(\frac{^{14}C}{^{12}C}\right)_0$ beträgt $1 \cdot 10^{-12}$.

Wenn Ihr Messwert für den Anteil des radioaktiven Kohlenstoffs in der Probe des Kieferknochens $0{,}3 \cdot 10^{-12}$ beträgt, erhalten Sie nach Einsetzen der Zahlenwerte die Gleichung:

$$0{,}3 \cdot 10^{-12} = 10^{-12} \cdot e^{-1{,}21\cdot 10^{-4}\cdot t}$$

Die Auflösung nach t ergibt:

$$t = \frac{\ln 0{,}3}{-1{,}21 \cdot 10^{-4}}$$

Ihr Taschenrechner wird Ihnen nun verraten, dass der Kieferknochen 9950 Jahre alt ist.

Zersetzende Flüssigkeit: Die Hydrolyse

Vielleicht fällt Ihnen einmal beim Stöbern in einer alten Umzugskiste eine Packung Kopfschmerztabletten in die Hände, deren Ablaufdatum fünf Jahre zurückliegt. Wenn Sie keine Magenkrämpfe bekommen wollen, sollten Sie die Tabletten auf keinen Fall mehr verwenden! Entnehmen Sie aber trotzdem einmal eine der eingesiegelten Tabletten und riechen Sie daran. Sie wird wahrscheinlich stark nach Essig riechen. Was ist hier passiert? Der Wirkstoff ist eine chemische Verbindung, ein sogenannter Essigsäureester – Paracetamol oder Acetylsalicylsäure (ASS). Im trockenen Zustand ist ein solcher Stoff jahrelang stabil. Bei der Lagerung kann aber Luftfeuchtigkeit an den Wirkstoff gelangen und durch hydrolytische (in Gegenwart von Wasser erfolgende) Zersetzung die Essigsäure freisetzen (siehe Abbildung 10.2).

| Acetylsalicylsäure | Wasser | Salicylsäure | Essigsäure |

Abbildung 10.2: Hydrolyse von Acetylsalicylsäure

 Eine wichtige chemische Reaktion, von der die Stabilität eines Stoffes beeinträchtigt werden kann, ist die Zersetzungsreaktion mit Wasser – die sogenannte *Hydrolyse*.

Wie Sie sehen, sind an der Reaktion zwei Edukte beteiligt. Die Geschwindigkeit der Reaktion ist also grundsätzlich von zwei Konzentrationen abhängig und sollte demnach nicht mit einer Kinetik erster Ordnung ablaufen. Dummerweise halten sich chemische Reaktionen nicht immer an die vorhandenen Regeln. Eine Messung der Reaktion wird zu dem Ergebnis führen, dass eine Kinetik erster Ordnung vorliegt, bei der die Reaktionsgeschwindigkeit nur von der ASS-Konzentration abhängig ist.

Der Grund ist eigentlich ganz einfach: Die Menge oder Konzentration des zweiten Reaktanden bleibt konstant, da ständig Wasser aus der umgebenden Luft durch Diffusion nachgeliefert wird. Die konstant bleibende Menge führt dazu, dass die Reaktionsgeschwindigkeit nicht durch eine sinkende Anzahl des Reaktionspartners Wasser abnimmt, sondern nur durch die Abnahme der ASS-Moleküle.

 Eine Reaktion zweier Stoffe, deren Geschwindigkeit nur von der Konzentration eines der beiden Stoffe abhängt, da die Konzentration des zweiten Stoffes sich praktisch nicht ändert, wird als *Reaktion pseudoerster Ordnung* bezeichnet. Zur Berechnung des Reaktionsverlaufs und der Halbwertszeit werden die Formeln der Kinetik erster Ordnung verwendet.

Der Logarithmus hilft beim Geradebiegen

Wenn Sie im Labor eine Messwertreihe analytisch erhalten haben, die aus den Restkonzentrationen eines Edukts zu unterschiedlichen Zeiten besteht, möchten Sie sicherlich ein Diagramm erstellen, das den Messwertverlauf als Funktion der Zeit darstellt. Nun ist die zu erwartende Kurve (siehe Abbildung 10.1) ärgerlicherweise ziemlich krumm. Sie können Ihre Messpunkte zwar mit einer gewissen künstlerischen Freiheit durch eine gebogene Linie verbinden, der Kurvenverlauf zwischen den Punkten ist dann aber recht spekulativ. Schöner wäre es doch, wenn die Messpunkte auf einer Geraden liegen würden, die Sie problemlos mit einem Lineal ziehen könnten.

Manchmal gehen Wünsche in Erfüllung! Der Trick liegt mal wieder in der Mathematik.

Die Gleichung für die Berechnung der Restkonzentration [A] des Edukts in Abhängigkeit von der Zeit enthält die unabhängige Variable t, die auf der x-Achse des Diagramms aufgetragen wird, als Exponenten der e-Funktion. Um diese lästige e-Funktion loszuwerden, logarithmieren Sie die beiden Seiten der Gleichung:

$$\ln[A] = \ln\left([A_0] \cdot e^{-k \cdot t}\right)$$

Jetzt wäre es hilfreich, wenn Sie sich noch an die Logarithmenregeln erinnern könnten. Bevor Sie in wilder Panik nach der Formelsammlung suchen, verrate ich Ihnen die erforderlichen Regeln:

$$\log(A \cdot B) = \log A + \log B \quad \text{und} \quad \ln\left(e^A\right) = A$$

Die Gleichung können Sie nun umformen zu:

$$\ln[A] = \ln[A_0] - k \cdot t$$

Haben Sie schon erkannt, was sich hinter dieser Gleichung verbirgt? Sie brauchen ein wenig Fantasie und dürfen vor allem keine Angst vor Formeln haben. Dann erkennen Sie die Geradengleichung $y = mx + n$. Aha – Sie erinnern sich: m ist die konstante Steigung und n ist der Schnittpunkt mit der y-Achse. In diesem Fall bedeutet das, dass eine Auftragung der logarithmierten Messwerte auf der y-Achse gegen die Zeit auf der x-Achse eine Gerade ergibt, die die y-Achse bei $\ln [A_0]$ schneidet und eine negative Steigung von $-k$ hat (siehe Abbildung 10.3).

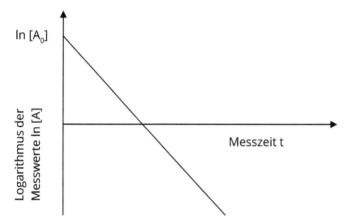

Abbildung 10.3: Halblogarithmische Darstellung der Kinetik erster Ordnung

Um die Nerven des Auswertenden und die Tastatur seines Taschenrechners zu schonen, gibt es fertiges, sogenanntes halblogarithmisches Millimeterpapier, auf dem bereits die y-Achse logarithmisch eingeteilt ist. Darin werden die Messpunkte eingetragen, ohne dass vorher die Logarithmen der Messwerte berechnet werden müssen. Wie das geht, erfahren Sie in den Übungen von Kapitel 11. Sie können natürlich auch ein Computerprogramm wie etwa Excel (es gibt noch viele andere mehr) verwenden, das das Logarithmieren für Sie übernimmt und das auch gleich die grafische Darstellung erledigt.

 Eine grafische Darstellung mit einem Koordinatensystem, bei dem eine der beiden Achsen logarithmisch eingeteilt ist, heißt *halblogarithmische Darstellung*.

Reaktionen nullter Ordnung

Sie haben in diesem Kapitel schon erfahren, dass die Reaktionsordnung angibt, von wie vielen Edukten die Reaktionsgeschwindigkeit beeinflusst wird. Das führt Sie hier zu der verblüffenden Feststellung, dass eine Reaktionskinetik nullter Ordnung offensichtlich unbeeinflusst von der Menge an Reaktionspartnern abläuft. Anders ausgedrückt: Welche Menge oder Konzentration eines reagierenden Ausgangsstoffs auch immer vorhanden ist, die Reaktionsgeschwindigkeit bleibt gleich.

$$\frac{d[A]}{dt} = -k$$

Das scheint ja nun gar nicht mit dieser tollen Stoßtheorie zusammenzupassen. Wenn weniger Teilchen vorhanden sind, können doch eigentlich immer weniger Zusammenstöße vorkommen, und die Reaktionsgeschwindigkeit muss abnehmen.

Aber Sie haben es schon richtig verstanden: Bei einer Reaktionskinetik nullter Ordnung ist die Reaktionsgeschwindigkeit konstant.

Ab durch das Nadelöhr

Um zu verstehen, wie das zustande kommt, stellen Sie sich eine Kinokasse vor. Das Edukt ist der Filmfan, der zum Kino geht. Die stattfindende Reaktion ist das Kaufen der Eintrittskarte, und das Produkt ist der Eintritt in den Kinosaal.

Nun wollen Sie unbedingt den neuen tollen Film sehen. Und – oh Schreck! – Sie stehen inmitten einer riesigen Menschenansammlung vor der Kasse. Obwohl der Kassierer zügig arbeitet, kommen pro Minute nur fünf Leute in den Kinosaal. Es spielt keine Rolle, dass die Zahl der Wartenden von 80 auf 75 gesunken ist, in der nächsten Minute werden wieder nur fünf Leute durchkommen.

Im Vergleich zur Taschenrechnerei mit der e-Funktion bei der Kinetik erster Ordnung ist es ein Kinderspiel, auszurechnen, wie viele Leute nach 10 Minuten noch an der Kasse stehen: 80 Leute – 5 Leute/Minute mal 10 Minuten = 30 Leute.

Genau das besagt die Formel für die Reaktionskinetik nullter Ordnung:

$$[A] = [A_0] - k \cdot t$$

Vom Anfangswert $[A_0]$ wird die Abbaurate multipliziert mit der Zeit abgezogen.

Auch die grafische Darstellung des Reaktionsverlaufs in einem Konzentrations-Zeit-Diagramm ist einfach. Es handelt sich um eine fallende Gerade (siehe Abbildung 10.4).

Die Formel für die Halbwertszeit können Sie ganz einfach herleiten. Für die Restmenge $[A]$ setzen Sie den Wert $[A_0]/2$ ein und lösen die Gleichung nach $t_{1/2}$ auf:

$$t_{1/2} = \frac{A_0}{2k}$$

Die Halbwertszeit bei einer Reaktionskinetik nullter Ordnung ist abhängig von der Anfangskonzentration. Wenn die Halbwertszeit zweimal abgelaufen ist, ist die Reaktion beendet, da kein Ausgangsstoff mehr vorhanden ist.

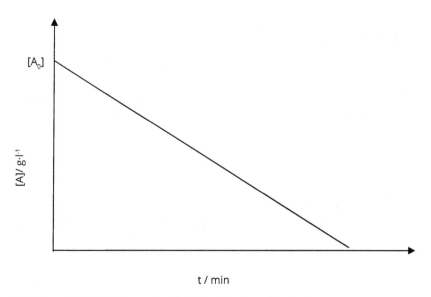

Abbildung 10.4: Reaktionsverlauf bei einer Kinetik nullter Ordnung

Pusten Sie bitte mal!

Ein bekanntes Beispiel für eine Reaktionskinetik nullter Ordnung ist der Abbau von Alkohol im menschlichen Blutsystem. Das Enzym Alkoholdehydrogenase baut den Alkohol (Ethanol) zum Acetaldehyd ab, der danach weiter in vielen Stufen bis zur vollständigen Verbrennung zu Kohlendioxid und Wasser abgebaut wird.

$$CH_3 - CH_2OH \xrightarrow[\text{2H}]{\text{Alkoholdehydrogenase}} CH_3 - CHO$$

Die Alkoholkonzentration im Blut – der gefürchtete Promillewert – sinkt gleichmäßig um 0,1 bis 0,3 g (Alkohol) pro kg (Blut) pro Stunde (Promille = g/kg oder 1/1000 oder ‰). Leider ist die Geschwindigkeitskonstante individuell sehr unterschiedlich. Ob Ihr Körper Alkohol schnell oder langsam abbaut, kann ich Ihnen daher nicht sagen. Wenn Sie also nach einem Discoabend Ihren Promillewert messen lassen, um entscheiden zu können, ob Sie am nächsten Morgen mit dem Auto zur Arbeit fahren dürfen, sollten Sie sicherheitshalber mit der niedrigsten Abbaukonstante 0,1 Promille/Stunde rechnen. Bei einem Anfangswert von beispielsweise 1,4 ‰ dauert es dann 14 Stunden, bis der Restalkohol verschwunden ist.

Falls Sie keine Möglichkeit haben, den Anfangswert mit einem Atemtestgerät zu messen, kann ich Ihnen noch einen Tipp geben. Die Blutalkoholkonzentration können Sie mit der Widmark-Formel grob abschätzen: Promille = Gramm Alkohol geteilt durch 80 % Ihres Körpergewichts. Ich kenne nicht Ihr Körpergewicht, aber die ungefähren Alkoholgehalte von Getränken: 100 ml Bier enthalten etwa 4 g, 100 ml Wein etwa 10 g und 100 ml Schnaps etwa 40 g Alkohol.

Aber Vorsicht! Das sind alles nur grobe Schätzwerte.

Reaktionen zweiter Ordnung

Bei den meisten chemischen Reaktionen sind zwei Ausgangsstoffe beteiligt, deren Konzentrationen durch die Bildung eines oder mehrerer Produkte mit der Zeit kontinuierlich abnehmen. Im Gegensatz zu einer Reaktionskinetik pseudoerster Ordnung, bei der ebenfalls zwei Stoffe miteinander reagieren, bleibt die Konzentration des zweiten Reaktanden also nicht konstant. Sie können sich das wie eine Ostereiersuche im Kindergarten vorstellen. Die Betreuerinnen haben für jedes Kind ein Osterei versteckt, was der Chemiker als stöchiometrisches Verhältnis bezeichnen würde. Um die Suche zu erschweren und den Spaßfaktor zu erhöhen, findet die Suche mit verbundenen Augen statt. Am Anfang geht es ziemlich schnell. Stolz nehmen die ersten Kinder die Augenbinden ab und präsentieren die gefundenen Ostereier. Aber dann nimmt die Geschwindigkeit der Funde rapide ab, da weniger Kinder an der Suche beteiligt sind und diese auch nur noch wenige Eier finden können. Es sei denn, die Betreuerinnen sind so gnädig, für jedes gefundene Osterei ein neues auszulegen – das wäre aber dann wieder eine Kinetik pseudoerster Ordnung.

Die Reaktionsgeschwindigkeit nimmt proportional zur Restkonzentration beider Reaktanden ab.

$$\frac{d[A]}{dt} = -k \cdot [A] \cdot [B]$$

Bei einem stöchiometrischen Verhältnis der Reaktanden von 1:1 sieht es noch einfacher aus, da die Konzentration [B] proportional zur Konzentration [A] ist.

$$\frac{d[A]}{dt} = -k \cdot [A] \cdot [A] \text{ oder } \frac{d[A]}{dt} = -k \cdot [A]^2$$

Die Lösung dieser Differentialgleichung dürfen Sie wieder den Mathematikern überlassen, die eine Funktionsgleichung für [A] finden müssen, deren Quadrat proportional zur ersten Ableitung nach der Zeit ist. Diese werden auch schnell fündig:

$$[A] = \frac{1}{k \cdot t + \frac{1}{[A_0]}}$$

Die grafische Darstellung des Reaktionsverlaufs (siehe Abbildung 10.5) sieht auf den ersten Blick genauso aus wie bei der Kinetik erster Ordnung. Es ist eine abfallende Kurve, die auf der y-Achse beim Wert $[A_0]$ beginnt.

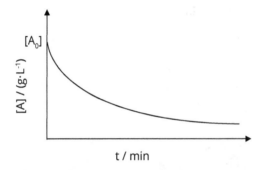

Abbildung 10.5: Reaktionsverlauf bei einer Kinetik zweiter Ordnung bei stöchiometrischem Verhältnis der beiden Reaktanden

Nur dem eingefleischten Funktionentheoretiker wird vielleicht auffallen, dass die Kurve zunächst bei steigender Zeit t etwas flacher verläuft als bei der Kinetik erster Ordnung (vergleiche Abbildung 10.1). In der Laborpraxis haben Sie aber ein Problem, wenn Sie anhand von Messpunkten entscheiden sollen, welche Kinetik vorliegt. Hier hilft Ihnen wieder die Umformung der Gleichung für [A] zu einer Geradengleichung. Dazu bilden Sie einfach auf beiden Seiten der Gleichung den Kehrwert:

$$\frac{1}{[A]} = \frac{1}{[A_0]} + k \cdot t$$

Auf der y-Achse tragen Sie die Kehrwerte Ihrer gemessenen Restkonzentrationen [A] auf. Sie erhalten eine Gerade, die auf der y-Achse mit dem Kehrwert der Ausgangskonzentration beginnt und mit der Steigung k ansteigt (siehe Abbildung 10.6).

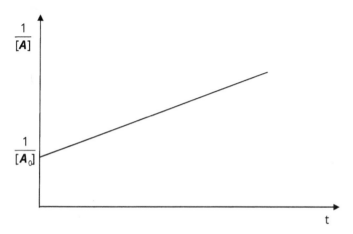

Abbildung 10.6: Reaktionskinetik zweiter Ordnung in linearisierter Form

 Ein häufiger Fehler in Klausuren in einem solchen Fall ist eine Diagrammskizze mit einer fallenden Geraden, da ja die Restkonzentration [A] des Edukts mit der Zeit abnimmt. Aber wenn die Werte kleiner werden, werden die Kehrwerte größer.

Die Gleichung für die Umrechnung der Geschwindigkeitskonstanten k in die Halbwertszeit können Sie wieder herleiten, indem Sie für die Konzentration [A] den halben Anfangswert $[A_0]/2$ in die Formel einsetzen.

$$\frac{[A_0]}{2} = \frac{1}{k \cdot t_{1/2} + \frac{1}{[A_0]}}$$

Durch Multiplikation mit beiden Nennern erhalten Sie daraus:

$$[A_0] \cdot \left(k \cdot t_{1/2} + \frac{1}{[A_0]}\right) = 2$$

✔ Nach der Auflösung des Klammerausdrucks und Umformung erhalten Sie die Gleichung:

$$k = \frac{1}{[A_0] \cdot t_{1/2}}$$

Etwas durcheinander: Die Michaelis-Menten-Kinetik

In den Biowissenschaften spielen enzymatische Stoffumsetzungen eine wichtige Rolle. Vereinfacht dargestellt laufen solche Reaktionen folgendermaßen ab:

1. Der Ausgangsstoff, der bei enzymatischen Stoffumsetzungen als Substrat S bezeichnet wird, bildet in einer Gleichgewichtsreaktion mit dem Enzym E einen Enzym-Substrat-Komplex ES.

2. Der Enzym-Substrat-Komplex zerfällt nach erfolgreicher Substratumwandlung in das Enzym E und das Produkt P.

Das hört sich zunächst einmal ganz einfach an. Die mathematische Beschreibung der Reaktionsgeschwindigkeit gestaltet sich aber schwierig, da sich die Konzentrationen aller beteiligten Reaktionspartner gegenseitig beeinflussen. Die folgenden Punkte zeigen Ihnen, wie kompliziert die Zusammenhänge sind:

✔ Das Substrat benötigt ein freies Enzym für die Reaktion.

✔ Obwohl das Enzym bei der Reaktion nicht verbraucht wird, steht es dem Substrat nicht vollständig zur Verfügung, da es teilweise als Enzym-Substrat-Komplex gebunden vorliegt.

✔ Im Reaktionsverlauf sinkt die Konzentration des Substrats. Dadurch sinkt die Konzentration des Enzym-Substrat-Komplexes, obwohl gleichzeitig die Konzentration des freien Enzyms zunimmt.

Ein Spezialfall der enzymatischen Reaktion ist der oben in diesem Kapitel vorgestellte Alkoholabbau im Blut, der als Reaktionskinetik nullter Ordnung beschreibbar ist. Die Natur hat nicht vorgesehen, dass der Mensch dauerhaft größere Mengen Alkohol konsumiert. Das in niedriger Konzentration vorhandene Enzym Alkoholdehydrogenase ist durch den Überschuss des Substrats Alkohol vollständig belegt und arbeitet konstant mit maximaler Geschwindigkeit.

Genau das andere Extrem finden Sie häufig bei der enzymatischen Umwandlung von Arzneistoffen, dem sogenannten Metabolismus. Eine sehr niedrige Arzneistoffkonzentration im Blut trifft bei der Leberpassage auf eine große Konzentration von »Entgiftungsenzymen«. Problemlos finden die Arzneistoffmoleküle ein freies Enzym, sodass die Reaktionsgeschwindigkeit proportional zur Arzneistoffkonzentration ist. Wie Sie bereits wissen, liegt damit eine Reaktionskinetik erster Ordnung vor.

Der deutsche Mediziner Leonor Michaelis und die kanadische Medizinerin Maud Menten entwickelten eine Theorie zur Beschreibung der Enzymkinetik. Mit der *Michaelis-Menten-Gleichung* können Sie die Anfangsgeschwindigkeit v_0 einer enzymatischen Stoffumwandlung als Funktion der Substratkonzentration [S] und zweier für ein Substrat-Enzym-System charakteristischer Konstanten beschreiben.

$$v_0 = \frac{v_{max} \cdot [S]}{K_m + [S]}$$

Die Konstante v_{max} gibt die maximale Umsetzungsgeschwindigkeit an, die bei praktisch vollständiger Substratbelegung des Enzyms erreicht wird und nur von der Aktivität (Arbeitsgeschwindigkeit) des Enzyms abhängt.

Die Michaeliskonstante K_m entspricht der Substratkonzentration, bei der das Enzym zur Hälfte mit Substrat belegt ist und damit die Umsetzungsgeschwindigkeit die Hälfte der maximalen Geschwindigkeit beträgt.

Die Reaktionskinetiken nullter und erster Ordnung können Sie aus der Gleichung als Extremfälle herleiten:

✔ Bei großem Substratüberschuss ist [S] @ K_m. Die Summe im Nenner können Sie praktisch durch [S] ersetzen, das Sie dann aus dem Bruch herauskürzen können. Die Reaktionsgeschwindigkeit ist gleich der Konstanten v_{max}, und Sie haben eine Kinetik nullter Ordnung wie beim Alkoholabbau.

✔ Bei großem Enzymüberschuss ist K_m @ [S]. Der Nenner ist praktisch gleich der Konstanten K_m. Die Reaktionsgeschwindigkeit ist proportional zur Substratkonzentration, und Sie haben damit eine Kinetik erster Ordnung.

Erfolgreich über den Tellerrand blicken

In einem physikalisch-chemischen Laborpraktikum werden Sie wahrscheinlich keine Experimente zur Enzymkinetik durchführen. Dagegen ist im Biochemiepraktikum ein Versuch üblich, bei dem Sie die Umsetzungsgeschwindigkeiten einer enzymatischen Reaktion bei unterschiedlichen Substratkonzentrationen messen und daraus die Konstanten v_{max} und K_m ermitteln sollen. Letzteres ist nicht ganz einfach und könnte Ihnen bei der Erstellung des Protokolls erhebliche Schwierigkeiten bereiten.

Eine Studentengruppe, die trotz gemeinsamen Bemühens an dieser Stelle nicht weiterkam, hatte die pfiffige Idee, dass eine ähnliche Fragestellung in der Physikalischen Chemie existieren könnte. Tatsächlich konnte ich den Studierenden weiterhelfen. In Kapitel 7 finden Sie für die Adsorptionsisotherme nach Langmuir eine Gleichung, die genau der Michaelis-Menten-Gleichung entspricht. Die Adsorption ist genau wie die Enzymkinetik ein Vorgang, der bei hohen Stoffkonzentrationen eine Sättigung erreicht. Nur wird hier eine Feststoffoberfläche anstelle eines Enzyms vollständig belegt.

Eine in der Literatur oft angewandte Auswertungstechnik bietet das Lineweaver-Burk-Diagramm.

Bilden Sie auf beiden Seiten der Michaelis-Menten-Gleichung den Kehrwert:

$$\frac{1}{v_0} = \frac{K_\mathrm{m} + [S]}{v_\mathrm{max} \cdot [S]} \text{ oder nach Umformung } \frac{1}{v_0} = \frac{K_\mathrm{m}}{v_\mathrm{max}} \cdot \frac{1}{[S]} + \frac{1}{v_\mathrm{max}}$$

Schon haben Sie wieder eine Geradengleichung $y = mx + n$. Tragen Sie statt v_0 und $[S]$ die Kehrwerte Ihrer Messdaten in das Diagramm ein, und Sie können eine Ausgleichsgerade durch die Punkte legen (siehe Abbildung 10.7). Diese schneidet die y-Achse beim Wert $1/v_\mathrm{max}$ und hat die Steigung $K_\mathrm{m}/v_\mathrm{max}$.

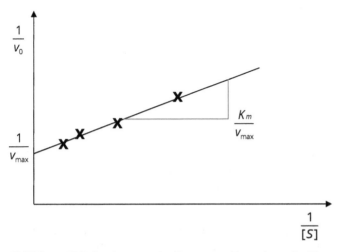

Abbildung 10.7: Bestimmung der Konstanten K_m und v_max im Lineweaver-Burk-Diagramm

Es geht auch noch schneller: Die Arrhenius-Gleichung

Nach der in Kapitel 9 vorgestellten Stoßtheorie müssen die Moleküle der Reaktanden mit ausreichender Energie aufeinandertreffen, um eine chemische Bindung zu erzeugen. Die Anzahl der Zusammenstöße, die zu überwindende Aktivierungsenergie E_A und die mittlere thermische Bewegungsenergie der Moleküle sind für die Geschwindigkeit einer Reaktion ausschlaggebend.

Der schwedische Physikochemiker Svante Arrhenius stellte im Jahr 1889 eine Gleichung auf, die diesen Zusammenhang beschreibt:

$$k = A \cdot e^{\frac{-E_A}{R \cdot T}}$$

Die Arrhenius-Gleichung stellt die Geschwindigkeitskonstante einer Reaktion als Funktion der Temperatur dar. Der sogenannte Frequenzfaktor A ist ein Maß für die Zusammenstöße der Moleküle. Mathematisch betrachtet entspricht er der theoretischen Geschwindigkeitskonstante k bei unendlich hoher Temperatur. Da die Temperatur als Kehrwert im Exponenten der e-Funktion steht, geht diese bei einer Temperaturerhöhung gegen e^{0} = 1. Die allgemeine Gaskonstante R, die Sie auch als wichtige Naturkonstante bei den Gasgesetzen in Kapitel 1 kennenlernen, hat den Wert 8,314J $\cdot$ K $-$ 1 $\cdot$ mol^{-1}.

Wie bei allen Formeln für die Reaktionsgeschwindigkeiten in diesem Kapitel können Sie auch bei der Arrhenius-Gleichung eine Umformung zu einer Geradengleichung durchführen. Sie wenden einfach wieder die Logarithmenregeln $log\,(A\,\cdot\,B) = \log A + \log B$ und $\log\left(A^{B}\right) = B\,\cdot\,\log A$ an und logarithmieren beide Seiten der Gleichung mit dem natürlichen Logarithmus ln:

$$\ln k = \ln A - \frac{E_A}{R}\cdot\frac{1}{T}$$

Die Gleichung hat die Form $y = n - m \cdot x$. Sie beschreibt eine fallende Gerade, die die y-Achse beim Wert n schneidet und eine negative Steigung m aufweist. In einem Diagramm müssen Sie also die ln k-Werte auf der y-Achse und die 1/T-Werte auf der x-Achse eintragen (siehe Abbildung 10.8). Diese Art der Darstellung heißt *Arrhenius-Plot*.

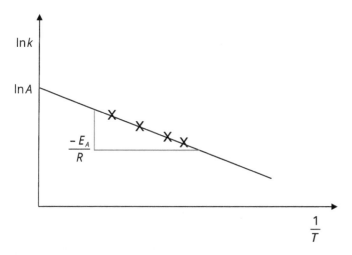

Abbildung 10.8: Versuchsauswertung im Arrhenius-Plot

Im Laborversuch führen Sie experimentelle Messungen der Reaktionsgeschwindigkeit bei verschiedenen Temperaturen durch und tragen die ermittelten Werte der jeweiligen Geschwindigkeitskonstanten k gegen die Temperatur in das Diagramm ein. Aus der Ausgleichsgeraden durch die Messpunkte können Sie dann die Aktivierungsenergie E_A über die Steigung bestimmen und den Faktor A als Schnittpunkt auf der y-Achse ablesen.

Noch interessanter ist aber die Möglichkeit, über die Gerade die Reaktionsgeschwindigkeit bei einer beliebigen Temperatur abzulesen. In einer Übungsaufgabe in Kapitel 11 bestimmen Sie aus den experimentell gewonnenen Daten von schnell ablaufenden Reaktionen bei hoher Temperatur die Geschwindigkeit einer Reaktion bei Raumtemperatur.

Kapitel 11
Übungen

Wasser ist ein elementarer Bestandteil des Lebens. Ob wir es trinken, es zum Kochen verwenden oder zur Reinigung, Wasser ist im menschlichen Alltag unverzichtbar. Aber es kann auch unangenehme Wirkungen haben. Im Zusammenhang mit der Physikalischen Chemie denke ich hierbei weniger an Unwetter oder einen Wasserrohrbruch in der Wohnung – ich meine die zerstörende Wirkung auf molekularer Ebene. In Kapitel 10 lernen Sie, dass Stoffe durch Wasser mit einer Reaktionskinetik pseudoerster Ordnung zersetzt werden können. Diese sogenannte Hydrolyse ist eine der Hauptursachen für die Haltbarkeitsbeschränkungen bei der Lagerung von Lösungen und auch von Feststoffen. Besonders empfindliche Substanzen, beispielsweise einige Antibiotika oder Proteine, sind in wässriger Lösung so instabil, dass sie als Pulver in Form von Trockensäften in den Handel kommen. Der Endverbraucher stellt die Trinkzubereitung erst unmittelbar vor dem Gebrauch her. Aber auch trocken gelagerte Zubereitungen, beispielsweise Tabletten, sind nicht völlig sicher vor hydrolytischem Zerfall. Der unsichtbare Wasserdampf in der Luft oder – wissenschaftlich ausgedrückt – die relative Luftfeuchtigkeit reicht schon aus, um einen langsamen Zersetzungsvorgang auszulösen.

In den beiden Übungsaufgaben dieses Kapitels werten Sie Messwerte von hydrolytischen Zersetzungen aus. Die Aufgabe 11.1 enthält die Daten einer relativ schnell ablaufenden Zersetzung eines Esters in wässriger Lösung, aus denen Sie durch grafische Auswertung die Halbwertszeit und die Reaktionsgeschwindigkeitskonstante ermitteln sollen.

In der Aufgabe 11.2 nutzen Sie die in Kapitel 10 im Abschnitt *Es geht auch noch schneller: Die Arrhenius-Gleichung* vorgestellte Formel zur Temperaturabhängigkeit der Reaktionsgeschwindigkeitskonstanten, um die Haltbarkeit einer Tablettenzubereitung vorherzusagen. Zunächst bestimmen Sie in gleicher Weise wie in der Aufgabe 11.1 die Reaktionsgeschwindigkeitskonstanten der beschleunigten Reaktionen bei erhöhten Temperaturen. Danach ermitteln Sie mithilfe eines Arrhenius-Plots die Geschwindigkeitskonstante bei Raumtemperatur und berechnen damit die Haltbarkeitsgrenze der Tabletten.

Hydrolyse eines Esters in wässriger Lösung

In Kapitel 10 stelle ich Ihnen verschiedene Reaktionskinetiken vor. Dort erfahren Sie unter anderem, dass eine Hydrolyse die Zersetzung eines Stoffes durch eine Reaktion mit Wasser ist. Eine solche Reaktion verläuft meist mit einer Reaktionskinetik pseudoerster Ordnung. Die Reaktionsordnung gibt zwar normalerweise die Anzahl der Reaktionspartner an, zu deren Konzentration die Geschwindigkeit der Reaktion proportional ist. Aber da bei einer Hydrolyse das Wasser im Überfluss vorhanden ist, spielt die Abnahme der Wassermenge durch die Reaktion für die Berechnung keine Rolle. Sie benutzen für die Berechnung die gleichen Formeln wie für eine Reaktionskinetik erster Ordnung.

 Sie benötigen für die folgende Übungsaufgabe die Formeln für den Reaktionsverlauf und die Halbwertszeit einer Reaktionskinetik erster Ordnung. Diese finden Sie in Kapitel 10 im Abschnitt *Von der Reaktionsgleichung zur Halbwertszeit*.

Der Reaktionsverlauf, also die Restmenge oder -konzentration des Ausgangsstoffs in Abhängigkeit von der Zeit, ergibt in einem normalen (arithmetischen) Diagramm (siehe Abbildung 11.1) eine gekrümmte, fallende Kurve. Aus einigen wenigen Messungen können Sie den Verlauf der Kurve wegen der Krümmung zwischen den Messpunkten nicht genau in das Diagramm einzeichnen. Sie benötigen aber für die Übungsaufgabe die Halbwertszeit der Reaktion, die Sie aus der Kurve ablesen sollen. In Kapitel 10 erfahren Sie, dass Sie eine Gerade erhalten, wenn Sie anstelle der Messwerte für die Restkonzentrationen die Logarithmen dieser Werte in das Diagramm eintragen.

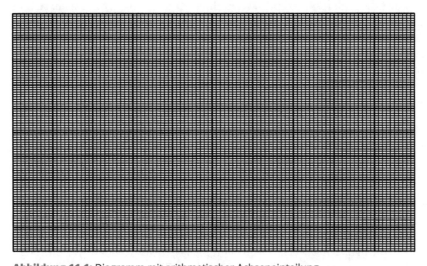

Abbildung 11.1: Diagramm mit arithmetischer Achseneinteilung

Dabei hilft Ihnen das halblogarithmische Diagramm (siehe Abbildung 11.2). Die y-Achse für die Restkonzentration ist logarithmisch eingeteilt. Sie beginnen unten auf der y-Achse mit dem Wert 10, die Markierung nach oben beschriften Sie mit den Werten 20, 30, ..., 100. Der Trick dabei ist, dass auf der logarithmischen Achse die Markierungen den Logarithmen der Beschriftungszahlen entsprechen. Sie benötigen also keinen Taschenrechner, um die Messwerte der Restkonzentration zu logarithmieren. Die Gerade für den Reaktionsverlauf zeichnen Sie einfach mit einem Lineal durch die Messpunkte. Die Halbwertszeit lesen Sie mithilfe dieser Geraden auf der x-Achse (Zeit/min) dort ab, wo der Y-Wert (Restkonzentration [A]/g · L^{-1}) genau die Hälfte der Ausgangskonzentration [A_0] erreicht hat.

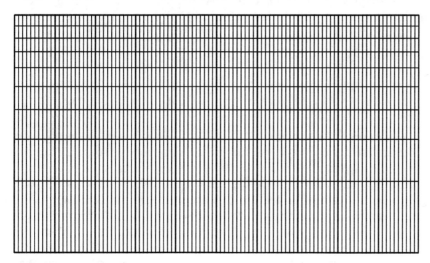

Abbildung 11.2: Diagramm mit halblogarithmischer Achseneinteilung

Übungsaufgabe 11.1

Ein Ester A zerfällt bei Raumtemperatur in alkalischer wässriger Lösung mit einer Kinetik pseudoerster Ordnung. Die Konzentration [A_0] nach der Herstellung beträgt 80g · L^{-1}. Die Restkonzentrationen nach 20, 40, 60 und 90 Minuten ergeben nach analytischer Messung die in Tabelle 11.1 angegebenen Werte.

Tragen Sie die Messpunkte in das arithmetische und in das halblogarithmische Diagramm ein! Bestimmen Sie im halblogarithmischen Diagramm die Halbwertszeit der Zersetzung, berechnen Sie daraus die Geschwindigkeitskonstante und geben Sie die Formel für die Berechnung der Restkonzentration als Funktion der Zeit an.

Zeit/min	0	20	40	60	90
Konzentration/g · L^{-1}	80	51	32	20	10

Tabelle 11.1: Messwerte für die Konzentrationsabnahme des Esters mit der Zeit

Halbwertszeit: _____ min

Geschwindigkeitskonstante: _____ min^{-1}

Funktionsgleichung: _____

Stresstest und Arrhenius-Plot

Die Arrhenius-Gleichung beschreibt den Zusammenhang zwischen der Reaktionsgeschwindigkeit und der Temperatur. Durch Messung einer beschleunigten Zerfallsreaktion bei höheren Temperaturen können Sie mithilfe des Arrhenius-Plots die Geschwindigkeitskonstante k bei Raumtemperatur in einem Diagramm ablesen und damit den Reaktionsverlauf berechnen.

 Die Arrhenius-Gleichung und eine Beschreibung des Arrhenius-Plots finden Sie in Kapitel 10 im Abschnitt *Es geht noch schneller: Die Arrhenius-Gleichung.*

Ein Kriterium für die Haltbarkeit von Arzneimitteln ist, dass es noch mindestens 90 % der ursprünglichen Wirkstoffmenge enthält. In der folgenden Übungsaufgabe sollen Sie aus den Messwerten für den hydrolytischen Zerfall eines Wirkstoffs unter dem Einfluss der Luftfeuchtigkeit bei höheren Temperaturen die Haltbarkeit bei 20 °C bestimmen. Dazu müssen Sie zuerst genau wie bei der Übungsaufgabe 11.1 im halblogarithmischen Diagramm (siehe Abbildung 11.3) die Halbwertszeiten ablesen und daraus die Geschwindigkeitskonstanten errechnen. Diese tragen Sie dann in den Arrhenius-Plot (siehe Abbildung 11.4) ein. Damit Sie nicht die Logarithmen der k-Werte und die Kehrwerte der absoluten Temperatur 1/T berechnen müssen, sind die Achsen bereits entsprechend eingeteilt. Eine Hilfsachse über dem Diagramm gibt die Temperaturwerte in °C an.

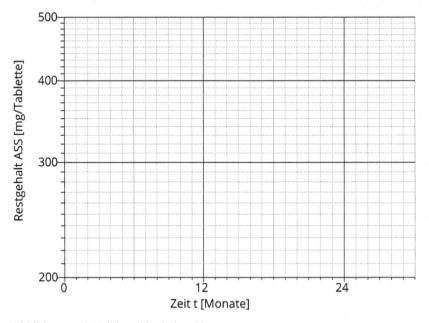

Abbildung 11.3: Halblogarithmisches Diagramm

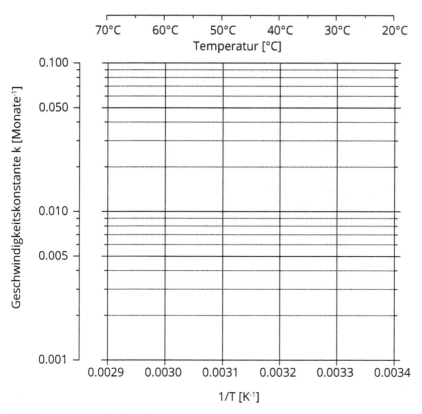

Abbildung 11.4: Arrhenius-Plot

Übungsaufgabe 11.2

Die hydrolytische Zersetzung des Wirkstoffs Acetylsalicylsäure (ASS) unter dem Einfluss einer konstanten Luftfeuchtigkeit verläuft nach einer Kinetik pseudoerster Ordnung. In einem Stresstest lagern Sie ASS-Tabletten (500 mg Wirkstoff) bei 70 °C, 65 °C und 60 °C. Die analytische Messung des Restgehalts nach 1, 3 und 6 Monaten liefert Ihnen die in Tabelle 11.2 angegebenen Werte.

	1 Monat	3 Monate	6 Monate
70 °C	450 mg	370 mg	275 mg
65 °C	465 mg	405 mg	330 mg
60 °C	475 mg	430 mg	370 mg

Tabelle 11.2: Messwerte für die hydrolytische Zersetzung von Acetylsalicylsäure

Bestimmen Sie grafisch die Halbwertszeiten und berechnen Sie daraus die Geschwindigkeitskonstanten.

$t_{1/2}(70\ °C) = \rule{2cm}{0.4pt}$ Monate

$t_{1/2}(65\ °C) = \rule{2cm}{0.4pt}$ Monate

$t_{1/2}(60\ °C) = \rule{2cm}{0.4pt}$ Monate

$k(70\ °C) = \rule{2cm}{0.4pt}$ Monate^{-1}

$k(65\ °C) = \rule{2cm}{0.4pt}$ Monate^{-1}

$k(60\ °C) = \rule{2cm}{0.4pt}$ Monate^{-1}

Im Arrhenius-Plot bestimmen Sie grafisch die Geschwindigkeitskonstante bei 20 °C:

$k(20\ °C) = \rule{2cm}{0.4pt}$ Monate^{-1}

Berechnen Sie die Zeit $t_{90\%}$, nach der noch 90 % des ursprünglichen Wirkstoffgehalts in der Tablette vorhanden sind.

$t_{90\%}(20\ °C) = \rule{2cm}{0.4pt}$ Monate

Teil IV
Thermodynamik

... geht es im Wesentlichen um die thermodynamischen Grundlagen der Physikalischen Chemie. Sie frischen Ihre Kenntnisse zum ersten und zweiten Hauptsatz der Thermodynamik auf. Diese beiden kennen Sie sicherlich noch aus Ihrer Schulzeit. Des Weiteren erfahren Sie im Folgenden etwas über die Entropie und lernen darüber hinaus die verschiedenen Zustandsänderungen wie isobar, isochor, isotherm und adiabat sowie ihre Darstellungsformen kennen. Sie lernen außerdem, mit verschiedenen Hilfsmitteln (zum Beispiel dem Mollier-Diagramm) umzugehen.

Nach der Lektüre dieses Teils können Sie Verbrennungen thermodynamisch berechnen. Sie erfahren, worin der Unterschied zwischen dem Heizwert und dem Brennwert besteht. Ein weiterer wichtiger Punkt sind die sogenannten *Kreisprozesse*. Dies gilt sowohl für Rechtskreisprozesse, die besser als Wärmekraftmaschinen bekannt sind (Diesel- oder Ottomotor), als auch für die Linkskreisprozesse (Wärmepumpe, Kühlschrank).

IN DIESEM KAPITEL

Offene, geschlossene und abgeschlossene Systeme unterscheiden

Zustands- und Prozessgrößen definieren

Zustandsgleichungen kennenlernen

Thermodynamische Prozesse verstehen

Ein klein wenig Mathematik

Kapitel 12

Zustands- und Prozessgrößen – die Bausteine der Thermodynamik

I n diesem Kapitel lernen Sie die Grundbegriffe der Thermodynamik kennen, also das Handwerkszeug, das Sie benötigen, um erfolgreich mit der Thermodynamik arbeiten zu können. Sie lernen den Unterschied zwischen einem Zustand und einem Prozess kennen und erfahren, durch welche Größen Sie beide beschreiben können. Darüber hinaus werden Gleichungen vorgestellt, die diese Größen miteinander verknüpfen. Abschließend erfolgt mit der Beschreibung von Prozessen ein kleiner Ausblick auf die weiteren Kapitel dieses Teils.

Der Ort des Geschehens – das thermodynamische System

Die Thermodynamik ist ein Graus für viele Studenten technischer oder physikalischer Studienrichtungen. Aber sie ist ein unabdingbarer Bestandteil der Physik. Bestimmt haben Sie sich schon einmal gefragt, wie ein Kühlschrank funktioniert oder warum ein Motor das macht, was er macht. Die Beantwortung dieser Fragen ist nur mit den Mitteln der Thermodynamik möglich.

Doch erst einmal zurück zum Anfang: Was heißt *Thermodynamik* überhaupt? Einige von Ihnen werden sich denken: »Thermodynamik, das ist doch bestimmt was Griechisches oder

Lateinisches.« Sie liegen richtig, der Begriff Thermodynamik stammt aus dem Altgriechischen. Er setzt sich aus den Begriffen *thermós* für Wärme und *dýnamis* für Kraft zusammen. Frei übersetzt bedeutet Thermodynamik also Wärmelehre. Sie beschäftigt sich mit der Möglichkeit, durch Umverteilen von Energie Arbeit zu verrichten. Die Grundlagen dieses Teilgebiets der Physik wurden insbesondere auch aus der Beobachtung der Volumen-, Druck- und Temperaturverhältnisse bei der Dampfmaschine entwickelt.

Bei der Betrachtung der teilweise komplexen thermodynamischen Vorgänge beschränkt man sich in der Regel auf einen definierten Raum; dieser Raum wird als *thermodynamisches System* (siehe Abbildung 12.1) beschrieben. In dieses System gelangt Energie über die Systemgrenzen hinein, wird in ihm umgewandelt und tritt über die Systemgrenzen wieder aus. Der eigentliche zentrale Vorgang, was im Einzelnen im System geschieht, wird oft als »Black Box« betrachtet, das bedeutet, er spielt zunächst keine Rolle.

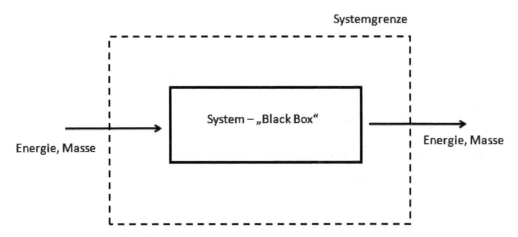

Abbildung 12.1: Schematische Darstellung eines thermodynamischen Systems © Sebastian Altwasser

Symbole zur Darstellung von Vorgängen

Häufig sehen Sie anstatt der »Black Box« auch verschiedene Piktogramme zur Darstellung eines Systems. Ein *Piktogramm* ist ein Symbol, das eine Information durch ein einfaches Bild vermittelt. Klassische Piktogramme sind die Symbole für Gefahrstoffe oder Fluchtwege. Die beiden häufigsten, die Ihnen im Laufe dieses Teiles immer wieder begegnen werden, sind die für einen Verdichter und für eine Turbine (siehe Abbildung 12.2).

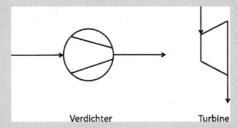

Verdichter   Turbine

Abbildung 12.2: Piktogramme für Verdichter und Turbine © Sebastian Altwasser

> Ein Verdichter oder auch Kompressor dient zum Verkleinern des Volumens eines Gases. Bei einer Turbine wird die Bewegungsenergie eines Fluids (Gas oder Flüssigkeit) in eine Drehbewegung umgewandelt. Häufig wird umgangssprachlich das Flugzeugtriebwerk mit der Turbine gleichgesetzt. Das Flugzeugtriebwerk ist jedoch nur eine bestimmte Bauform einer Turbine.

Die Pfeile in einem solchen Piktogramm werden üblicherweise mit den ein- beziehungsweise austretenden Stoffen, Wärmen et cetera beschriftet.

 Ein *System* (griechisch: sístima = Gebilde) ist die Gesamtheit aller Elemente, die so miteinander in Wechselwirkung stehen, dass sie als eine Einheit angesehen werden können und sich von ihrer umgebenden Welt abgrenzen.

Systeme kommen überall vor und umgeben Sie in vielfacher Hinsicht, sei es im alltäglichen Zusammenleben oder eben auch in den verschiedenen Wissenschaften. Die Thermodynamik geht das Ganze systematisch an. Zunächst unterscheidet sie je nach Wechselwirkung zwischen System und Umgebung drei verschiedene Arten von Systemen. Es gibt zwar noch einige Sonderfälle, die aber erst einmal vernachlässigt werden sollen. Die drei Grundarten von Systemen sind das abgeschlossene, das geschlossene und das offene System:

✔ Ein abgeschlossenes System ist dadurch gekennzeichnet, dass weder ein Stoff- noch ein Energieaustausch mit der Umgebung stattfindet. Als ein einfaches Beispiel sei die Isolierkanne genannt. Aus der verschlossenen Kanne kann weder Wärme noch Flüssigkeit entweichen. Der Tee oder der Kaffee, den Sie vielleicht gerade bei der Lektüre dieses Buchs genießen, würde sonst sehr schnell kalt werden.

✔ Das geschlossene System zeichnet sich dadurch aus, dass zwar ein Wärmeaustausch mit der Umgebung möglich ist, jedoch kein Stoffaustausch. Dies können Sie sehr gut bei einem Schnellkochtopf beobachten. Er kann zwar Wärme aufnehmen und auch wieder abgeben, jedoch kann aus ihm kein Dampf entweichen.

✔ Ein gewöhnlicher Kochtopf hingegen ist ein offenes System, da hier sowohl ein Wärme- als auch ein Stoffaustausch mit der Umgebung erfolgen kann.

Eine weitere mögliche Einteilung von Systemen beruht auf der Anzahl der Komponenten. Es können Ein-, Zwei- oder Mehrkomponentensysteme unterschieden werden:

✔ Bei einem Einkomponentensystem liegt nur ein einziger Stoff vor, beispielsweise Wasser.

✔ Bei einem Zweikomponentensystem ist noch ein weiterer Stoff vorhanden.

✔ Ein Mehrkomponentensystem enthält mehr als zwei Stoffe.

Schließlich können Sie ein System nach der Anzahl der in ihm vorhandenen Phasen unterscheiden. Handelt es sich um ein ein- oder um ein mehrphasiges System? Als *Phasen* werden die Aggregatzustände fest, flüssig und gasförmig bezeichnet.

Zur Verdeutlichung noch einmal zurück zum Schnellkochtopf. Angenommen, in diesem Kochtopf befindet sich nur Wasser, es werden also noch keine Kartoffeln oder Nudeln gegart. Dann handelt es sich zwar um ein Einkomponentensystem (nur Wasser), jedoch auch um ein Zweiphasensystem, da das Wasser flüssig und gasförmig (Dampf) vorliegt.

Ein *thermodynamisches System* ist ein durch Grenzen festgelegter Raum (Bilanzgebiet), durch die es von der Umgebung abgetrennt wird. Die Festlegung der Systemgrenzen ergibt sich aus dem Ziel der thermodynamischen Aufgabenstellung entsprechend. Ein System enthält im Allgemeinen eine große Anzahl von Teilchen (Atomen, Ionen, Molekülen ...) und damit eine bestimmte Stoffmenge. Die Eigenschaften des Systems werden durch Zustandsgrößen beschrieben.

Zustand oder Prozess?

Im nachfolgenden Abschnitt erfahren Sie, wie man einen Zustand von einem Prozess unterscheiden und beide thermodynamisch beschreiben kann. Als *Prozess* bezeichnet man, wie weiter unten erläutert wird, eine Änderung eines thermodynamischen Zustands.

Zustands- und Prozessgrößen

In der obigen Definition eines thermodynamischen Systems stellen die sogenannten *Zustandsgrößen* einen wichtigen Punkt dar. Diese kann man, wie in Tabelle 12.1 gezeigt, in eine Reihe wichtiger Kategorien unterteilen.

Die Eigenschaften eines thermodynamischen Systems können durch physikalische Größen charakterisiert werden. Die Gesamtheit dieser physikalischen Größen definiert einen bestimmten Zustand eines Systems. Diese Größen werden als *Zustandsgrößen* bezeichnet.

Lassen Sie sich von der großen Zahl der Formelzeichen nicht verunsichern, auch wenn einige Ihnen noch unbekannt sind. Keine Angst, diese Größen werden im weiteren Verlauf noch im Einzelnen erklärt, insbesondere die energetischen Zustandsgrößen Enthalpie, Entropie und innere Energie, da sie unverzichtbar für die weitere Darstellung in diesem Buch sind. Einige Größen sollten Sie aber schon kennen: Druck, Temperatur und Masse.

Der Tabelle können Sie entnehmen, dass es einerseits äußere Zustandsgrößen gibt, die das System global beschreiben, andererseits innere Größen, die das System selbst beschreiben.

Äußere Zustandsgrößen	Innere Zustandsgrößen		
	Extensive Zustandsgrößen (von der Stoffmenge abhängig)	Intensive Zustandsgrößen (von der Stoffmenge unabhängig)	
		Systemeigene Zustandsgrößen	Stoffeigene Zustandsgrößen (spezifische Zustandsgrößen)
Lage des Systems im Schwerefeld der Erde z [m]	Masse m [kg]	Temperatur T [K] beziehungsweise ϑ [°C]	Spezifisches Volumen (massebezogene Zustandsgröße) $$v = \frac{V}{m} \cdot \left[\frac{m^3}{kg}\right]$$
Eventuelle elektrische und magnetische Felder	Stoffmenge n [mol]	Druck p [Pa]	Spezifische Enthalpie (massebezogene Zustandsgröße $$h = \frac{H}{m} \cdot \left[\frac{kJ}{kg}\right]$$
	Volumen V [m³]	Konzentration c [kg/m³]	Molvolumen (molare Zustandsgröße) $$v_{mol} = \frac{V}{n} \cdot \left[\frac{m^3}{mol}\right]$$
	Enthalpie H [kJ]		
	Innere Energie U [kJ]		
	Entropie S [kJ/K]		

Tabelle 12.1: Klassifizierung der Zustandsgrößen. Beachten Sie, dass spezifische, also auf die Masse bezogene Größen durch Kleinbuchstaben gekennzeichnet sind.

Die äußeren Zustandsgrößen mögen Ihnen zunächst etwas seltsam erscheinen, aber anhand eines Beispiels dürfte sehr schnell klar werden, was damit gemeint ist. Betrachten Sie ein fahrendes Auto. Das ist Ihr thermodynamisches System. Es bewegt sich mit einer bestimmten Geschwindigkeit v über die Straßen, die sich in einer bestimmten Höhe z (im Flachland oder in den Bergen) befinden.

Extensive und intensive Größen

Bei den inneren Zustandsgrößen muss man zwischen den von der Stoffmenge abhängigen und den von ihr unabhängigen Größen unterscheiden.

Ein Beispiel, das diesen Unterschied verdeutlicht, sind zwei Biergläser. Die Biermenge ist eine extensive Größe, da sie von der Stoffmenge abhängt. Die Temperatur des Bieres ist jedoch unabhängig von der Menge, da zwei Bier ja nicht doppelt so warm sind wie ein einzelnes. Die Temperatur ist also intensiv.

Eine wichtige Aufgabe der Thermodynamik ist es, diese Zustandsgrößen zu ermitteln und ihre Änderung zu berechnen oder zu messen. Im Übrigen spielt es bei den Zustandsgrößen keine Rolle, auf welchem Weg sie eingestellt werden. Wenn ein Prozess stattfindet, bei dem eine Druckänderung vorgenommen wird, ist es also gleichgültig, durch welche Zustandsänderung diese Druckänderung vorgenommen wird. Dies kann gut anhand der Verdichtung eines Gases erläutert werden. Der Druck eines Gases kann auf zwei unterschiedliche Weisen erhöht werden. Einerseits kann thermische Energie zugeführt werden – das Gas wird einfach erwärmt. Andererseits kann der Druck des Gases mittels einer Reduzierung des Volumens durch die Zuführung von Arbeit erhöht werden, zum Beispiel durch die Arbeit eines Verdichters.

Eine Beschreibung eines Systems durch diese Zustandsgrößen ist jedoch nur möglich, wenn sich das System im Gleichgewicht befindet, das heißt, es dürfen keine zeitlichen Änderungen der Zustandsgrößen auftreten.

Neben den Zustandsgrößen sind die *Prozessgrößen* ein weiterer wichtiger Bestandteil der Thermodynamik. Sie beschreiben den Weg, wie ein System von einem Zustand in einen anderen übergeht. Durch die Zufuhr oder Abfuhr von Arbeit beziehungsweise Energie oder Wärme wird der Zustand eines Systems geändert. Dieser Vorgang ist nur während eines Prozesses möglich, die verrichtete Arbeit W und die ausgetauschte Wärme Q sind daher Prozessgrößen.

Zustandsgleichungen

Die Beschreibung der funktionalen Zusammenhänge zwischen den thermodynamischen Zustandsgrößen erfolgt durch die sogenannten *Zustandsgleichungen*. Mithilfe dieser Gleichungen ist es möglich, die Eigenschaften von Fluiden (Gase oder Flüssigkeiten), Fluidgemischen und Feststoffen anzugeben. Für die Beschreibung benötigen Sie nur eine geringe Zahl frei wählbarer Zustandsgrößen, die als *Zustandsvariablen* bezeichnet werden. Die anderen Zustandsgrößen sind abhängig von diesen Zustandsvariablen. Die bekannteste Zustandsgleichung ist das *ideale Gasgesetz*:

$$p \cdot V = n \cdot R \cdot T$$

Dabei ist R die universelle Gaskonstante und n die Stoffmenge. Die *universelle Gaskonstante* beträgt:

$$R = 8{,}314 \, \frac{J}{\text{mol} \cdot K}$$

Die Bedeutung dieser Gleichung lässt sich am besten am Beispiel des Verdichters erklären. Während des Verdichtungsvorgangs bleibt die Stoffmenge konstant. Weiterhin nimmt man an, dass die Temperatur während des Verdichtungsvorgangs durch Kühlen konstant bleibt. Wird während der Verdichtung des Gases das Volumen verkleinert, muss der Druck ansteigen, da bei konstanter Stoffmenge und konstanter Temperatur das Produkt pV konstant ist.

Eine weitere wichtige Zustandsgleichung ist die *kalorische Zustandsgleichung*, die auch als *Energiegleichung* bezeichnet wird. Mehr dazu erfahren Sie in Kapitel 13.

Thermodynamische Prozesse

Thermodynamische Prozesse können in zwei große Kategorien unterteilt werden, Ausgleichsprozesse auf der einen und Dissipationsprozesse auf der anderen Seite.

Ausgleichsprozesse finden immer dann statt, wenn sich ein System nicht im Gleichgewicht befindet. Dies ist zum Beispiel dann der Fall, wenn Druck- oder Temperaturunterschiede im System vorhanden sind.

An dieser Stelle bietet sich als Beispiel der gute alte Kachelofen an einem kalten Wintermorgen an. Es ist früher Morgen und hundekalt im Zimmer. Sie machen den Ofen an. Der Ofen gibt so lange Wärme ab, bis das Zimmer in etwa dieselbe Temperatur aufweist wie die Oberfläche der Kacheln. Der Ausgleichsprozess läuft idealerweise bis zum Erreichen des Gleichgewichts ab. In der Praxis wird jedoch nur ein Zustand nahe dem Gleichgewicht erreicht.

Abbildung 12.3: Rührprozess als Beispiel für einen Dissipationsprozess
© Sebastian Altwasser

 Ein System befindet sich im Gleichgewicht, wenn sich keine der Zustandsgrößen zeitlich ändert.

Wenn Prozesse mit einem Arbeitsaustausch zwischen System und Umgebung stattfinden, erfolgt in realen Prozessen eine *Dissipation* (lateinisch: Zerstreuung) von Arbeit. Dabei wird ein Teil der Arbeit in Wärme oder in thermische Energie umgewandelt. Ein klassisches Beispiel ist die Bewegung eines Kolbens im Zylinder. Ein Teil der Arbeit wird dabei durch Reibung in Wärme umgewandelt. Im Grunde können Sie diesen Prozess der Wärmeerzeugung bei der Verrichtung mechanischer Arbeit also als Energieverschwendung bezeichnen, die sich aber nicht vermeiden lässt, wie in Kapitel 14 dargestellt wird.

Ein weiterer klassischer Dissipationsprozess ist das Rühren einer Flüssigkeit (siehe Abbildung 12.3). Durch den Rührwerksmotor (M) wird dem Fluid Energie zugeführt. Je länger gerührt wird, umso stärker steigt die Temperatur des Mediums an.

Ein klein wenig Mathematik

Die Thermodynamik verdankt ihren Ruf – der häufig nicht besonders gut ist – vor allem auch der Tatsache, dass bei ihrer Darstellung sehr häufig rein formell-mathematisch gearbeitet wird, ohne dass die dahinterliegenden Zusammenhänge befriedigend erklärt werden.

Zwar ist Thermodynamik ohne Mathematik nicht vorstellbar, aber die Darstellung in diesem Teil versucht zum einen, die mathematischen Abhandlungen so kurz und so einfach wie möglich zu halten, und zum anderen, diese Zusammenhänge mit einer ausführlichen, erläuternden Darstellung so gut wie möglich zu erklären. Dennoch ist es in diesem vorbereitenden Kapitel unumgänglich, einige der in der Thermodynamik besonders häufig verwendeten mathematischen Hilfsmittel kurz zusammenzufassen.

Es kommt auf Änderungen an: Differenzen und Differentiale

Das Ziel aller Berechnungen (und auch Messungen) in der Thermodynamik ist es, den verschiedenen Größen Werte, das heißt Zahlen, zuordnen zu können. Dabei muss man eine Reihe von Fällen unterscheiden:

✔ Im Idealfall kann man den Absolutwert für eine Größe angeben, etwa eine Temperatur von 20 °C für ein Wasserbad.

✔ In der Thermodynamik ist man vielfach gar nicht so sehr an Absolutwerten interessiert als vielmehr an Änderungen. Manchmal kann man den Absolutwert einer Größe auch gar nicht messen oder berechnen, wohl aber Änderungen (siehe in diesem Zusammenhang die Diskussion der Entropie in Kapitel 14). Diese Änderungen einer Größe, also Differenzen, werden durch den großen griechischen Buchstaben Delta (Δ) gekennzeichnet; $\Delta T = 10$ °C bedeutet also, dass sich die Temperatur um 10 °C geändert hat.

✔ Manchmal ist die Frage von Interesse, wie sich ein System verhält, wenn man eine Größe um einen kleinen Betrag ändert. Das System wird nicht bei x, sondern bei x + dx betrachtet. Dabei ist die Größe dx infinitesimal klein, sie wird als *Differential* bezeichnet. Wie Sie in den folgenden Kapiteln erfahren werden, spielen Differentiale in der Thermodynamik eine große Rolle.

Dies führt unmittelbar zum zweiten wichtigen Thema dieses kurzen Ausflugs in die Mathematik, den Ableitungen.

Sie beschreiben Änderungen: Ableitungen

Betrachten Sie eine Funktion y = f(x). In vielen Fällen ist – wie bereits erwähnt – die Änderung dieser Funktion von Interesse, manchmal stellt sie sogar eine eigene, neue Größe dar. So ist etwa die Leistung die Änderung der Energie mit der Zeit. Wenn man es mit einer linearen Funktion zu tun hat, kann man die Änderung einfach durch den Differenzenquotienten $\Delta y/\Delta x$ angeben. Wenn die Funktion nicht linear ist, muss man die betrachteten Änderungen von x infinitesimal klein machen, also den *Differentialquotienten* betrachten, das heißt die Ableitung der Funktion y nach x:

$$y' = \lim \frac{\Delta y}{\Delta x} = \frac{\mathrm{d}y}{\mathrm{d}x}$$

Allerdings hängen viele Größen nicht nur von einer, sondern von einer Reihe von Variablen ab:

$$y = f(x_1, x_2, x_3 \ldots)$$

In diesem Fall stellt sich häufig die Frage, welche Auswirkungen eine Änderung des Parameters x_1 auf die Gesamtfunktion hat. Dann muss man die partielle Ableitung von y nach x_1 betrachten, wobei die anderen Parameter x_i konstant gehalten werden:

$$\left(\frac{\partial y}{\partial x_1} \right)_{x_2, x_3 \ldots}$$

Um zu kennzeichnen, dass es sich um eine partielle Ableitung handelt, wird statt des d ein rundes ∂ verwendet.

Der Begriff des Differentials dy wurde oben als eine infinitesimal kleine Änderung einer Funktion eingeführt. Differentiale spielen in der folgenden Darstellung eine große Rolle. Hängt y von nur einer Variablen ab, kann man schreiben:

$$dy = \frac{dy}{dx} \cdot dx$$

Hängt allerdings y von mehreren Variablen ab, muss man das Differential folgendermaßen schreiben:

$$dy = \sum_{i=1}^{n} \frac{\partial y}{\partial x_i} \cdot dx_i$$

In diesem Fall spricht man von einem *totalen Differential*.

Betrachten Sie als Beispiel die innere Energie eines Systems. Sie hängt häufig von dessen Volumen und vom Druck ab: U = f (p,V). Damit ergibt sich für das totale Differential der inneren Energie:

$$dU = \left(\frac{\partial U}{\partial p} \right)_V \cdot dp + \left(\frac{\partial U}{\partial V} \right)_p \cdot dV$$

Kapitel 13
Robert von Mayer und der erste Hauptsatz der Thermodynamik – Ein Arzt und die Energieerhaltung

D as Thema dieses und des folgenden Kapitels sind die Hauptsätze der Thermodynamik, die dieses klassische Gebiet der Physik auf ähnliche Weise zusammenfassen wie die Newton'schen Gesetze die Mechanik. Es gibt insgesamt vier Hauptsätze, die interessanterweise aber von null bis drei nummeriert sind. Obwohl der nullte und der dritte Hauptsatz im Hinblick auf die Physikalische Chemie keine herausragende Rolle spielen (im Gegensatz zum ersten und zweiten), werden sie der Vollständigkeit halber kurz aufgeführt:

✔ Das Thema des nullten Hauptsatzes ist das thermische Gleichgewicht. Er lautet: Befindet sich ein System A sowohl mit dem System B als auch mit dem System C im thermischen Gleichgewicht, befinden sich auch B und C im Gleichgewicht (daraus ergibt sich die Funktionsweise von Kontaktthermometern und die Definition der Temperatur).

✔ Der erste Hauptsatz beschäftigt sich mit dem Thema Energie.

✔ Das Thema des zweiten Hauptsatzes ist die Entropie; er wird im folgenden Kapitel vorgestellt.

✔ Der dritte Hauptsatz (auch Nernst-Theorem genannt) besagt, dass der absolute Nullpunkt der Temperatur niemals erreicht werden kann.

In diesem Kapitel lernen Sie zunächst den ersten Hauptsatz der Thermodynamik sowie die energetischen Zustandsgrößen innere Energie und Enthalpie kennen, die ein thermodynamisches System kennzeichnen. Zum Abschluss erfahren Sie noch einige wichtige Tatsachen über die spezifische Wärmekapazität.

Der erste Hauptsatz der Thermodynamik

Schon in der Schule haben Sie einiges im Physikunterricht gelernt. Der folgende elementare Grundsatz, der Energieerhaltungssatz, dürfte Ihnen daher aus der Schulzeit bereits bekannt sein:

In einem abgeschlossenen System bleibt die Energie konstant. Energie kann weder verloren gehen noch aus dem Nichts entstehen. Die Energieformen sind allerdings ineinander umwandelbar.

Als einer der Väter dieses Satzes gilt der Arzt Julius Robert von Mayer. Als er jedoch 1841 seinen »Erhaltungssatz der Kraft« aufstellte, wurde er von vielen nur belächelt, da er einerseits nicht in der Lage war, sich wissenschaftlich auszudrücken; andererseits neigte er sehr stark zu Spekulationen. Jedoch spätestens mit der Formulierung des Energieerhaltungssatzes durch Hermann von Helmholtz erfolgte eine Anerkennung seiner Ideen und Theorien.

Doch wie kam von Mayer zu dieser Erkenntnis? 1840 heuerte er auf einem Schiff an, das nach Batavia (dem heutigen Jakarta) fuhr. Auf dieser Reise stellte er fest, dass das Blut der Seeleute in der Südsee eine dunklere Farbe hatte als in Deutschland. Zu diesem Zeitpunkt war bereits bekannt, dass die rote Farbe des Blutes von dem noch nicht verbrauchten Sauerstoff im Blut stammt. Mayer schloss daraus, dass in der Südsee eine geringere Verbrennungsrate für die Erzeugung der Körperwärme erforderlich ist als in Deutschland. Er stellte daraufhin folgende Vermutung auf:

$$\begin{bmatrix} \text{Durch Verbrennung} \\ \text{entstandene Wärme} \end{bmatrix} = \begin{bmatrix} \text{Wärmeverlust} \\ \text{durch den Körper} \end{bmatrix} + \begin{bmatrix} \text{Vom Körper} \\ \text{verrichtete Arbeit} \end{bmatrix}$$

Er stellte damit einen Zusammenhang zwischen Arbeit und Wärme her. Ebenso stellte er eine Erwärmung von Wasser fest, wenn es geschüttelt wird; dies bestärkte ihn in seiner Theorie.

Bestätigt wurde diese Theorie durch die Experimente von James Prescott Joule. Durch einen einfachen Rührversuch konnte dieser beweisen, dass die entstandene Wärmemenge proportional zur aufgewendeten Arbeit ist.

Aus diesen Ergebnissen ist der erste Hauptsatz der Thermodynamik ableitbar:

$$dU = \delta Q + \delta W$$

Der erste Hauptsatz der Thermodynamik besagt, dass eine Änderung der inneren Energie U eines Systems nur durch die Zu- oder Abführung von Wärme und/oder durch die Verrichtung von Arbeit erfolgen kann. Zugeführte Arbeit/Wärme wird dabei positiv, abgeführte negativ gerechnet.

Achtung, das Zeichen δ kennzeichnet eine Prozessgröße, aber d und δ bezeichnen mathematische Ableitungen (Differentiale). Wenn Ihnen die Bedeutung des kleinen d und des δ nicht klar ist, sollten Sie sich noch einmal den Abschnitt über Differentiale in Kapitel 12 anschauen.

Energetische Zustandsgrößen: Die innere Energie U und die Enthalpie H

Im ersten Hauptsatz der Thermodynamik finden Sie neben der Arbeit W und der Wärme Q noch ein weiteres Formelzeichen: ein großes U. Welche Größe sich dahinter verbirgt, erfahren Sie in diesem Abschnitt.

Der Energieinhalt eines Systems

Der Energiegehalt eines Stoffes kann durch die beiden energetischen Zustandsgrößen innere Energie U und Enthalpie H beschrieben werden. Die innere Energie U umfasst, wie der Name es schon deutlich macht, alle im Inneren eines Systems existierenden Energieformen. Sie setzt sich aus einer Reihe von Bestandteilen zusammen. Hierzu gehören:

✔ **Der physikalisch-thermische Anteil:** Der physikalisch-thermische Anteil beruht auf allen mikroskopischen ungeordneten Bewegungen der Moleküle. Dazu gehören die kinetische Energie, die Rotationsenergie sowie die Schwingungsenergie der Moleküle. Außerdem beinhaltet der physikalisch-thermische Anteil die intermolekularen Wechselwirkungen. Dabei handelt es sich um Wechselwirkungen, die zwischen den einzelnen Atomen und Molekülen stattfinden.

✔ **Der chemische Anteil:** Er umfasst die potenzielle Energie (Lageenergie) der Bindungen. Diese kann beispielsweise bei einer Verbrennung in Form von thermischer Energie freigesetzt werden.

✔ **Der kernphysikalische Anteil:** Der kernphysikalische Anteil bezeichnet die in den Atomkernen vorhandene Energie. Sie kann bei Kernspaltungen, Kernzerfällen oder Kernfusionen freigesetzt werden. Diese Energie wird genutzt, um in Kernkraftwerken Strom zu erzeugen.

✔ **Wechselwirkungen von magnetischen und elektrischen Dipolen** mit äußeren elektrischen und magnetischen Feldern können einen weiteren Anteil liefern.

Elektrische Dipole entstehen durch Ladungsverschiebung. Dabei wird das gemeinsame Elektronenpaar einer Bindung stärker zu einem Atom hingezogen. Dies bewirkt, dass das Teilchen oder die Atomgruppe im Inneren nicht mehr elektrisch neutral sind. Nach außen sind sie allerdings weiterhin neutral.

Die Zustandsgröße *innere Energie* hängt von den Zustandsvariablen Volumen und Temperatur ab. Die entsprechenden Formeln folgen in Kapitel 15.

Der Wärmeinhalt eines Systems

Die zweite bereits genannte energetische Zustandsgröße ist die sogenannte *Enthalpie* H (englisch: heat content). Sie wird auch als *Wärmeinhalt* bezeichnet und ist definiert durch:

$$H = U + p \cdot V$$

Dieser Gleichung zufolge setzt sich die Enthalpie aus der inneren Energie und der Verschiebearbeit p·V zusammen. Differenziell geschrieben ergibt sich:

$$dH = dU + d(p \cdot V)$$

Verschiebearbeit tritt nur bei fluiden Systemen auf; beim Austausch von Arbeit kann eine Verschiebung der Systemgrenzen erfolgen. Unter Fluiden versteht man Gase und Flüssigkeiten. Demzufolge können Sie auch verstehen, warum Verschiebearbeit nur bei Fluiden auftreten kann.

Eine in der Thermodynamik wichtige Enthalpieform ist die Verdampfungsenthalpie $\Delta_V H$. An dieser Stelle wird das große griechische Delta anstatt eines kleinen d verwendet, da es sich um eine absolute Energiedifferenz handelt. Die molare Verdampfungsenthalpie ist die Energie, die benötigt wird, um ein Mol eines Stoffes zu verdampfen. Umgekehrt ist die Kondensationsenthalpie $\Delta_K H$ die Energie, die frei wird, wenn ein Mol eines Stoffes kondensiert.

Verdampfung und Kondensation verlaufen im Allgemeinen bei konstantem Druck (isobar) und bei konstanter Temperatur (isotherm).

Diese Umwandlungsenthalpien sind tabelliert und werden auch als *latente (verborgene) Wärmen* bezeichnet. Sie heißen so, da trotz der Zu- oder Abführung von Wärme keine Änderung der Temperatur erfolgt, die Wärme also in der Phasenumwandlung »verborgen« ist.

Wärmekapazität

Eine weitere wichtige Größe in der Thermodynamik ist die Wärmekapazität C. Sie gibt an, wie viel thermische Energie ein Körper pro Temperaturänderung speichern kann. Mathematisch ausgedrückt lässt sich dies wie folgt formulieren:

$$C = \frac{\delta Q}{dT}$$

Die Wärme Q ist keine Zustandsgröße und besitzt somit kein totales Differential. Das Zeichen δ kennzeichnet eine Prozessgröße.

Die zugeführte Wärmemenge δ Q hängt von der Entropie S und der Temperatur T ab. (Mehr zur Entropie erfahren Sie in Kapitel 14.) Die Wärme hängt somit nicht nur vom Start- und Endzustand des Systems, sondern auch von dem Weg vom Start- zum Endpunkt ab. Daher ist sie keine Zustandsgröße, sondern eine Prozessgröße, und man muss das δ-Zeichen verwenden.

Wichtig für die Erwärmung eines Körpers sind auch die äußeren Bedingungen.

Ein *isochorer Vorgang* läuft bei konstantem Volumen ab, *isobar* heißt ein Vorgang, der unter konstantem Druck abläuft.

Es ist ein Unterschied, ob ein gasförmiger Körper bei konstantem Druck oder bei konstantem Volumen erwärmt wird. Bei einer isobaren Erwärmung wird gleichzeitig Arbeit für die thermische Ausdehnung des Körpers geleistet; dies führt zu einer größeren Wärmeaufnahme. Aufgrund dieser Tatsache muss man eine isochore c_V und eine isobare Wärmekapazität c_p unterscheiden, wobei die isobare Wärmekapazität größer als die isochore ist. Beide Größen sind temperaturabhängig; das Vermögen, Wärme zu speichern, nimmt mit steigender Temperatur zu.

Bei Festkörpern und Flüssigkeiten kann c_p mit c_V gleichgesetzt werden, da etwa bei Festkörpern die Ausdehnungsarbeit keine Rolle spielt.

Diese beiden Größen sind durch folgende Beziehung miteinander verknüpft:

$$c_p - c_v = R_i$$

Bei R_i handelt es sich um die spezifische Gaskonstante. Sie ergibt sich aus der universellen Gaskonstante R durch Division durch die Molmasse M des betrachteten Gases:

$$R_i = \frac{R}{M_i} \left[\frac{J}{kg \cdot K} \right]$$

Das Verhältnis aus den spezifischen Wärmekapazitäten wird als *Isentropenexponent* κ bezeichnet:

$$\kappa = \frac{c_p}{c_V}$$

Kleinbuchstaben bezeichnen immer spezifische Größen, die auf 1 kg Masse bezogen und damit massenunabhängig sind. Vergleichen Sie in diesem Zusammenhang auch noch einmal Tabelle 12.1 aus dem vorigen Kapitel.

Der Isentropenexponent ist für verschiedene Gase tabelliert. Für Luft beträgt er ungefähr 1,4. Er spielt bei den in Kapitel 15 betrachteten Zustandsänderungen noch eine große Rolle.

Kapitel 14

Alles in Unordnung – Der zweite Hauptsatz der Thermodynamik

I n diesem Kapitel lernen Sie den zweiten Hauptsatz und die darin enthaltenen Zustands-größen kennen. Sie erfahren, was hinter der Größe Entropie steckt und wie Energien und Entropien in sogenannten Flussbildern dargestellt werden können. Zudem wird dargelegt, wie Energien zu bewerten sind; abschließend wird mit dem Carnot-Prozess ein wichtiger Kreisprozess in seinen vier Schritten vorgestellt.

Der zweite Hauptsatz und seine Bedeutung

Der zweite Hauptsatz der Thermodynamik ist wie der erste oder wie auch die Newton'schen Gesetze ein Axiom, das heißt, er beruht auf Erfahrungswerten. Seine zentrale Größe ist die Entropie S, eine auf den ersten (und auch den zweiten) Blick sehr seltsame Größe (dies gilt auch für die meisten Physiker). Bevor der zweite Hauptsatz näher betrachtet wird, ist es daher zwingend erforderlich, sich mit der Entropie zu befassen.

Jedes System besitzt Entropie

Eingeführt wurde dieser Begriff durch den deutschen Physiker Rudolf Julius Emanuel Clausius im Jahre 1865. Er stellte fest, dass bei der Übertragung von Wärme noch eine weitere mengenartige Größe fließen muss, ansonsten konnten die vorliegenden Ergebnisse nicht erklärt werden. Diese Größe nannte er Entropie, ein an das Griechische angelehntes Kunstwort, das auf den Begriffen für »innerhalb« und »Umkehr« beruht.

Mit den Mitteln, die Sie im Rahmen dieses Buchs kennenlernen, ist eine exakte direkte mathematische Definition der Entropie nicht möglich; dazu ist die statistische Mechanik erforderlich, deren Inhalte jenseits des Rahmens dieses Buchs liegen. Allerdings kann man zumindest Entropieänderungen definieren, wie im Folgenden dargestellt wird. Umgangssprachlich nennt man die Entropie auch ein Maß für die Unordnung eines Systems oder auch ein Maß für die Unkenntnis des Zustands eines Systems, wobei allerdings beide Begriffe physikalisch nicht definiert sind. Dennoch geben diese beiden Bezeichnungen ein gutes Bild vom Wesen der Entropie: Wenn man in einem Behälter einen Eiskristall schmelzen lässt, nimmt die Entropie zu: Der Kristall besitzt eine geordnete Struktur, während sich im Wasser die einzelnen Moleküle ungeordnet gegeneinander bewegen.

Die Entropie ist also eine mengenartige Größe, die in jedem Körper (System) enthalten ist, die aber auch von einem Körper zum anderen fließen kann. Wenn man zwei ansonsten absolut gleiche Körper hat, besitzt der mit der höheren Temperatur auch die höhere Entropie. Fügt man die Körper zusammen, gleicht sich ihre Temperatur an, indem Entropie vom wärmeren zum kälteren fließt. Mithilfe dieses Vorgangs kann man zumindest eine Änderung der Entropie definieren:

Wenn man einem Körper die Entropie dS zuführt, wird die Wärmemenge $\delta Q = T \cdot dS$ übertragen. Es gilt also:

$$dS = \frac{\delta Q}{T}$$

Daraus ergibt sich direkt die Einheit der Entropie:

$$[S] = \frac{J}{K}$$

Aus dieser Definition der Entropie ergibt sich noch eine weitere wichtige Schlussfolgerung: Die Wärme ist keine Zustands-, sondern eine Prozessgröße, die kein vollständiges Differential besitzt und vom Weg abhängt. Deshalb steht in der Definition δQ. Die Entropie hingegen ist eine Zustandsgröße und besitzt ein vollständiges Differential dU. Bei einer Entropieänderung kommt es also nicht auf den Weg an, auf dem sie erfolgt.

Wissenswertes zur Entropie

Sie sollten an dieser Stelle trotz aller Unsicherheiten nicht aufgeben. Denn es gibt durchaus eine Reihe von Tatsachen, die man über die Entropie weiß, die für die folgende Darstellung in diesem Buch von Bedeutung sind und die Sie sich daher merken sollten:

✔ Jedes thermodynamische System besitzt eine Entropie.

✔ Die Entropie ist – wie gerade erläutert – eine Zustandsgröße.

✔ Die Entropie ist eine extensive Zustandsgröße. Wenn man zwei Systeme zusammenfügt, addieren sich ihre Entropien.

✔ Die Entropie ist keine Erhaltungsgröße, sie kann sich auch in einem abgeschlossenen System ändern. Sie kann allerdings, wie es im zweiten Hauptsatz formuliert ist, in einem solchen System nicht abnehmen, sondern nur zunehmen.

Möglichkeiten der Entropieänderung

Aus der bisherigen Darstellung geht hervor, dass sich die Entropie eines Systems ändern kann. Sie kann sowohl – bei geschlossenen und offenen Systemen – von einem System zum anderen fließen als auch – bei allen Systemen, also auch bei abgeschlossenen – im Inneren des Systems zunehmen. In diesem Zusammenhang sind die folgenden Größen von Bedeutung:

✔ Entropieänderungen dS_Q im Zusammenhang mit einem Wärmetransport über Systemgrenzen

✔ Entropieänderungen im Zusammenhang mit einem Stofftransport über Systemgrenzen

✔ Diese beiden im Zusammenhang mit der Wechselwirkung mit anderen, äußeren Systemen stehenden Änderungen werden auch mit dem Kürzel dS_a zusammengefasst. Dabei sind drei Fälle denkbar:

- $dS_a < 0$: Das System gibt Wärme an seine Umgebung ab.

- $dS_a > 0$: Das System nimmt Wärme aus seiner Umgebung auf.

- $dS_a = 0$: Es wird keine Wärme mit der Umgebung ausgetauscht: Es handelt sich um eine adiabatische Zustandsänderung (siehe Kapitel 15).

✔ Bei irreversiblen Prozessen (siehe den nachfolgenden Kasten) kann es auch im Inneren eines Systems zu einer Entropieänderung kommen. Diese wird mit dS_i oder, da die Vorgänge auf der Dissipation von Energie beruhen, mit dS_{diss} bezeichnet.

 Als *Dissipation* bezeichnet man die Verschwendung von Energie, die in eine andere Energieform übergeht, etwa in thermische Energie. Es handelt sich um eine extensive (von der Masse abhängige) Zustandsgröße. Ursache der Energiedissipation können insbesondere Verluste durch Reibung sein.

Reversible und irreversible Prozesse

In der Thermodynamik unterscheidet man grundsätzlich zwischen reversiblen und irreversiblen Prozessen. Bei einem *reversiblen* Prozess ist eine Umkehrung möglich, der Prozess kann also auch in umgekehrter Richtung ablaufen. Ein weiterer wichtiger Punkt ist, dass bei einem Kreisprozess (Kapitel 18) die in einem *p/V*-Diagramm umschlossene Fläche der geleisteten Arbeit entspricht.

Bei *irreversiblen* Änderungen und Prozessen ist keine Umkehrung möglich; bei einem Kreisprozess ist die zu leistende Arbeit größer als die im *p/V*-Diagramm eingeschlossene Fläche. Ursache für die Unumkehrbarkeit ist Dissipation von Energie.

In der Realität gibt es keine reversiblen Prozesse. Es treten immer Verluste auf (etwa durch Reibung), die dafür sorgen, dass ein Prozess nicht umkehrbar ist. Dennoch ist es hilfreich und sinnvoll, sich mit reversiblen Prozessen zu beschäftigen, weil man bei der Betrachtung solcher idealer Systeme sehr viel lernen kann.

Die Unterscheidung zwischen reversiblen und irreversiblen Prozessen spielt bei der Formulierung des zweiten Hauptsatzes eine große Rolle.

Der zweite Hauptsatz der Thermodynamik

Wie bei allen Hauptsätzen der Thermodynamik gibt es auch für den zweiten mehrere Formulierungen, die alle gleichwertig sind, obwohl es zunächst nicht danach aussieht. Es ist durchaus sinnvoll, sich einige dieser Formulierungen genauer anzuschauen, da man aus diesem Vergleich sehr viel lernen kann. Die erste dieser Formulierungen stammt von Clausius selbst:

✔ Wärme kann nicht von selbst von einem Körper niedriger Temperatur auf einen Körper höherer Temperatur übergehen.

Dies entspricht natürlich Ihrer Alltagserfahrung. Eng verknüpft mit dieser Formulierung ist die folgende:

✔ Ein irreversibler Prozess findet freiwillig nur dann statt, wenn dabei die Entropie zunimmt.

Eine weitere, mathematisch gefasste Formulierung des Hauptsatzes betrachtet die Änderungen der Entropie:

✔ In einem geschlossenen adiabatischen (isolierten) System gilt für die Änderung der Entropie:

$$dS = \frac{\delta Q}{T} \geq 0$$

Dabei gilt das Gleichheitszeichen für reversible, das Größerzeichen für irreversible Prozesse.

✔ Bei einem geschlossenen System kann man den zweiten Hauptsatz auch so schreiben:

$$dS = dS_a + dS_i = \frac{\delta Q}{T} + \frac{\delta W_{Diss}}{T}$$

Der erste Term beschreibt den Austausch von Wärme mit der Umgebung, δW_{Diss} die innerhalb des Systems dissipierte Arbeit. Da sie dem System zugeführt wird (etwa in Form von Reibungsarbeit), ist sie immer positiv. Bei einem wärmedichten System ist δS gleich null, also gilt:

$$dS = \frac{\partial W_{Diss}}{T}$$

Bei reversiblen Prozessen in einem solchen System ist dS also gleich 0, bei irreversiblen Prozessen nimmt die Entropie zu.

Beispiel: Entropiebilanz eines offenen Systems

In der obigen Bilanz wurden geschlossene Systeme betrachtet; bei offenen Systemen kann nicht nur Wärme mit der Umgebung ausgetauscht werden, sondern es ist auch ein Stofftransport möglich. Auf der Grundlage dieser Überlegungen kann man beispielsweise für einen Verdichter eine Entropiestrombilanz aufstellen. Bei einem Verdichter strömt Luft in das System. Damit ist auch ein Entropiestrom $\dot{S}_1$ verbunden. Die Luft wird zunächst verdichtet und dann wieder ausgestoßen; auch mit dem Austrittsprozess ist ein Entropiestrom $\dot{S}_2$ verbunden. Darüber hinaus findet während des Verdichtungsprozesses selbst eine Entropieänderung statt, und schließlich können im Verdichter auch dissipative Prozesse stattfinden. Wenn man diese Entropieströme durch einen Punkt über dem Formelzeichen ausdrückt, der für die Ableitung nach der Zeit steht (also $\dot{S} = dS/dT$), ergibt sich die folgende Entropiestrombilanz (wobei die einzelnen Terme in Tabelle 14.1 definiert sind):

$$\dot{S}_1 + \dot{S}_{Q12} + \dot{S}_{i12} = \dot{S}_2$$

Zeichen	Entropieströme
$\dot{S}_1$	Entropiestrom der in das Bilanzgebiet eintretenden Komponente
$\dot{S}_{Q12}$	Entropiestrom durch Wärme- und/oder Stoffaustausch mit der Umgebung
$\dot{S}_{i12}$	Entropieströme, die durch den Ablauf irreversibler Prozesse im Inneren des Systems entstehen
$\dot{S}_2$	Entropiestrom der aus dem Bilanzgebiet tretenden Komponente

Tabelle 14.1: Entropieströme bei einem Verdichter (einem offenen System) im stationären Zustand

Aus dieser Darstellung geht hervor, dass Entropie

✔ in das System hineingehen,

✔ im System produziert werden sowie

✔ das System verlassen kann.

Grafische Darstellung von Bilanzen

Sowohl Entropie- als auch Energiebilanzen können grafisch in einem Flussdiagramm (oder auch Sankey-Diagramm) dargestellt werden. Es handelt sich um eine Darstellung der eintretenden, produzierten und austretenden Energieströme durch Pfeile, deren Dicke proportional zur Stärke des Stroms ist. Sie sind relativ einfach zu zeichnen und stellen für den Betrachter die ein- und austretenden Ströme übersichtlich dar.

Im Folgenden sollen derartige Diagramme am Beispiel eines adiabaten (wärmedichten) Verdichters vorgestellt werden. Abbildung 14.1 zeigt zunächst eine schematische Darstellung eines solchen Verdichters.

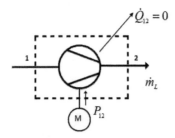

Abbildung 14.1: Schematische Darstellung eines adiabaten Verdichters © Sebstian Altwasser

Lassen Sie sich von dem Zusatzwort adiabat nicht verunsichern, es bedeutet einfach wärmedicht: Die Wärme, die bei einer Verdichtung »frei« wird, kann den Verdichter nicht verlassen.

 Adiabat bedeutet wärmedicht, das heißt, es wird keine Wärme zu- oder abgeführt. Eine genaue Erläuterung der in der Thermodynamik möglichen Zustandsänderungen finden Sie in Kapitel 15.

Bei dem in Abbildung 14.1 dargestellten Verdichter soll Luft vom Punkt 1 zum Punkt 2 verdichtet werden. Damit ist ein Massestrom (Luft) $\dot{m}$ verbunden, der allerdings konstant ist. Da adiabatische Bedingungen vorliegen, wird keine Wärme mit der Umgebung ausgetauscht ($\dot{Q}_{12}=0$). Allerdings muss, um die Luft zu verdichten, dem Medium die Leistung P_{12} über den Motor zugeführt werden.

Wie sehen die entsprechenden Sankey-Diagramme aus? Dazu muss man zunächst die Energie- und Entropiebilanzen betrachten. Die Energiebilanz ist relativ einfach; sie lautet:

$$\dot{H}_1 + P_{12} = \dot{H}_2$$

Der von der Luft vor der Verdichtung transportierte Enthalpiestrom $\dot{H}_1$ erhöht sich durch die Zuführung der Leistung P_{12} auf $\dot{H}_2$.

Im Inneren des Verdichters erhöht sich allerdings die Entropie der Luft. Für die Entropiebilanz ergibt sich daher:

$$\dot{S}_1 + \dot{S}_{i12} = \dot{S}_2$$

Die zugehörige Darstellung in Form von Sankey-Diagrammen zeigt Abbildung 14.2. Im Fall des Energieflusses ist die Darstellung einfach: Die Dicke des Pfeils $\dot{H}_2$ ergibt sich als Summe der Dicken von $\dot{H}_1$ und P_{12}. Im Entropiediagramm muss berücksichtigt werden, dass die Entropie des Luftstroms zunimmt, $\dot{S}_2$ ist also breiter als $\dot{S}_1$.

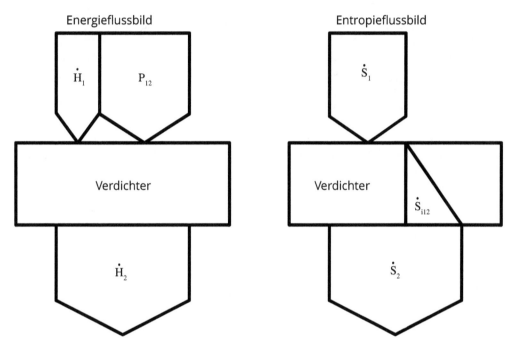

Abbildung 14.2: Sankey-Diagramme für einen adiabaten Verdichter © Sebastian Altwasser

Etwas Mathematik ist erforderlich: Entropieänderungen

Die Entropie hängt vom Druck, der Temperatur und dem spezifischen Volumen eines Systems ab. Im folgenden Abschnitt wird eine Reihe von Zustandsänderungen betrachtet, von denen bereits mehrfach die Rede war, und ihr Einfluss auf die Entropie diskutiert.

Entropieänderung bei Zustandsänderungen ohne Phasenänderung

Zunächst soll ein einfacher Fall betrachtet werden, die bloße Erwärmung eines reinen homogenen Stoffes. Dabei soll keine Phasenänderung stattfinden, das heißt, der Aggregatzustand ändert sich nicht.

Die Erwärmung eines Stoffes ist ein reversibler, also ein umkehrbarer Prozess. An dieser Stelle beginnt die Mathematik, ohne die es in der Thermodynamik häufig nicht geht. Der zweite Hauptsatz für ein geschlossenes System lautet, wie im vorangegangenen Abschnitt gezeigt wurde:

$$dS = dS_a + dS_i = \frac{\delta Q}{T} + dS_i$$

Im vorliegenden Fall kann diese Gleichung vereinfacht werden. Da die Änderung der inneren Entropie gleich null ist, also keine dissipative Entropie im Inneren des Systems produziert wird, ist dS_i gleich null. In einem weiteren Schritt kann die Masse ausgeklammert werden. Durch diesen Schritt werden aus den extensiven (massenabhängigen) Größen massenunabhängige intensive Größen. Damit erhält man den folgenden Ausdruck:

$$dS = \frac{\delta q}{T}$$

δq ist keine Zustandsgröße, sondern eine Prozessgröße. Man arbeitet aber lieber mit Zustandsgrößen. Hier kann man den ersten Hauptsatz heranziehen, der in Kapitel 13 vorgestellt wird. Er lautet:

$$du = \delta q + \delta w$$

Diese Gleichung kann man nach ∂q umstellen:

$$\delta q = du - \delta w$$

Bislang wurde nicht viel gewonnen. Zwar kann man die Prozessgröße δq ersetzen, aber man handelt sich dafür die Prozessgröße ∂w ein. Setzt man für ∂w die Volumenänderungsarbeit ein (mehr zu diesem Begriff finden Sie im nachfolgenden Kasten), erhält man folgende Gleichung:

$$\partial q = du + p\,dv$$

Mit ihrer Hilfe kann man δq ausschließlich durch Zustandsgrößen ausdrücken. Aber dies ist nicht die einzige Möglichkeit. In Kapitel 13 wurde das totale Differential eingeführt. Mit h = u + pv folgt:

$$dh = d(u + pv) = du + p\,dv + v\,dp \Rightarrow du + p\,dv = dh - v\,dp$$

Daher kann man auch schreiben:

$$\partial q = dh - v\,dp$$

Volumenänderungsarbeit und technische Arbeit

Die beiden Terme p dv und v dp in dieser Herleitung beschreiben zwei Formen der Arbeit: Der Term p dv ist die Volumenänderungsarbeit, die verrichtet wird, wenn sich das Volumen verändert und zum Beispiel einen Kolben in einem Zylinder verschiebt. Diese Form der Arbeit gibt es nur in geschlossenen Systemen. Der Term v dp dagegen ist die die Druckänderungsarbeit, die sogenannte *technische Arbeit*, die durch die Änderung des Druckes im offenen System entsteht. Sie tritt nur bei offenen Systemen auf und ist die von einem stetig durch eine Maschine strömenden Stoffstrom verrichtete Arbeit. Oftmals wird diese Arbeit auch als *Wellenarbeit* bezeichnet, wobei sich dieser Ausdruck auf die Welle einer Maschine bezieht.

Mithilfe des ersten Hauptsatzes ergeben sich für die Wärme δq die beiden folgenden gleichwertigen Ausdrücke, in den keine Prozessgrößen mehr, sondern nur noch Zustandsgrößen verwendet werden:

$$\delta q = du + pdv = dh - vdp$$

Setzt man diese Ausdrücke in den zweiten Hauptsatz ein, ergeben sich zwei mögliche Gleichungen:

$$ds = \frac{du + p\, dv}{T}$$
$$ds = \frac{dh - v\, dp}{T}$$

Diese Gleichungen kann man nun verwenden. Sie sind gleichwertig; welche von ihnen man benutzt, hängt vom betrachteten Fall ab, wie aus der folgenden Diskussion einiger Beispiele deutlich wird.

Entropieänderungen eines idealen Gases

Wendet man die erste der beiden Gleichungen auf ein ideales Gas an, muss zunächst der Term durch einen geeigneten lösbaren Term ersetzt werden. Dazu wird die in Kapitel 13 eingeführte spezifische Wärmekapazität verwendet:

$$du = c_v \cdot dT$$

Eine weitere Möglichkeit zur Vereinfachung der Gleichung für die Entropieänderung ist die Verwendung der idealen Gasgleichung in ihrer von der Masse unabhängigen Form (das heißt, es werden spezifische Größen verwendet, die durch Kleinbuchstaben gekennzeichnet sind). Das ideale Gasgesetz lautet zunächst:

$$p \cdot V = m \cdot R_i \cdot T$$

Dividiert man die Gleichung durch die Masse, ergibt sich:

$$p \cdot \frac{V}{m} = p \cdot v = R_i \cdot T \quad \Rightarrow \quad \frac{p}{T} = \frac{R_i}{v}$$

Setzt man diese beiden gerade gefundenen Beziehungen in die Gleichung für die Entropieänderung ein, erhält man einen Ausdruck, mit dessen Hilfe man die Änderung der Entropie beim Übergang eines Systems vom Zustand 1 in den Zustand 2 durch Integration der einzelnen Summanden berechnen kann:

$$ds = du + \frac{p\,dv}{T}$$

$$= \frac{c_v \cdot dT}{T} + \frac{dv}{v} \cdot R_i$$

$$\int_1^2 ds = \int_1^2 \frac{c_v \cdot dT}{T} + R_i \cdot \int_1^2 \frac{dv}{v}$$

An dieser Stelle ergibt sich noch ein Problem: Die spezifische Wärmekapazität c_v ist eine Funktion der Temperatur, eine Integration dieses Terms daher zunächst nicht möglich. Man kann aber zur Vereinfachung mit einer mittleren Wärmekapazität $\bar{c}_v$ rechnen. Durch diesen Schachzug ist es möglich, diese Größe als Konstante vor das Integral zu ziehen. Wenn man zudem noch berücksichtigt, dass für das Integral $\int dx/x = \ln x$ gilt, ergibt sich integriert die folgende Gleichung:

$$\Delta s = \bar{c}_v \cdot \ln \frac{T_2}{T_1} + R_i \cdot \ln \frac{v_2}{v_1}$$

Eine ähnliche Herleitung ist auch für die zweite Gleichung möglich, die Ihnen an dieser Stelle jedoch erspart bleiben soll, indem sofort das Ergebnis präsentiert wird:

$$\Delta s = \bar{c}_p \cdot \ln \frac{T_2}{T_1} - R_i \cdot \ln \frac{p_2}{p_1}$$

Zwei kleine Hinweise noch zu dieser Gleichung, falls Sie sie einmal selbst herleiten wollen. Für dh/T kann man den folgenden Term einsetzen:

$$\frac{dh}{T} = \frac{c_p \cdot dT}{T}$$

Der Term (v dp)/T kann wiederum mithilfe des idealen Gasgesetzes ersetzt werden:

$$\frac{v}{T} = \frac{R_i}{p}$$

Es gibt also zwei Gleichungen, mit deren Hilfe man die Entropieänderung eines idealen Gases berechnen kann. Sie sind einander formell sehr ähnlich. Die erste enthält die spezifische Wärmekapazität bei konstantem Volumen und das Verhältnis v_2/v_1, die zweite die spezifische Wärmekapazität bei konstantem Druck und das Verhältnis p_2/p_1.

 Wenn Sie nicht wissen, welche Gleichung Sie zur Berechnung der Entropieänderung verwenden müssen, schauen Sie sich immer an, welche Zustandsänderung Sie betrachten müssen, wenn Sie eine Aufgabe lösen wollen. Welche Größen sind gegeben, welche sind gesucht? Wenn Sie diese Fragen beantwortet haben, wissen Sie sofort, welche Gleichung Sie wählen müssen.

Anwendung auf Zustandsänderungen von Gasen

 Handelt es sich beispielsweise um eine isobare Zustandsänderung, ist es zweckmäßig, mit der zweiten Gleichung zu arbeiten. Bei einer isochoren Zustandsänderung hingegen verwendet man zweckmäßigerweise die erste (Näheres zu diesen Änderungen erfahren Sie in Kapitel 15).

Betrachten Sie zunächst die zweite Gleichung für die Änderung der Entropie:

$$\Delta s = \bar{c}_p \cdot \ln \frac{T_2}{T_1} - R_i \cdot \ln \frac{p_2}{p_1}$$

Bei einer isobaren Zustandsänderung (also einer Änderung bei konstantem Druck) ist der Druck des Zustands 2 gleich dem Druck des Zustands 1. Demzufolge ist der Quotient aus beiden Drücken gleich eins, und der Logarithmus von eins ist null. Deshalb folgt bei einer isobaren Zustandsänderung für die Änderung der Entropie:

$$\Delta s = \bar{c}_p \cdot \ln \frac{T_2}{T_1}$$

Man muss also nur die Temperatur der beiden Zustände sowie die (tabellierte) spezifische Wärmekapazität des verwendeten Gases einsetzen. Bei einer isochoren Zustandsänderung bleibt das Volumen konstant, demzufolge ergibt sich der Ausdruck:

$$\ln \frac{v_2}{v_1} = 0$$

Daher ist die Änderung der Entropie:

$$\Delta s = \bar{c}_v \cdot \ln \frac{T_2}{T_1}$$

Entropieänderung bei Zustandsänderungen mit Phasenumwandlung

Die vorangegangenen Betrachtungen bezogen sich auf Systeme, bei denen keine Phasenumwandlung stattfindet. Im Folgenden wird ein Fall betrachtet, in dem das Medium seinen Aggregatszustand ändert. Ein Beispiel dafür ist eine Verdampfung. Für die Verdampfung eines Stoffes muss die Verdampfungsenthalpie Δh_V aufgewendet werden.

Mit deren Hilfe und der Verdampfungstemperatur kann die Verdampfungsentropie Δs_V berechnet werden. Wie Sie sehen, handelt es sich um eine recht einfache Beziehung:

$$\Delta s_V = \frac{\Delta h_V}{T_V}$$

Dabei steht der Index V für den Vorgang der Verdampfung. Für die Herleitung dieser einfachen Gleichung für die Entropieänderung müssen Sie sich die weiter oben hergeleitete allgemeine Gleichung zur Berechnung der Entropie in Erinnerung rufen:

$$\mathrm{d}s = \frac{\mathrm{d}h - v\,\mathrm{d}p}{T}$$

Darüber hinaus muss man berücksichtigen, dass eine Verdampfung in der Regel isobar abläuft. Daher gibt es keine Druckänderung, sodass dp = 0 gilt. Daher fällt der Term v dp weg und man erhält:

$$\mathrm{d}s = \frac{\mathrm{d}h}{T}$$

Durch Integration über den Verdampfungsvorgang erhält man die obige Gleichung.

Während des Verdampfungsprozesses bleibt die Temperatur konstant (Verdampfungstemperatur T_V). Die gesamte zugeführte Energie wird zur Verdampfung verwendet. Erst nach der Verdampfung steigt die Temperatur weiter an. Dann können Sie die darauf folgende Entropieänderung wieder mit den oben angegebenen Formeln für eine Zustandsänderung ohne Phasenänderung berechnen.

Entropie am Beispiel eines Druckbehälters

In der bisherigen Darstellung zur Entropie wurden sehr viele Gleichungen eingeführt. Es ist daher an der Zeit, die Nützlichkeit dieser Größe an einem Beispiel zu demonstrieren. Dabei sollte man immer Folgendes im Hinterkopf haben:

✔ Reale (irreversible) Prozesse laufen nur dann freiwillig ab, wenn die Entropie zunimmt.

✔ Bei reversiblen (umkehrbaren) Prozessen bleibt die Entropie konstant.

Im Folgenden wird die Situation in Abbildung 14.3 betrachtet. Zwei Behälter a und b sind durch eine Rohrleitung miteinander verbunden, aber zunächst mittels eines Ventils voneinander getrennt. In den beiden Behältern befindet sich Luft in verschiedenen Zuständen:

Behälter a p_{a1} = 2 MPa V_a = 1 m^3 T_{a1} = 293,15 K

Behälter b p_{b1} = 0,2 MPa V_b = 1 m^3 T_{b1} = 293,15 K

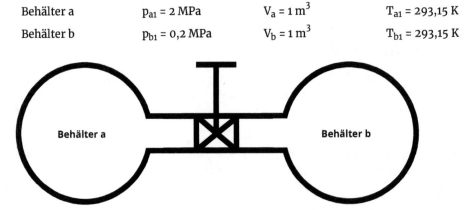

Abbildung 14.3: Druckbehälter © Sebastian Altwasser

Wenn das Ventil geöffnet wird, erfolgt ein Druckausgleich. Dieser Ausgleichsprozess verläuft adiabatisch, also ohne einen Wärmeaustausch des Systems mit der Umgebung. Nach dem Druckausgleich ist der Druck im Behälter a genauso groß ist wie der im Behälter b. Er wird im Folgenden p_2 genannt. Der Intuition zufolge ist p_2 der Mittelwert von p_{a1} und p_{b1}, also 1,1 MPa. Mithilfe des idealen Gasgesetzes kann man dies auch leicht zeigen. Es lautet (mit der spezifischen Gaskonstante R_i):

$$p \cdot V = m \cdot R_i \cdot T$$

Demzufolge muss für den Zustand nach dem Öffnen des Ventils gelten:

$$p_2 \cdot (V_a + V_b) = (m_a + m_b) \cdot R_i \cdot T_2$$

Die Gasmassen in den Behältern a und b können wiederum mithilfe des Gasgesetzes berechnet werden:

$$m_{a1} = \frac{p_{a1} \cdot V_a}{R_i \cdot T_a}$$

$$m_{b1} = \frac{p_{b1} \cdot V_b}{R_i \cdot T_b}$$

Diese beiden Beziehungen kann man nun in die Zustandsgleichung für den Zustand 2 einsetzen und erhält:

$$p_2 \cdot (V_a + V_b) = \left(\frac{p_{a1} \cdot V_{a1}}{R_i \cdot T_{a1}} + \frac{p_{b1} \cdot V_{b1}}{R_i \cdot T_{b1}} \right) \cdot R_i \cdot T_2$$

Diese etwas längliche Gleichung kann man vereinfachen, da $V_a = V_b = V/2$ und der Prozess isotherm ist, also alle drei auftretenden Temperaturen gleich sind:

$$p_2 \cdot V = \frac{V}{2} \cdot (p_{a1} + p_{b1})$$

Daher ergibt sich für die Berechnung des Enddruckes für diesen Fall die folgende Gleichung.

$$p_2 = \frac{(p_{a1} + p_{b1})}{2}$$

Es stellt sich also ein Druck von $p_2 = 1{,}1$ MPa ein, der Mittelwert der beiden Ausgangsdrücke.

Natürlich läuft dieser Prozess freiwillig ab. Also muss nach dem zweiten Hauptsatz die Entropie zunehmen. Betrachten Sie in diesem Zusammenhang noch einmal die Gleichung zur Berechnung der spezifischen Entropieänderung:

$$\Delta s = \bar{c}_p \cdot \ln \frac{T_2}{T_1} - R_i \cdot \ln \frac{p_2}{p_1}$$

Wie bereits ausgeführt, handelt es sich hier um einen isothermen Vorgang, daher ist der Logarithmus der Temperaturänderung gleich null; also ergibt sich:

$$\Delta s = -R_i \cdot \ln \frac{p_2}{p_1} = R_i \cdot \ln \frac{p_1}{p_2}$$

Mit dieser Gleichung kann man die Änderung der spezifischen Entropie berechnen. Allerdings interessiert vor allem die absolute Entropieänderung. Daher muss man dieses Ergebnis mit der Masse multiplizieren. Für den Unterschied zwischen massenabhängigen und massenunabhängigen Größen wird auf Kapitel 12 verwiesen. Beachten Sie, dass jetzt ΔS statt Δs betrachtet wird:

$$\Delta S = m \cdot R_i \cdot \ln \frac{p_1}{p_2}$$

Nun können Sie die Werte für die Behälter a und b einsetzen. Für den Behälter a ergibt sich, wie oben aus dem idealen Gasgesetz hergeleitet wurde:

$$\Delta S_a = \frac{p_{a1} \cdot V}{R_i \cdot T} \cdot R_i \cdot \ln \frac{p_{a1}}{p_2}$$

Dies kann man folgendermaßen vereinfachen:

$$\Delta S_a = \frac{p_{a1} \cdot V}{T} \cdot \ln \frac{p_{a1}}{p_2}$$

Setzt man die Werte ein, ergibt sich:

$$\Delta S_a = \frac{2000 \, \text{kN} \cdot 1 \, \text{m}^3}{293{,}15 \, \text{K}} \cdot \ln \frac{2000 \, \text{kN}}{1100 \, \text{kN}} = 4{,}0787 \frac{\text{kJ}}{\text{K}}$$

Für Behälter b ergibt sich eine analoge Rechnung, Sie müssen nur die entsprechenden Werte für b einsetzen.

$$\Delta S_b = \frac{200 \, kN \cdot 1 \, m^3}{293{,}15 \, K} \cdot \ln \frac{200 \, kN}{1100 \, kN} = -1{,}1631 \frac{\text{kJ}}{\text{K}}$$

Beim Verbinden der beiden Behälter wird also in Behälter a die Entropie größer, in Behälter b jedoch kleiner. Insgesamt nimmt die Entropie allerdings zu, da sich für die Gesamtentropieänderung Folgendes ergibt:

$$\Delta S_{ges} = \Delta S_a + \Delta S_b = 2{,}9156 \frac{\text{kJ}}{\text{K}}$$

Der Prozess läuft also freiwillig ab und ist natürlich auch irreversibel, denn dem Gas würde es im Traum nicht einfallen, von selbst, ohne dass Arbeit verrichtet wird, wieder in den jeweiligen Ausgangsbehälter zurückzukehren.

Prozesse verständlicher machen: Das T-s-Diagramm

Im folgenden Abschnitt wird mit dem T-s-Diagramm ein beim Umgang mit der Entropie sehr wichtiges Hilfsmittel vorgestellt, das zur Darstellung von Prozessen dient. In einem solchen Diagramm können relativ leicht verschiedene Zustandsänderungen dargestellt werden. Der Vorteil des T-s-Diagramms ist, dass bei einem reversiblen Prozess die Fläche unter der Kurve die zwischen dem System und der Umgebung ausgetauschte Wärme ist (siehe Abbildung 14.4), wie sich aus der folgenden Formel für die Wärmeänderung bei einem Prozess zwischen den Zuständen 1 und 2 ergibt:

$$q_{12, \, rev} = \int_1^2 T \, ds$$

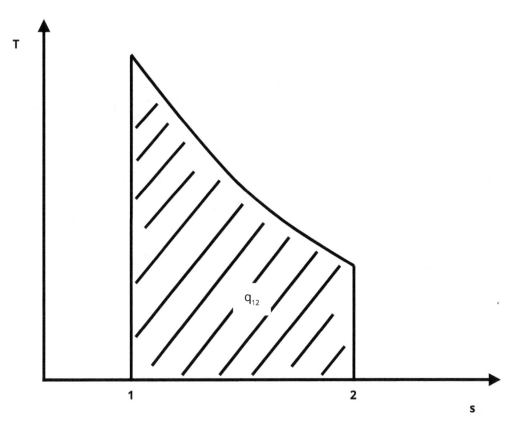

Abbildung 14.4: Ein T-s-Diagramm © Sebastian Altwasser

In einem solchen Diagramm weisen verschiedene Zustandsänderungen charakteristische Kurvenverläufe auf (Näheres zu den Zustandsänderungen finden Sie in Kapitel 15):

✔ Eine isotherme Kompression/Entspannung führt zu einer Parallele zur s-Achse (C in Abbildung 14.5).

✔ Isobaren und Isochoren haben einen ähnlichen Verlauf, jedoch verlaufen Isochoren steiler (A und B in Abbildung 14.5).

✔ Einen Sonderfall stellen adiabate/isentrope Zustandsänderungen dar. Bei dieser Zustandsänderung wird keine Wärme ausgetauscht, und die Entropie bleibt konstant. Im T-s-Diagramm ergibt sich also eine Linie parallel zur T-Achse.

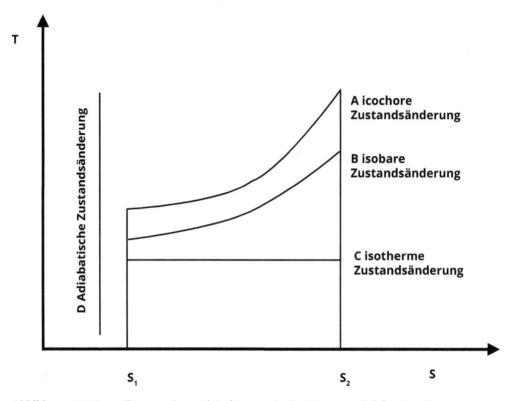

Abbildung 14.5: Darstellung von Zustandsänderungen im T-s-Diagramm © Sebastian Altwasser

Energieumwandlungen

Ein wesentlicher Bestandteil der Thermodynamik sind Betrachtungen zu den Umwandlungen verschiedener Energieformen. Eine wichtige Energieumwandlung ist die Verbrennung (Kapitel 17), die beispielsweise in Verbrennungsmotoren eine wichtige Rolle spielt. Bei derartigen Umwandlungsprozessen treten verschiedene Energieformen und Umwandlungen auf. Bei einem Verbrennungsmotor beispielsweise wird im Großen und Ganzen zunächst chemische Energie in Wärme umgewandelt und schließlich in Arbeit.

Aber nicht jede Energieform lässt sich vollständig in eine andere Form umwandeln. Zum Beispiel kann man den Enthalpiestrom eines Gases in einer Turbine nicht vollständig in elektrische Energie umwandeln, da einerseits Verluste durch die Umwandlung selbst auftreten und andererseits bestimmte Energien wie Wärmeströme entropiebehaftet sind. Deshalb muss etwas über die »Qualität« von Energieformen gesagt werden.

Über die Qualität von Energieformen

Zu den vollständig umwandelbaren Energien gehören

✔ mechanische Energie

✔ elektrische Energie

✔ magnetische Energie

Elektrische Energie kann mithilfe eines Motors vollständig in mechanische Energie umgewandelt werden. Umgekehrt kann mechanische Energie mithilfe eines Generators vollständig in elektrische Energie umgewandelt werden.

Zu den begrenzt umwandelbaren Energieformen zählen:

✔ thermische Energie (innere Energie, Enthalpie)

✔ Wärmeenergie

✔ chemische Energie

Diese Energieformen können nicht vollständig in eine andere Energieform umgewandelt
werden. Wenn man so will, geht Energie »verloren«; allerdings ist diese Formulierung
physikalisch nicht ganz richtig. Aufgrund des Energieerhaltungssatzes kann Energie weder
erzeugt noch vernichtet werden. Aber ein Teil der begrenzt umwandelbaren Energieformen
ist schlichtweg nicht nutzbar. An dieser Stelle kommt wieder die Entropie ins Spiel, denn
die Ursache für die nur teilweise Nutzung dieser begrenzt umwandelbaren Energien liegt in
der Zunahme der Entropie. Die begrenzt umwandelbaren Energien bestehen somit aus
zwei Teilen: einem Teil, der beliebig umwandelbar ist, und einem Teil, der an das System
gebunden ist.

Für die entropiebehaftete Energieform innere Energie ergibt sich folgende Definition (in
Kapitel 13 finden Sie Näheres zur inneren Energie):

$$u = f + T \cdot s$$

Für die Enthalpie gilt die Beziehung:

$$h = g + T \cdot s$$

Mit diesen beiden Gleichungen werden zwei neue, für die Thermodynamik wichtige Zustandsgrößen eingeführt:

✔ f ist die freie Energie, das heißt der Teil der Energie, der vollständig in Nutzarbeit umwandelbar ist.

✔ g ist die sogenannte *freie Enthalpie* oder auch *Gibbs'sche freie Energie*. Sie ist ein Maß für
die Triebkraft einer Reaktion und verknüpft die Entropie mit der Enthalpie.

Der Term $T \cdot s$ ist die an das System gebundene Energie; dieser Anteil ist nicht umwandelbar. An dieser Stelle müssen zwei weitere neue Begriffe eingeführt werden, die Exergie und die Anergie. Der Begriff Exergie kommt in der Thermodynamik sehr häufig vor, wenn von der Qualität von Energieumwandlungen die Rede ist.

Den Teil einer vorhandenen Energie, der in jede andere Energieform umwandelbar ist, nennt man *Exergie* (E, e); der Teil, der nicht umwandelbar ist, heißt *Anergie* (B, b). Dabei stehen die Kleinbuchstaben wieder für spezifische massenbezogene Größen.

Für beide Größen gilt die Beziehung

Energie = Exergie + Anergie

Man darf die Exergie allerdings nicht mit der freien Enthalpie gleichsetzen, da diese eine Zustandsgröße ist und somit nicht vom Zustand des Stoffes, der Temperatur oder dem Druck abhängt. Die Exergie hingegen hängt von den Umgebungsbedingungen wie Druck oder Temperatur ab. Sie ist im Gegensatz zur Energie keine Erhaltungsgröße, sie kann vernichtet, also in Anergie umgewandelt werden. Sie ist die Differenz zwischen der freien Enthalpie eines Zustands und der freien Enthalpie der Umgebung. Die Exergie ist daher die aus einem System maximal gewinnbare technische Arbeit (Nutzarbeit).

Einfach ausgedrückt ist die Exergie das Potenzial zwischen zwei Zuständen. Einer von ihnen ist häufig der Bezugszustand mit Umgebungsbedingungen (ϑ = 20 °C). Unter Potenzial ist an dieser Stelle die Fähigkeit zu verstehen, Arbeit zu verrichten.

$$e = -w_{t,\,max.} = g - g_u$$

Der Index u bezeichnet die freie Enthalpie bei Umgebungsbedingungen.

Bei einem reversiblen Prozess bleibt die Exergie konstant. Bei nicht umkehrbaren, irreversiblen Prozessen erfolgt eine Umwandlung von Exergie in Anergie, demzufolge sind sie mit einer Zunahme der Entropie verbunden. Anergie ist nicht wieder in andere Energie umwandelbar.

Der Idealfall: Der Carnot-Prozess

Im letzten Abschnitt dieses Kapitels wird mit dem von Sadi-Carnot eingeführten und nach ihm benannten Prozess ein wichtiger Kreisprozess vorgestellt. Weiterführende Informationen zu diesem Thema finden Sie in Kapitel 18, das sich ausschließlich mit Kreisprozessen beschäftigt. Die Erläuterungen zum Carnot-Prozess erfolgen an dieser Stelle, da mit seiner Hilfe einerseits eine weitere Formulierung des zweiten Hauptsatzes und andererseits die Herleitung des maximalen, idealen Wirkungsgrads eines Prozesses möglich ist.

Carnot setzte sich intensiv mit der Problematik auseinander, ob Wärme unbegrenzt in technische Arbeit umwandelbar ist, und stellte sich dabei die Frage, ob der Umwandlungsgrad vom Arbeitsmedium abhängt. Zur Lösung dieser Frage entwickelte er einen theoretischen Kreisprozess mit einem idealen Gas als Arbeitsmittel, bei dem Wärme zur Erzeugung mechanischer Arbeit eingesetzt wird. Dieser Prozess wird ihm zu Ehren heute als *Carnot-Prozess* bezeichnet.

Der Carnot-Prozess besteht aus vier Teilprozessen, die in Abbildung 14.6 dargestellt sind:

✔ 1 → 2: Isotherme Expansion. Dazu muss Energie in Form von Wärme q_{zu} zugeführt werden, da das Gas anderenfalls bei einer Expansion abkühlen würde.

✔ 2 → 3: Isentrope (adiabate) Expansion

✔ 3 → 4: Isotherme Kompression, wobei Wärme q_{ab} an die Umgebung abgegeben wird

✔ 4 → 1: Isentrope (adiabate) Kompression

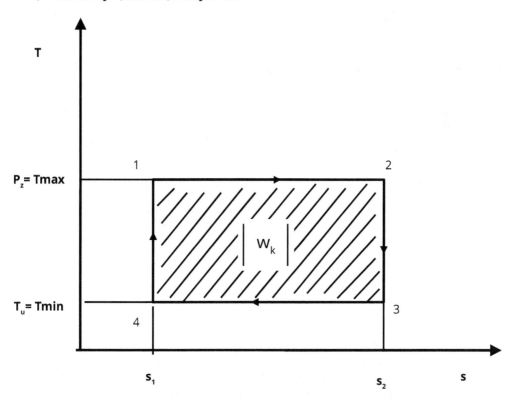

Abbildung 14.6: Schematische Darstellung des Carnot-Prozesses im T-s-Diagramm © Sebastian Altwasser

Die Schritte 1 → 2 und 3 → 4 sind isotherm und verlaufen im T-s-Diagramm parallel zur s-Achse. Die beiden anderen Schritte sind adiabatisch und ergeben daher Parallelen zur T-Achse. Insgesamt ergibt sich also ein geschlossenes Rechteck, dessen Fläche die vom Kreisprozess abgegebene Arbeit w_K ist. Dabei ist T_u die Umgebungstemperatur und T_P die Temperatur, die maximal im Prozess erreicht wird und von der Carnot annimmt, dass sie während des ersten Schritts konstant ist.

Der Wirkungsgrad ist das Verhältnis der Nutzarbeit (Nutzen) zur aufgewendeten Arbeit (Aufwand):

$$\eta = \frac{\text{Nutzarbeit}}{\text{aufgewendete Arbeit}} = \frac{\text{Nutzen}}{\text{Aufwand}}$$

In diesem Fall ist der Aufwand die dem Medium zugeführte Wärme q_{zu}; sie ergibt sich zu:

$$q_{zu} = T \cdot (s_2 - s_1)$$

wobei T = T_P ist. Diese Gleichung kann mithilfe der folgenden Beziehung leicht gezeigt werden, die oben im Zusammenhang mit dem T-s-Diagramm vorgestellt wurde:

$$q_{12,\text{rev}} = \int_1^2 T \cdot ds$$

Da die Temperatur konstant bleibt, kann T vor das Integral gezogen werden:

$$q_{12,\text{rev}} = T \int_1^2 ds$$
$$q_{12,\text{rev}} = T(s_2 - s_1)$$

Die abgeführte Energie q_{ab} wird durch folgende Gleichung beschrieben:

$$q_{ab} = T_u \cdot (s_4 - s_3) = T_u \cdot (s_1 - s_2) = -T_u(s_2 - s_1)$$

Das zweite Gleichheitszeichen ergibt sich aus der Tatsache, dass $S_4 = S_1$ und $S_3 = S_2$ ist. Die maximale technische Nutzarbeit $w_{t,\,max}$ ergibt sich als Summe der beiden Wärmeaustausche mit der Umgebung:

$$-w_{t,\,max} = q_{zu} + q_{ab} = T \cdot (s_2 - s_1) - T_u \cdot (s_2 - s_1) = (T - T_u) \cdot (s_2 - s_1)$$

Diese technische Nutzarbeit ist der Nutzen in der Gleichung für die Wirkungsgradberechnung. Wenn man die Beziehungen für die Berechnung von $-w_{t,max}$ und q_{zu} in diese Gleichung einsetzt, erhält man:

$$\eta = \frac{|w_{t,\,max}|}{q_{zu}} = \frac{(T - T_u) \cdot (s_2 - s_1)}{T \cdot (s_2 - s_1)} = \frac{(T - T_u)}{T} = 1 - \frac{T_u}{T}$$

Diese Gleichung enthält nur noch Temperaturen als Variablen. Das heißt, der maximale theoretische Wirkungsgrad eines Prozesses hängt nur von der Umgebungstemperatur und der Arbeitstemperatur ab, nicht aber vom Arbeitsmedium. Aus dieser Gleichung geht hervor, dass es eigentlich gleichgültig ist, mit welchem Arbeitsmedium man arbeitet. Theoretisch könnte jede technische Arbeitsmaschine, ob Dampfmaschine, Dieselmotor oder Otto-Motor, denselben Wirkungsgrad erzielen. Dies ist in der Realität nicht so, da diese Maschinen bei unterschiedlichen Temperaturen arbeiten.

Abbildung 14.7 zeigt den Wirkungsgrad eines Carnot-Prozesses als Funktion der Prozesstemperatur für zwei verschiedene Umgebungstemperaturen. Dem Diagramm kann Folgendes entnommen werden:

✔ Der Wirkungsgrad nimmt mit steigender Prozesstemperatur zu.

✔ Der Wirkungsgrad ist umso größer, je niedriger die Umgebungstemperatur ist.

✔ In dem in Abbildung 14.7 gezeigten, technisch relevanten Temperaturbereich ist der ideale, maximal erreichbare Wirkungsgrad deutlich kleiner als 1.

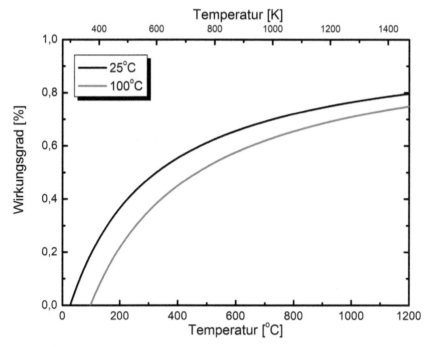

Abbildung 14.7: Wirkungsgrad als Funktion der Temperatur für einen Carnot-Prozess. Parameter ist die Umgebungstemperatur. © Sebastian Altwasser

Zum Schluss dieses Kapitels wird noch eine weitere Formulierung des zweiten Hauptsatzes angegeben, die auf dem in diesem Abschnitt diskutierten Carnot-Prozess beruht:

✔ Es gibt keine Wärmekraftmaschine, die bei gegebener Prozess- und Umgebungstemperatur einen höheren Wirkungsgrad hat als ein bei diesen Temperaturen ausgeführter Carnot-Prozess.

Kapitel 15
Zustände und Zustandsänderungen

Thema dieses Kapitels sind Zustandsänderungen, die in der Thermodynamik eine herausragende Rolle spielen.

Grundlagen

Im Rahmen dieses Buchs sind vor allem zwei Gruppen von Zustandsänderungen von Bedeutung, wobei man allerdings stets im Hinterkopf haben sollte, dass die Zahl möglicher Zustandsänderungen sehr viel größer ist. Allerdings kann man anhand der beiden folgenden Gruppen von Zustandsänderungen viele Begriffe und Zusammenhänge verdeutlichen:

✔ Die Änderung von Aggregatzuständen und die damit verbundenen Phasenübergänge. Diese Übergänge sind immer mit einer Entropieänderung verbunden. Einfache Beispiele sind das Schmelzen von Wasser oder das Kondensieren und Verdampfen von Wasser.

✔ Die Zustandsänderungen von Gasen. Eine einfache Zustandsänderung kann bei einem Luftballon beobachtet werden. Wird ein Ballon an einem Sommertag bei hoher Temperatur mit Gas gefüllt und anschließend in einen klimatisierten Raum gebracht, schrumpft er, da sich durch die Abkühlung das Gas zusammenzieht.

Zustandsänderungen idealer Gase

Bei idealen Gasen werden folgende Zustandsänderungen unterschieden:

- ✔ Isochor
- ✔ Isobar
- ✔ Isotherm

- ✔ Adiabatisch
- ✔ Isentrop
- ✔ Polytrop

Bei den ersten fünf dieser Änderungen wird jeweils eine (Zustands-)Größe konstant gehalten (darauf deuten auch die meisten Namen hin, denn die Vorsilbe »iso« bedeutet gleich). Da all diese Änderungen wichtig sind, werden sie im Folgenden für ideale Gase einzeln diskutiert.

Kurze Rekapitulation: Das ideale Gasgesetz

Die Zustandsgleichung eines idealen Gases lautet:

$$p \cdot V = n \cdot R \cdot T \text{ (ideales Gasgesetz)}$$

Bei der Betrachtung einer Zustandsänderung eines idealen Gases bleibt die Stoffmenge n konstant, das bedeutet, die Teilchenzahl ändert sich nicht. Dies gilt auch für die Gaskonstante, da sich das Medium nicht ändert. Daraus folgt:

$$\frac{p \cdot V}{T} = \text{konstant}$$

Betrachtet man ein Gas in zwei verschiedenen Zuständen, so ergibt sich:

$$\frac{p_1 \cdot V_1}{T_1} = \frac{p_2 \cdot V_2}{T_2}$$

Diese Beziehung dient als Grundlage der folgenden Diskussion. Aus ihr geht hervor, dass bei Konstanthalten einer der drei Größen Druck, Volumen und Temperatur sich die beiden anderen nur gleichzeitig und auf festgelegte Weise ändern können, wie in den drei folgenden Abschnitten diskutiert wird.

Zur Darstellung gut geeignet: Das p-V-Diagramm

Zur Darstellung dieser Zustandsänderungen werden im Folgenden insbesondere p-V-Diagramme verwendet, die in der Thermodynamik eine ähnliche wichtige Rolle spielen wie die in Kapitel 14 eingeführten T-s-Diagramme. Bei Letzteren entspricht (bei reversiblen Prozessen) die Fläche unter der Kurve der übertragenen Wärme, beim p-V-Diagramm der Arbeit. Aus beiden Diagrammen kann man sehr viel lernen; in vielen Fällen werden sogar beide Darstellungen nebeneinander eingesetzt.

Isochore Zustandsänderung

Bei einer isochoren Zustandsänderung bleibt das Volumen konstant. Im p-V-Diagramm ergibt diese Zustandsänderung eine vertikale Linie parallel zur p-Achse (siehe Abbildung 15.1).
Bei einer Verdichtung steigt der Druck an; erfolgt eine Entspannung des Gases, fällt er. Bei
diesen Zustandsänderungen wird keine Arbeit verrichtet. Die zu- oder abgeführte Energie
geht direkt in innere Energie über.

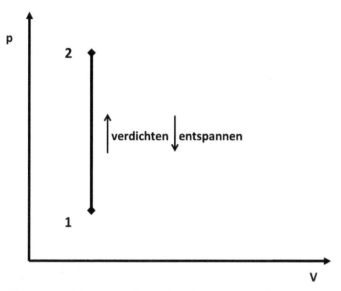

Abbildung 15.1: Isochore Zustandsänderung im p-V-Diagramm
© Sebastian Altwasser

Da V = konstant gilt, folgt für eine isochore Zustandsänderung:

$$\frac{p}{T} = \text{konstant}$$

$$\frac{p_1}{T_1} = \frac{p_2}{T_2}$$

Demzufolge bewirkt eine Druckänderung auch eine Temperaturänderung:

$$\frac{p_2}{p_1} = \frac{T_2}{T_1}$$

Beispiele für isochore Zustandsänderungen sind Prozesse, die in einem geschlossenen Behälter wie etwa einem Reaktor ablaufen.

Isobare Zustandsänderung

Bei einer isobaren Zustandsänderung bleibt der Druck konstant, demzufolge kann diese Zustandsänderung durch eine Parallele zur V-Achse im p-V-Diagramm dargestellt werden
(siehe Abbildung 15.2).

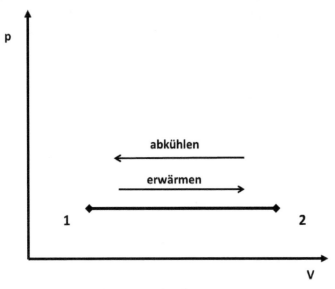

Abbildung 15.2: Isobare Zustandsänderung in einem p-V-Diagramm
© Sebastian Altwasser

Es gilt nach dem Gesetz von Gay-Lussac:

$$\frac{V}{T} = \text{konstant}$$

Demzufolge bewirkt dieses Mal eine Volumenänderung eine Temperaturänderung:

$$\frac{V_2}{V_1} = \frac{T_2}{T_1}$$

 Um ein Gas unter isobaren Bedingungen auf eine bestimmte Temperatur zu erwärmen, ist mehr Energie erforderlich als unter isochoren Bedingungen, da ein Teil der Wärme für die Ausdehnung des Gases aufgebracht werden muss.

Isobare Prozesse sind sehr häufig, da alle Vorgänge dazu zählen, die bei konstantem Luftdruck ablaufen.

Isotherme Zustandsänderung

Bei einer isothermen Zustandsänderung bleibt die Temperatur konstant. Das heißt, bei der Verdichtung eines Gases muss beispielsweise Wärme abgeführt und bei einer Entspannung Wärme zugeführt werden. Im p-V-Diagramm ist diese Zustandsänderung durch eine Hyperbel gekennzeichnet (siehe Abbildung 15.3).

Dem Gesetz von Boyle-Mariotte und der Zustandsgleichung des idealen Gases zufolge bleibt das Produkt aus Druck und Volumen konstant. Demzufolge verhalten sich die Drücke umgekehrt proportional zu den entsprechenden Volumina.

$$\frac{V_2}{V_1} = \frac{p_1}{p_2}$$

Aus dem ersten Hauptsatz der Thermodynamik folgt, dass die zugeführte beziehungsweise abgeführte Energie (Wärme) der verrichteten Volumenänderungsarbeit entspricht, denn die innere Energie bleibt konstant, da die Temperatur konstant ist. Man kann isotherme Prozesse beispielsweise in einem Wasserbad durchführen, das dafür sorgt, dass die Temperatur konstant bleibt.

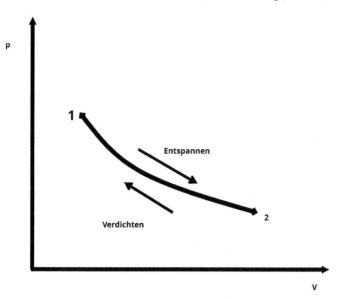

Abbildung 15.3: Isotherme Zustandsänderung im p-V-Diagramm
© Sebastian Altwasser

Adiabate Zustandsänderung

Bei den bislang betrachteten Zustandsänderungen wurde jeweils eine der drei Größen Druck, Volumen und Temperatur konstant gehalten. Bei einem adiabaten Prozess ist hingegen $\Delta Q = 0$, das heißt, es wird keine Wärme mit der Umgebung ausgetauscht. Dabei ändern sich alle drei Größen p, V und T. Adiabatisch bedeutet so etwas wie »nicht hindurchgehend« und kann auch als »wärmedicht« übersetzt werden.

Da $\Delta Q = 0$ gilt, reduziert sich der erste Hauptsatz für einen adiabatischen Fall zu:

$$\Delta U = \Delta W$$

Wenn man also Arbeit an einem adiabaten System verrichtet, erhöht sich dessen innere Energie, seine Temperatur nimmt also zu.

 Verrichtet man an einem adiabatischen System Arbeit, nimmt die Temperatur zu. Verrichtet das System selbst Arbeit, nimmt die Temperatur entsprechend ab.

Abbildung 15.4 zeigt eine adiabatische Zustandsänderung in einem p-V-Diagramm. Bei einem solchen Vorgang ändert sich auch die Temperatur von T_1 auf T_2. Für beide Temperaturen sind in dem Diagramm auch die Isothermen eingezeichnet. Man erkennt, dass die Adiabatenlinie steiler verläuft als die Isothermen.

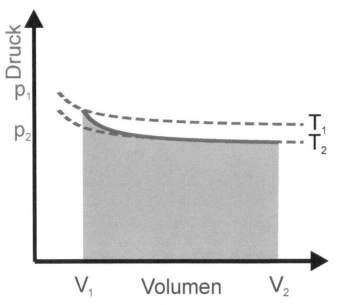

Abbildung 15.4: Adiabate Zustandsänderung in einem p-V-Diagramm © Sebastian Altwasser

Isentrope Zustandsänderung

Bei einer isentropen Zustandsänderung bleibt die Entropie konstant. Ein adiabatischer reversibler Prozess ist immer auch isentrop, allerdings ist nicht jeder isentrope Vorgang auch adiabatisch. Näheres zur Entropie finden Sie in Kapitel 14. Für eine isentrope Zustandsänderung gilt:

$$p \cdot v^\kappa = \text{konstant}$$

Dabei ist κ der sogenannte Isotropenexponent, der in einem Kasten näher vorgestellt wird.

Isentropenexponent κ

Der *Isentropenexponent* κ ist das Verhältnis aus den spezifischen Wärmekapazitäten (Näheres zu den Wärmekapazitäten finden Sie in Kapitel 13):

$$\kappa = \frac{C_p}{C_v}$$

Der Wert von κ hängt von den Freiheitsgraden F der Gasteilchen ab:

$$\kappa = \frac{F + 2}{F}$$

Als *Freiheitsgrad* bezeichnet man jede unabhängige Bewegungsmöglichkeit eines Teilchens. Demzufolge gibt es für jedes Teilchen drei Translationsfreiheitsgrade (je einen für jede Raumrichtung) sowie Rotations- und Schwingungsfreiheitsgrade, deren Anzahl von der Dimensionalität des Teilchens und der Anzahl der sie bildenden Atome abhängt. Ein einatomiges Teilchen besitzt nur Translationsfreiheitsgrade, der Isotropenexponent ist also $(3 + 2)/3 = 1{,}67$. Bei größeren Teilchen nimmt die Zahl der Freiheitsgrade zu, κ also ab, ist aber immer größer als eins. Für Luft bei Raumtemperatur ist $\kappa = 1{,}4$.

Isentrope Zustandsänderung kann man bei idealen Gasen durch folgende Gleichungen beschreiben:

$$\frac{T_2}{T_1} = \left(\frac{p_2}{p_1}\right)^{\frac{\kappa-1}{\kappa}} \qquad \frac{T_2}{T_1} = \left(\frac{v_1}{v_2}\right)^{\kappa-1}$$

Da $\kappa > 1$ ist, verläuft eine Isentrope im p-V-Diagramm steiler als eine Isotherme. Dies ist in Abbildung 15.5 dargestellt.

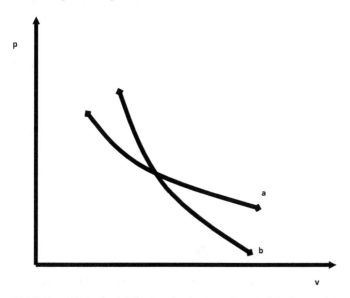

Abbildung 15.5: Vergleich einer isothermen Zustandsänderung (a) und einer isentropen Zustandsänderung (b) im p-V-Diagramm
© Sebastian Altwasser

Bei einer isentropen Zustandsänderung ändern sich wie bei einer adiabatischen alle drei thermischen Zustandsgrößen (p, v und T).

Polytrope Zustandsänderung

Man kann die bislang diskutierte Zustandsänderung mit dem Begriff *polytrop* zusammenfassen (das Wort bedeutet »vielgestaltig«). Für eine polytrope Änderung gilt:

$$p \cdot v^n = \text{konstant}$$

Der Exponent n wird Polytropenexponent genannt; er kann Werte von 0 bis ∞ annehmen. Für die bislang diskutierten Zustandsänderungen gilt:

✓ $n = 0$ →   Isobare Zustandsänderung

✓ $n = 1$ →   Isotherme Zustandsänderung

✓ $n \to \infty$ →   Isochore Zustandsänderung

✓ $n = \kappa$ →   Isentrope Zustandsänderung

Zustandsgrößen und Zustandsänderungen grafisch darstellen

Weitere Informationen zu Zustandsänderungen und deren Abhängigkeit von den Parametern finden Sie auch in Kapitel 5. Zum Abschluss dieses Kapitels soll noch kurz auf die Darstellung von Zustandsänderungen in den sogenannten Zustandsdiagrammen eingegangen werden.

Zustandsdiagramme sind eine Möglichkeit zu einer übersichtlichen Darstellung einer Zustandsänderung; das p-V- und das T-s-Diagramm haben Sie bereits kennengelernt. In diesem Zusammenhang unterscheidet man zwischen thermischen und kalorischen Zustandsgrößen:

✓ Thermische Zustandsgrößen sind Druck, Volumen und Temperatur.

✓ Dagegen werden innere Energie, Enthalpie und Entropie als *kalorische Zustandsgrößen* bezeichnet.

Das p-V-Diagramm ist daher ein thermisches Zustandsdiagramm, das T-s- und das h-s-Diagramm sind kalorisch.

Das T-s-Diagramm von Wasser als Beispiel

Im Folgenden wird das T-s-Diagramm von Wasser etwas ausführlicher diskutiert (Abbildung 15.6), um aufzuzeigen, welche Informationen in einem solchen Diagramm verborgen sein können. Auf den ersten Blick erscheint dieses Diagramm ziemlich kompliziert. Dies liegt auch daran, dass die auf der x-Achse dargestellte Entropie eine nicht einfach zugängliche Größe ist. Dies unterscheidet das T-s-Diagramm vom p-V-Diagramm, in dem die beiden Achsengrößen einfach »greifbar« sind. Wenn Sie sich an die Diskussion in Kapitel 14 erinnern, kann man grob ausdrücken, dass in einem T-s-Diagramm der Grad der Unordnung von links nach rechts zunimmt.

Dampf ist nichts anderes als gasförmiges Wasser. Wenn man Wasser erwärmt, geht es bei einer bestimmten Temperatur, der Verdampfungstemperatur, in den gasförmigen Zustand über. Wenn der Verdampfungsprozess eingesetzt hat, erhöht sich die Temperatur nicht weiter, sondern bleibt konstant, bis die Verdampfung vollständig abgeschlossen ist.

✔ Man kann Dampf auch über die Verdampfungstemperatur erhitzen. In diesem Fall spricht man von Heißdampf. Dieser ist trocken und enthält keine Tropfen.

✔ Es gibt aber auch Situationen, in denen Wasser und Dampf gemeinsam existieren. Dieser Nassdampf enthält feinste Wassertröpfchen. Er kann durch den Dampfgehalt beschrieben werden, der wie folgt definiert ist:

$$x = \frac{m_{\text{Dampf}}}{m_{\text{Dampf}} + m_{\text{Wasser}}}$$

✔ Der Grenzbereich zwischen Nass- und Heißdampf wird als *Sattdampf* bezeichnet.

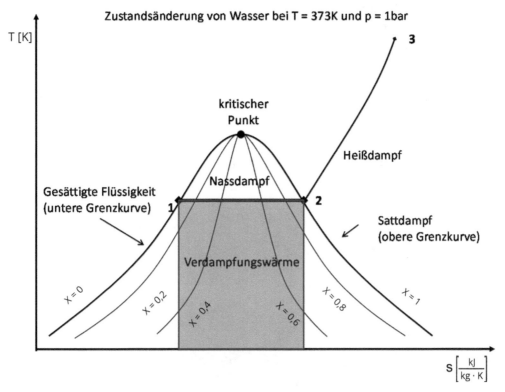

Abbildung 15.6: Isobare Verdampfung von Wasser im T-s-Diagramm © Sebastian Altwasser

Nachdem diese Grundtatsachen geklärt sind, ist eine Diskussion von Abbildung 15.5 möglich. Eingezeichnet sind Linien mit konstantem Dampfgehalt x. Von ihnen sind zwei von besonderer Bedeutung:

✔ Die Siedelinie x = 0, die den Flüssigkeits- vom Nassdampfbereich trennt.

✔ Die Sattdampflinie oder Taulinie x = 1, die den Nassdampf vom Heißdampf trennt.

✔ Siedelinie und Sattdampflinie treffen im kritischen Punkt aufeinander, in dem die flüssige und die gasförmige Phase nicht mehr unterschieden werden können. An diesem Punkt ist die Entropie am größten.

✔ Die Fläche unter der oberen und unteren Grenzkurve wird als *Nassdampfgebiet* bezeichnet.

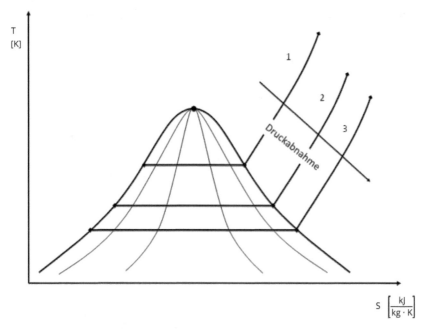

Abbildung 15.7: Darstellung der Verdampfung bei verschiedenen Drücken. Dabei gilt: $p_1 > p_2 > p_3$. © Sebastian Altwasser

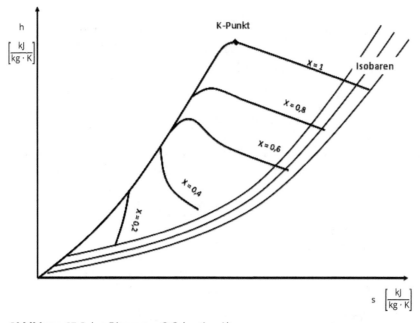

Abbildung 15.8: h-s-Diagramm © Sebastian Altwasser

Bei der Erwärmung von Wasser steigt die Temperatur an, bis es zu verdampfen beginnt (Punkt 1). Bis das Wasser vollständig verdampft ist, bleibt die Temperatur konstant, es gibt sich eine Parallele zur x-Achse zwischen den Punkten 1 und 2. Wenn das Wasser vollständig verdampft ist (Punkt 2), erfolgt bei weiterer Erwärmung eine Überhitzung des Dampfes bis zu Punkt 3 im Heißdampfgebiet. Dies wird in Kraftwerken ausgenutzt, damit beim Transport des Dampfes in den Leitungen möglichst keine Kondensation stattfindet.

Der Verdampfungsvorgang hängt im Übrigen vom Druck ab: Je geringer der Druck, desto niedriger ist die Verdampfungstemperatur, wie in Abbildung 15.7 dargestellt ist. Diesem Diagramm kann man auch entnehmen, dass die Verdampfungsentropie (Länge der Parallelen zur s-Achse) umso größer ist, je geringer der Druck (und damit die Verdampfungstemperatur) ist.

Ein weiteres kalorisches Zustandsdiagramm ist das h-s-Diagramm. Abbildung 15.8 zeigt ein solches Diagramm für die in diesem Abschnitt diskutierte isobare Verdampfung von Wasser. Auf eine detaillierte Darstellung wird allerdings an dieser Stelle verzichtet.

Kapitel 16
Links oder rechts –
die Kreisprozesse

D ie Darstellung in den vorangegangenen Kapiteln war ziemlich trocken und theoretisch. In diesem Kapitel wird dieser Stoff mit Leben erfüllt, indem technisch relevante Prozesse vorgestellt werden, für deren Beschreibung die Thermodynamik unabdingbar ist. Dabei werden insbesondere Kreisprozesse betrachtet, die sich durch die folgenden Gemeinsamkeiten auszeichnen:

✔ Nach einer Folge von Einzelschritten wird der Ausgangszustand wieder erreicht.

✔ Der Rückweg unterscheidet sich vom Hinweg.

✔ Kreisprozesse werden häufig in p-V- beziehungsweise in T-s-Diagrammen dargestellt. In diesen Diagrammen wird eine Fläche umrundet, die im reversiblen Fall der Kreisprozessarbeit entspricht.

✔ Im Realfall (also bei irreversiblen Prozessen) wird die Fläche durch die dissipative Arbeit vergrößert.

Es gibt eine große Vielfalt von technisch relevanten Kreisprozessen, von denen Sie viele aus Ihrem Alltagsleben kennen, ohne dass Ihnen bewusst ist, dass es sich um Kreisprozesse handelt. Im Folgenden werden einige wichtige Beispiele vorgestellt. Sie lassen sich alle einem von zwei Grundtypen zuordnen:

✔ Rechts(kreis)prozesse oder Wärmekraftmaschinenprozesse. Hier wird das Zustandsdiagramm im Uhrzeigersinn durchlaufen. Ganz allgemein wird einem System bei hoher Temperatur Wärme zugeführt und zum Teil in Arbeit umgewandelt, zum Teil aber auch bei niedriger Temperatur wieder abgeführt. Alle Motoren und Kraftwerke arbeiten nach diesem Prinzip.

✔ Links(kreis)prozess oder Kältemaschinenprozess. Das Zustandsdiagramm wird gegen den Uhrzeigersinn durchlaufen. Dabei wird unter Arbeitsaufwand Wärme von einem kälteren zu einem wärmeren Reservoir transportiert. Beispiele sind der Kühlschrank und die Wärmepumpe.

Im Folgenden werden vor allem ideale Prozesse diskutiert (es wird also von Verlusten abgesehen), beispielsweise der ideale Otto-Prozess. Vergleichsprozess ist dabei zum einen der entsprechende reale Prozess, also beispielsweise der Ottomotor. Vergleichsprozess ist aber stets auch der Carnot-Prozess, mit dem sich dem zweiten Hauptsatz zufolge die höchsten Wirkungsgrade erreichen lassen.

Wärme teilweise in Arbeit umwandeln: Rechtskreisprozesse

Zunächst werden die Rechtskreisprozesse betrachtet, die häufig auch als Prozess der *Wärmekraftmaschinen* bezeichnet werden. Im Grunde beruhen alle unseren bekannten Arbeitsmaschinen auf einem derartigen Prozess.

Grundprinzip

Alle Rechtskreisprozesse laufen prinzipiell nach dem gleichen Schema ab, das in Abbildung 16.1 am Beispiel einer Gasturbine dargestellt ist.

Bei diesem Prozess laufen die folgenden Schritte ab:

✔ $1 \to 2$: Isentrope Verdichtung vom Druck p_1 auf den Druck p_2

✔ $2 \to 3$: Isobare Erwärmung auf die Temperatur T_3

✔ $3 \to 4$: Isentrope Entspannung auf den Druck p_4 ($= p_1$)

✔ $4 \to 1$: Isobare Abkühlung auf $T_4 = T_1$

 Viele Kreisprozesse bestehen aus vier Teilschritten, wobei häufig (wie auch in diesem Beispiel) bestimmte Arten der Zustandsänderung je zwei Mal auftreten (im Beispiel isentrop und isobar). Eine bemerkenswerte Ausnahme von diesem Prinzip ist der Dieselmotor (siehe unten). Die einzelnen Prozesse unterscheiden sich durch die Natur dieser Zustandsänderungen, wie die folgende Darstellung zeigt.

Während des Kreisprozesses werden die Arbeit w_{12} und die Wärme q_{zu} dem Prozess zugeführt, die Arbeit w_{34} und die Wärmemenge q_{ab} freigesetzt. Da es sich um einen reversiblen Kreisprozess handelt, der Endzustand also dem Ausgangszustand entspricht, ändert sich die innere Energie während des Prozesses nicht. Daher lautet dem ersten Hauptsatz zufolge die wärmetechnische Bilanz für diesen allgemeinen Prozess:

$$w_{12} + q_{zu} + w_{34} + q_{ab} = 0$$

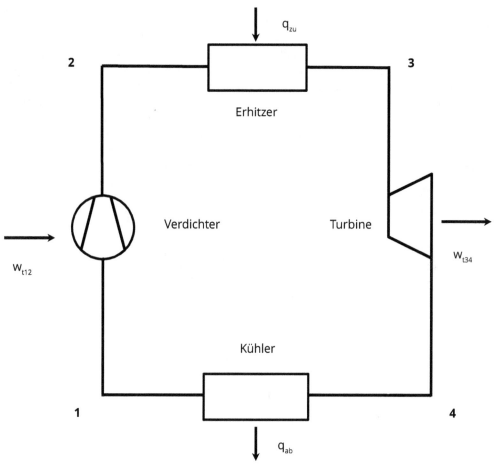

Abbildung 16.1: Schematische Darstellung eines Rechtskreisprozesses am Beispiel einer Gasturbine
© Sebastian Altwasser

Dabei muss man berücksichtigen, dass w_{34} und q_{ab} abgeführt werden, also negativ sind.

Die technisch nutzbare Arbeit des Kreisprozesses w_k ist die Summe aus abgegebener und zugeführter Arbeit:

$$w_k = w_{12} + w_{34}$$

Diese Arbeit ist gleich der Summe der beteiligten Wärmemengen:

$$w_k = -(q_{zu} + q_{ab}) = -(q_{zu} - |q_{ab}|)$$

Für den thermischen Wirkungsgrad erhält man aufgrund dieser Überlegungen:

$$\eta_{th} = \frac{\text{energetischer Nutzen}}{\text{energetischer Aufwand}} = \frac{-w_k}{q_{zu}} = \frac{q_{zu} - |q_{ab}|}{q_{zu}} = 1 - \frac{|q_{ab}|}{q_{zu}}$$

Diese Gleichung erinnert formell an die für den Wirkungsgrad des Carnot-Prozesses (Kapitel 14), allerdings stehen dort im Bruch die absoluten Temperaturen, hier die beteiligten

Wärmemengen. Um den Wirkungsgrad zu erhöhen, muss die abgeführte Wärmemenge so gering wie möglich sein.

Der gerade beschriebene Prozess betrifft eine Gasturbine. Der Nachteil von reinen Gasprozessen ist die Tatsache, dass ein Gas nur sehr wenig Wärme beziehungsweise Enthalpie transportieren kann. Deswegen ist es besser, Phasenumwandlungen in den Prozess mit einzubeziehen, sodass die latenten Wärmen (Wärme für Phasenumwandlungen) mitbenutzt werden können, denn diese sind sehr viel höher als die in einem Gas speicherbare Wärme. Daher wird oft mit Dampf gearbeitet (zum Beispiel in Kraftwerksprozessen oder im idealen Vergleichsprozess, dem Clausius-Rankine-Prozess, der weiter unten vorgestellt wird). Näheres zur Verwendung von Dampf finden Sie in einem gesonderten Kasten.

Dampf oder Gas

Wie bereits erwähnt, wird bei Kraftwerken heute vielfach Dampf als Arbeitsmedium verwendet. Das hat den Vorteil, dass die im Dampf gespeicherte latente Wärme mitgenutzt werden kann. Für die Phasenumwandlung von Wasser in Dampf wird eine sehr hohe Energiemenge benötigt, die dann im Dampf gespeichert ist. Beispielsweise werden bei Normaldruck 2257 kJ Energie benötigt, um 1 kg Wasser zu verdampfen. Bei einem »einfachen« Gas kann nur die Wärme genutzt werden, die das Gas aufgrund des c_p-Wertes speichern kann. Aus diesem Grund finden überwiegend Dämpfe Anwendung.

 Als *latente Wärme* wird die Wärme bezeichnet, die bei einer Phasenumwandlung benötigt beziehungsweise freigesetzt wird.

Der Clausius-Rankine-Prozess

Dampfkraftwerke spielen heute eine sehr wichtige Rolle für unsere Stromversorgung; alle Kernkraftwerke und viele ältere mit fossilen Brennstoffen arbeitende Kraftwerke arbeiten ausschließlich mit Dampf als Arbeitsmedium. Die idealisierte Form der dabei ablaufenden Prozesse ist der Clausius-Rankine-Prozess, der im Folgenden vorgestellt wird.

Er wurde von dem schottischen Ingenieur William John Macquorn Rankine und dem deutschen Physiker Rudolf Julius Emanuel Clausius entwickelt und hergeleitet. Abbildung 16.2 zeigt eine einfache Konstellation, bestehend aus Turbine, Kondensator, Speisepumpe und Heizkessel mit Überhitzer. Dieser Vergleichsprozess beruht auf einer möglichst einfachen Version der realen bei einem Dampfkraftwerk ablaufenden Prozesse nach dem Black-Box-Prinzip (siehe Kapitel 12).

Im Prinzip sind zwei Arbeitsmedien möglich: Sattdampf oder Heißdampf (siehe Kapitel 15). Bei Verwendung von Heißdampf ist der Verdampfungsanlage noch ein Überhitzer (siehe Abbildung 16.2) nachgeschaltet, durch den der Dampf noch weit über die Verdampfungstemperatur hinaus erwärmt wird.

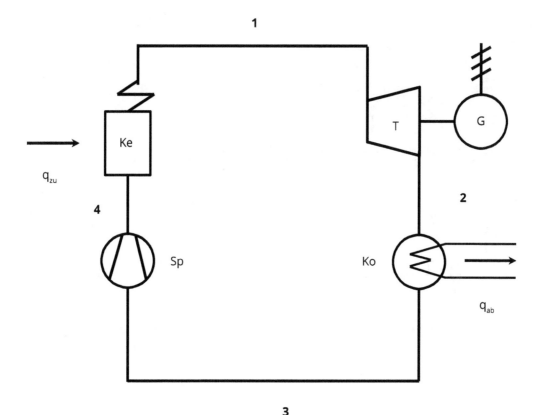

Abbildung 16.2: Schematische Darstellung des Clausius-Rankine-Prozesses mit Überhitzer. T: Turbine, G: Generator, Ko: Kondensator, Sp: Speisepumpe, Ke: Kessel mit Überhitzer © Sebastian Altwasser

Auch der Clausius-Rankine-Prozess besteht aus vier Schritten, die im Folgenden dargestellt werden. Das dazugehörige p-v-Diagramm finden Sie in Abbildung 16.3, das T-s-Diagramm in Abbildung 16.4. In beiden Diagrammen stellt die durchgezogene Linie die Sattdampfkurve dar; darunter liegt das Arbeitsmedium als Flüssigkeit vor, darüber als Dampf:

✔ 1 → 2: Adiabate Expansion des Dampfes in der Turbine: Da Vergleichsprozesse idealisiert sind, also umkehrbar, ist der Verlauf isentrop (ds = 0). Der Dampf wird über die Turbinenschaufeln geleitet, die von Stufe zu Stufe immer größer werden, wodurch der Dampf mehr Volumen einnehmen kann und entspannt wird.

✔ 2 → 3: Isobare Kondensation des Dampfes im Kondensator durch Kühlung: Der Druck bleibt konstant, und der Dampf wird verflüssigt.

✔ 3 → 4: Adiabate (isentrope) Kompression durch die Kesselspeisepumpe: Durch die Druckerhöhung verdampft das Wasser erst bei höheren Temperaturen, wodurch mehr Energie aufgenommen werden kann.

✔ 4 → 1: Isobare Wärmezufuhr im Kessel: Das Wasser wird zunächst bis zum Siedepunkt erwärmt und anschließend isotherm verdampft; schließlich erfährt es noch eine weitere Erwärmung, die sogenannte *Überhitzung*.

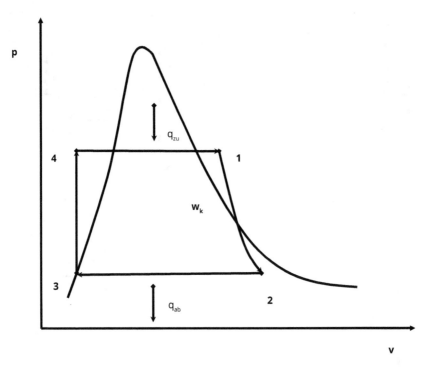

Abbildung 16.3: Der Clausius-Rankine-Prozess im p-v-Diagramm © Sebastian Altwasser

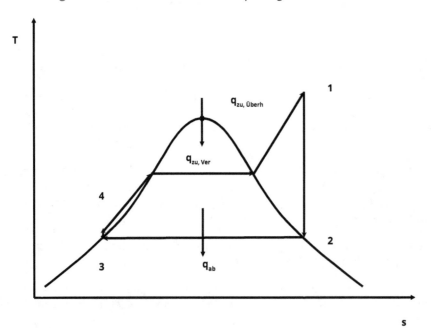

Abbildung 16.4: Der Clausius-Rankine-Prozess im T-s-Diagramm © Sebastian Altwasser

Aus den beiden Diagrammen in Abbildung 16.3 und Abbildung 16.4 geht hervor, dass der Clausius-Rankine-Prozess wesentlich komplexer ist als die bislang diskutierten Prozesse. Allerdings ist hier nicht der Raum, alle Einzelheiten zu diskutieren; deshalb werden im Folgenden nur einige wichtige Punkte herausgearbeitet:

✔ Der größte Teil der zugeführten Wärme wird für den Verdampfungsprozess aufgewendet.

✔ Gegenüber einer Gasturbine (siehe den weiter unten dargestellten Joule-Kreisprozess) hat der Clausius-Rankine-Prozess den Vorteil, dass aufgrund des geringeren Volumens der Flüssigkeit der Arbeitsaufwand für die Pumpe geringer ist.

✔ Der letzte Schritt 4 → 1 kann noch einmal in drei Teilschritte unterteilt werden: die Erwärmung des Wassers, die isotherme Verdampfung (parallel zur T-Achse in Abbildung 16.4) und die weitere Erwärmung des Dampfes (Überhitzung). In manchen Darstellungen werden diese Schritte einzeln aufgeführt.

Der thermische Wirkungsgrad liegt bei diesem einfachen Prozess bei ungefähr 30 %. Er kann durch Speisewasservorwärmung, Zwischenüberhitzung oder durch Mehrstufigkeit gesteigert werden. Mehrstufigkeit bedeutet, dass die Turbinen in der Regel mehrere Durchmesser aufweisen. Zwischen diesen einzelnen Stufen befinden sich Stellen, an denen der Dampf abgezapft, erneut erhitzt und der nächsten Stufe der Turbine zugeführt wird. Heutige Anlagen erreichen Wirkungsgrade von etwa 40 %.

Der Joule-Prozess

Die Gasturbine findet insbesondere bei Spitzenlastkraftwerken Anwendung, da eine schnelle Regelung möglich ist. Das heißt, diese Form des Kraftwerks ist im Gegensatz zum normalen Dampfturbinenkraftwerk sehr schnell an- und abschaltbar und kann in Zeiten hohen Verbrauchs eingesetzt werden. Eine weitere Anwendung von Gasturbinen sind Strahltriebwerke, die Ihnen wahrscheinlich unter dem häufig verwendeten Begriff Düsentriebwerk besser bekannt sind.

Wie der Clausius-Rankine-Prozess der Vergleichsprozess für Dampfkraftwerke ist, ist der Joule-Prozess der idealisierte Vergleichsprozess zum Gasturbinenprozess. Dabei muss man zwei Fälle unterscheiden: den offenen (Abbildung 16.5) und den geschlossenen Prozess (Abbildung 16.6). Beim offenen Prozess wird das Arbeitsmedium der Umgebung entnommen und nach Abschluss des Prozesses wieder in diese entlassen. Beim klassischen Strahltriebwerk handelt es sich um einen offenen Prozess. Beim geschlossenen Joule-Prozess verbleibt das Arbeitsmedium im System; daher ist ein Kühler erforderlich (Abbildung 16.6); dies ist bei Kraftwerken der Fall.

Die vier Teilschritte im geschlossenen Prozess sind (siehe Abbildung 16.7 und Abbildung 16.8):

✔ 1 → 2: Isentrope Kompression im Verdichter (Druck steigt an, Entropie bleibt konstant)

✔ 2 → 3: Isobare Erwärmung in der Brennkammer (Druck bleibt konstant, Entropie steigt)

✔ 3 → 4: Isentrope Expansion in der Turbine (Druck fällt, Entropie bleibt konstant)

✔ 4 → 1: Isobare Kühlung (Druck bleibt konstant, Entropie nimmt ab)

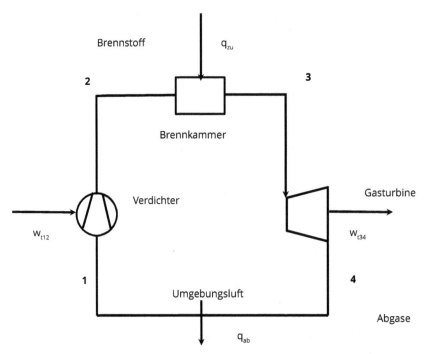

Abbildung 16.5: Schematische Darstellung eines offenen Gasturbinenprozesses
© Sebastian Altwasser

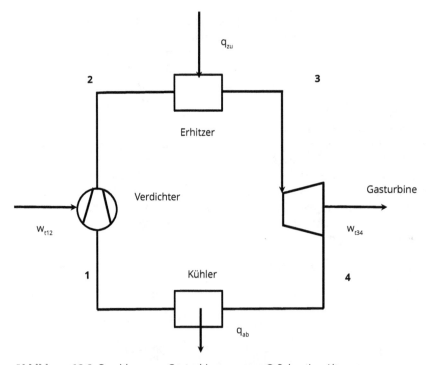

Abbildung 16.6: Geschlossener Gasturbinenprozess © Sebastian Altwasser

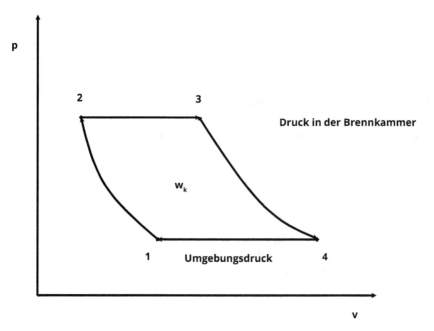

Abbildung 16.7: Darstellung des Gasturbinenprozesses im p-v-Diagramm
© Sebastian Altwasser

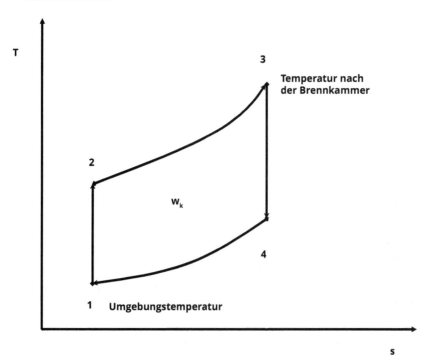

Abbildung 16.8: Darstellung des Gasturbinenprozesses im T-s-Diagramm
© Sebastian Altwasser

Bei einem offenen Prozess entfällt die isobare Kühlung, da in der Regel Umgebungsluft angesaugt und ausgestoßen wird (Strahltriebwerk).

Im Vergleich dazu steht der geschlossene Gasprozess, bei dem ein Arbeitsgas im Kreislauf geführt und immer wieder erwärmt und gekühlt wird (Abbildung 16.6).

Zur Vervollständigung dieser Diskussion dienen die Darstellungen des geschlossenen Gasturbinenprozesses im p-v- und im T-s-Diagramm (siehe Abbildung 16.7 und Abbildung 16.8). Dadurch werden die einzelnen Teilschritte noch einmal verdeutlicht.

Den Wirkungsgrad einer Gasturbine kann man mit der folgenden Gleichung berechnen:

$$\eta_{th} = 1 - \frac{T_1}{T_2} = 1 - \left(\frac{p_1}{p_2}\right)^{\frac{k-1}{k}}$$

Diese Gleichung kann über den klassischen Ansatz η_{th} = Nutzen/Aufwand hergeleitet werden: Der Aufwand ist die zugeführte Wärme Q_{zu}. Bereits oben wurde dargelegt, dass der Nutzen bei einer Gasturbine die abgegebene Nutzarbeit w_{Nutz} ist, die sich als Differenz aus zugeführter und abgeführter Wärme ergibt:

$$\eta_{th} = \frac{w_k}{q_{zu}} = \frac{q_{zu} - |q_{ab}|}{q_{zu}} = 1 - \frac{|q_{ab}|}{q_{zu}}$$

Diese Wärmen kann man mithilfe von Enthalpiedifferenzen ausdrücken (bei diesem Prozess ändert sich die Enthalpie nur durch die Wärmezufuhr beziehungsweise -abfuhr):

$$q_{zu} = h_3 - h_2$$

und

$$q_{ab} = h_4 - h_1$$

Bei einem idealen Gas hängt die spezifische Enthalpie nur von der Temperatur, aber nicht vom Druck ab. Es gilt also die Gleichung:

$$\Delta h = c_p \cdot \Delta T$$

Setzt man diese Erkenntnisse in die allgemeine Gleichung für den Wirkungsgrad ein, erhält man die folgende Gleichung:

$$\eta_{th} = 1 - \frac{h_4 - h_1}{h_3 - h_2} = 1 - \frac{T_4 - T_1}{T_3 - T_2} = 1 - \frac{T_1}{T_2} = 1 - \left(\frac{p_1}{p_2}\right)^{\frac{k-1}{k}}$$

Die letzte Umformung in dieser Gleichung ergibt sich aus der Verwendung der Gleichung für die Temperaturänderung bei einem isentropen Prozess (Kapitel 15):

$$\frac{T_1}{T_2} = \left(\frac{p_1}{p_2}\right)^{\frac{k-1}{k}}$$

Da $\frac{k-1}{k}$ <1 ist, muss das Druckverhältnis p_2/p_1, das auch Verdichtungsverhältnis genannt wird, möglichst groß sein, um einen hohen Wirkungsgrad zu erreichen. Allerdings kann das

Verhältnis nicht beliebig groß eingestellt werden, da in der Regel technische Grenzen durch die verwendeten Materialien auferlegt werden. In vielen Anwendungsfällen liegt das Verhältnis p_2/p_1 zwischen 2,5 und 8,5.

In Abbildung 16.7 und Abbildung 16.8 ist der ideale Joule-Prozess dargestellt. Der reale Prozess unterscheidet sich hauptsächlich darin, dass der erste und der dritte Schritt nicht wirklich isentrop, sondern mit einer Entropiezunahme verbunden sind. Das heißt, die Vorgänge sind nicht reversibel.

Der Otto-Prozess

Die bislang vorgestellten Clausius-Rankine- und Joule-Prozesse sind Vergleichsprozesse für die wichtigsten thermodynamischen Kraftwerkstypen. Im Folgenden geht es um Vergleichsprozesse für die beiden wichtigsten Automotoren, den Ottomotor und den Dieselmotor, die beide die Namen der Motoren tragen. An dieser Stelle interessiert in erster Linie eine thermodynamische Betrachtung der Vorgänge dieser Motoren. Es ist nicht Ziel, auf die einzelnen Takte im Detail einzugehen; nichtsdestoweniger werden zum besseren Verständnis die technischen Aspekte kurz erläutert, ohne dabei auf die unterschiedlichen Betriebsweisen von Verbrennungsmotoren einzugehen.

Der nach dem deutschen Ingenieur Nicolaus August Otto benannte Kreisprozess dient als Vergleichsprozess für Benzin- und Gasmotoren. Die Teilschritte dieses Prozesses sind:

✔ 1 → 2: Der erste Arbeitsschritt beim Motor ist eine Verdichtung mittels isentroper Kompression. Der Kolben bewegt sich im Zylinder nach oben.

✔ 2 → 3: Der zweite Schritt ist eine isochore Wärmezufuhr. Sie erfolgt durch die Zündung des Kraftstoffgemischs und dessen plötzliche Verbrennung.

✔ 3 → 4: Im dritten Schritt wird das Arbeitsmedium durch die Abwärtsbewegung des Kolbens isentrop entspannt.

✔ 4 → 1: Der vierte Schritt erfolgt wiederum isochor: Durch Öffnen des Auslassventils wird das Arbeitsmedium entspannt.

Diese vier Prozessschritte sind in Abbildung 16.9 und Abbildung 16.10 im T-s- beziehungsweise im p-v-Diagramm dargestellt.

Der Wirkungsgrad eines Otto-Prozesses kann mit dem folgenden Ausdruck berechnet werden:

$$\eta_{th} = 1 - \frac{T_1}{T_2} = 1 - \left(\frac{v_2}{v_1}\right)^{k-1}$$

Eine Herleitung dieser Gleichung ist wie beim Gasturbinenprozess mithilfe der Wärmebilanz möglich. Allerdings wird an dieser Stelle auf eine detaillierte Darstellung verzichtet. Es sei nur erwähnt, dass bei der Herleitung die folgende, sich aus Kapitel 15 ergebende Gleichung eine wichtige Rolle spielt:

$$\frac{T_1}{T_2} = \left(\frac{v_2}{v_1}\right)^{k-1}$$

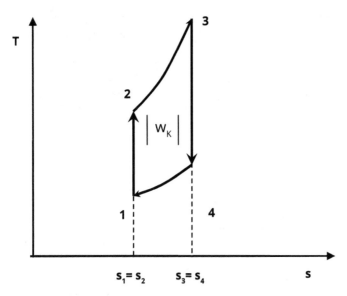

Abbildung 16.9: Darstellung des Otto-Prozesses im T-s-Diagramm
© Sebastian Altwasser

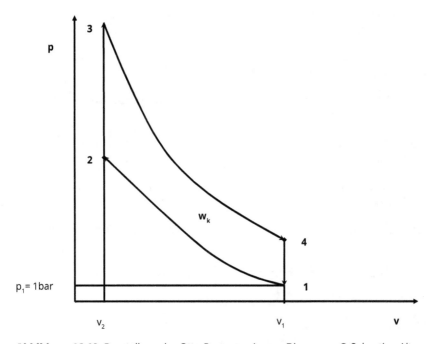

Abbildung 16.10: Darstellung des Otto-Prozesses im p-v-Diagramm © Sebastian Altwasser

Das Verhältnis v_1/v_2, also das Verhältnis der Volumina vor und nach der Verdichtung, wird als *Volumen*- oder *Verdichtungsverhältnis* ε bezeichnet. Damit ergibt sich für den Wirkungsgrad eines idealen Ottomotors:

$$\eta_{th} = 1 - \frac{1}{\varepsilon^{k-1}}$$

Dieser Gleichung zufolge hängt der Wirkungsgrad eines Otto-Prozesses nur vom Verdichtungsverhältnis und vom Isotropenexponenten ab. Demzufolge muss ein möglichst hohes Druckverhältnis gewählt werden, um einen hohen Wirkungsgrad zu erzielen. Maximal erreichbar sind Werte von 6 bis 10, da bei einer stärkeren Verdichtung eine Zündung während der Verdichtung erfolgen würde. Der Isentropenexponent von Luft beträgt 1,4; bei einem Verdichtungsverhältnis von 10 beträgt der Wirkungsgrad des idealen Prozesses 60 %.

Der Diesel-Prozess

Bei einem Diesel-Prozess, der nach dem deutschen Ingenieur Rudolf Diesel benannt ist, ist eine etwa doppelt so hohe Verdichtung möglich und damit ein höherer Wirkungsgrad als beim Otto-Prozess. Abbildung 16.11 zeigt das p-v-Diagramm eines Diesel-Prozesses. Die vier Teilschritte laufen wie folgt ab:

✔ 1 → 2: Ansaugen von reiner Luft, die isentrop verdichtet wird.

✔ 2 → 3: Isobare Wärmezufuhr; Kraftstoff wird eingespritzt und entzündet sich aufgrund der hohen Temperatur T_2 von selbst.

✔ 3 → 4: Isentrope Entspannung durch die Bewegung des Kolbens im Zylinder nach unten.

✔ 4 → 1: Isochore Wärmeabfuhr durch das Öffnen des Auslassventils und Herausdrücken der Verbrennungsgase.

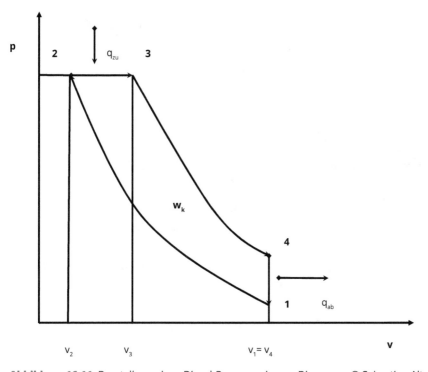

Abbildung 16.11: Darstellung eines Diesel-Prozesses im p-v-Diagramm © Sebastian Altwasser

Im Unterschied zum Otto-Prozess erfolgt die Wärmezufuhr im Schritt 2 → 3 nicht isochor, sondern isobar (vergleichen Sie auch Abbildung 16.11 mit Abbildung 16.10).

Der Wirkungsgrad des Dieselmotors hängt nicht nur vom Isotropenexponenten und vom Verdichtungsverhältnis ε, sondern auch vom Volldruckverhältnis φ ab:

$$\eta_{th} = 1 - \frac{1}{e^{\kappa-1}} \cdot \frac{\varphi^{\kappa} - 1}{\kappa \cdot (\varphi - 1)} \text{ mit } \varphi = \frac{V_3}{V_2}$$

Der zweite Bruch in dieser Gleichung ist stets größer als 1. Daher ist bei gleichem Verdichtungsverhältnis der Wirkungsgrad eines Ottomotors größer als der eines Dieselmotors; allerdings sind bei Letzterem sehr viel höhere Verdichtungsverhältnisse möglich (ca. 20:1), sodass letztlich Dieselmotoren höhere Wirkungsgrade aufweisen.

Der Linkskreisprozess oder: Wie funktioniert der Kühlschrank?

Bisher wurden nur Rechtskreisprozesse betrachtet. Zum Abschluss dieses Kapitel und auch dieses Teils über die Thermodynamik wird noch kurz auf Linkskreisprozesse eingegangen, die in Form von Kühlschränken oder Wärmepumpen aus unserem modernen Leben nicht mehr wegzudenken sind.

Allgemeine Bemerkungen zu Linkskreisprozessen

Linkskreisprozesse sind die Umkehrung von Rechtskreisprozessen. Wie in den vorangegangenen Abschnitten dargestellt wurde, ist das Ziel von Rechtskreisprozessen (Wärmekraftmaschinen) die Gewinnung von Arbeit. Bei den Linkskreisprozessen wird dagegen Arbeit investiert, um Wärme zu transportieren.

Es gibt zwei wichtige Anwendungen, bei denen ein Linkskreisprozess erforderlich ist: Kühlschrank und Wärmepumpe. Beim Kühlschrank soll »Wärme« mit T < T_u (T_u ist die Temperatur der Umgebung) aus dem zu kühlenden Raum abgeführt werden. Mithilfe einer Wärmepumpe dagegen wird Wärme von einem niedrigeren Temperaturniveau (zumeist T_u) auf ein höheres T > T_u angehoben.

Bei einem Linkskreisprozess wie einer Wärmepumpe laufen die folgenden Teilschritte ab (Abbildung 16.12):

✔ 1 → 2: Dem Arbeitsmedium wird Wärme bei niedriger Temperatur zugeführt (im Kühlschrank beispielsweise in der Kühlzelle, bei einer Wärmepumpe durch Verdampfen des Arbeitsmediums).

✔ 2 → 3: Das erwärmte Gas wird komprimiert (verdichtet), wobei Arbeit zugeführt wird. Dabei steigt die Temperatur des Arbeitsmediums an.

✔ 3 → 4: Nach der Verdichtung wird das heiße Medium zum Kühler (Kondensator) geführt, dort gibt es die Wärme an die Umgebung ab.

✔ 4 → 1: Abschließend erfolgt eine Entspannung, und das Arbeitsmedium liegt wieder im Ausgangszustand vor.

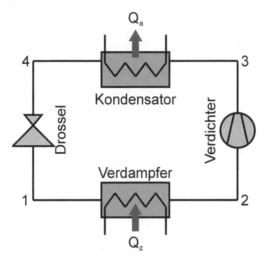

Abbildung 16.12: Allgemeines Schema eines Linkskreisprozesses am Beispiel einer Wärmepumpe © Sebastian Altwasser

Für eine einfache Betrachtung kann man annehmen, dass die Wärmezufuhr und -abfuhr isobar sowie die Verdichtung und Entspannung isentrop verlaufen. Abbildung 16.13 zeigt eine Darstellung des allgemeinen Prozesses im T-s-Diagramm.

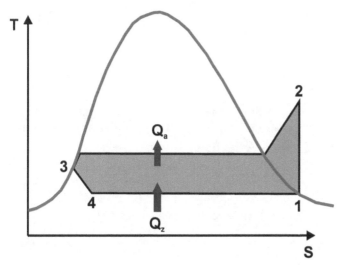

Abbildung 16.13: Darstellung eines Linkskreisprozesses im T-s-Diagramm © Sebastian Altwasser

Die Energiebilanz eines solchen Prozesses lautet:

$$q_{\text{zu}} + w_{\text{k}} = |q_{\text{ab}}|$$

Die Kreisprozessarbeit w_k ist die Differenz aus der zum Verdichten des Mediums notwendigen Arbeit und der bei der Entspannung frei werdenden Arbeit. Die im Kühlraum zugeführte Wärme q_{zu} wird als *erzeugte Kälte* bezeichnet, da diese Wärme einem tieferen (kälteren) Temperaturniveau entnommen wird.

Die vier wesentlichen Bestandteile einer Kaltdampf-Kältemaschine (zum Beispiel eines Kühlschranks) sind:

✔ *der Verdampfer im Kühlraum*, der den Lebensmitteln im Kühlschrank die Wärme »entzieht«. Zu diesem Zweck ist es erforderlich, dass das Arbeitsmedium im Temperaturbereich von Interesse verdampft werden kann.

✔ *der Verdichter* (das Bauteil, dass man zumeist wahrnimmt und das das typische Brummen des Kühlschranks) erzeugt.

✔ *der Kondensator* (auf dessen Rückseite sich Rohrschlangen befinden. Jeder von Ihnen, der diese schon einmal angefasst hat, weiß, dass sie ziemlich warm werden können)

✔ *die Drossel* ist eine Verengung. die anstelle einer Entspannungsmaschine eingesetzt wird. Dies ist technisch günstiger, da sie preiswerter realisierbar ist.

Beschreibung durch die Leistungszahl

Zur Beschreibung der Effizienz von linkslaufenden thermodynamischen Prozessen wird nicht wie bei Wärmekraftmaschinen der Wirkungsgrad benutzt, sondern die Leistungszahl ε, die auch als *Coefficient of Performance (COP)* beziehungsweise *Energy Efficiency Ratio (EER)* bezeichnet wird. Bei einer Wärmepumpe gibt die Leistungszahl das Verhältnis der von der Wärmepumpe abgegebenen Heizleistung zur aufgewendeten elektrischen Heizleistung an:

$$\varepsilon = \frac{Q_H}{P_{el}}$$

Auch bei Linkskreisprozessen stellt der inverse Carnot-Prozess den Idealprozess dar. Für einen Prozess mit einer unteren Temperatur T_1 und einer oberen Temperatur T_2 gilt für den Wirkungsgrad:

$$\eta_c = 1 - \frac{T_1}{T_2}$$

Der Kehrwert dieser Größe bestimmt die maximal erreichbare Leistungszahl:

$$\varepsilon_{max} = \frac{1}{\eta_c} - \frac{T_2}{T_2 - T_1}$$

Die Leistungskennzahlen für heutige Kühlschränke liegen im Bereich $\varepsilon = 4 \ldots 10$.

Der Wärmepumpenprozess

Die Idee für die Wärmepumpe entstammt der Kältetechnik. Man stellte sich die Frage, ob die Wärme, die bei der Kondensation (siehe Abbildung 16.12) frei wird, in irgendeiner Form nutzbar ist.

Die Prinzipien einer Wärmepumpe sind die gleichen wie bei einem Kühlschrank. Der wesentliche Unterschied besteht nur im höheren Temperaturniveau bei der Wärmepumpe. Als Wärmelieferant können verschiedene Quellen verwendet werden. Eine Möglichkeit ist die Nutzung der Erdwärme oder der Wärme des Grundwassers, aber auch die Wärme der Luft ist nutzbar. Praktische Anwendungen finden Wärmepumpen in der Industrie für die Nutzung von Niedertemperaturabwärme. Allerdings wurden in den letzten Jahren Wärmepumpen auch für die Beheizung von Einfamilienhäusern eingesetzt. Auch in diesem Fall macht die Leistungskennzahl ε Aussagen über die Effizienz solcher elektrisch betriebener Anlagen. Die erreichbaren Leistungskennzahlen liegen im Bereich von 3 bis 5.

Kapitel 17

Gas-Dampf-Gemische –
Alles feuchte Luft?

Das Thema dieses Kapitels sind Gemische und ihre thermodynamische Behandlung. Im Zentrum stehen dabei das Gemisch aus Luft und Wasserdampf sowie die Zustandsänderungen, die bei diesem Gemisch auftreten können. Ein Vorgang von besonderem Interesse ist dabei die Trocknung. Dieser Prozess ist Ihnen mit Sicherheit schon einmal begegnet, sei es auch nur, dass Sie ein feuchtes Handtuch auf die Wäscheleine gehängt haben. Sollten Sie Raucher sein und sich eventuell manchmal eine Zigarre genehmigen, dann werden Sie sicher wissen, dass gute Zigarren in einem sogenannten Humidor aufbewahrt werden. In dieser Kiste oder Kammer kann eine konstante Luftfeuchtigkeit eingestellt werden, sodass die Zigarren nicht austrocknen.

Absolute und relative Feuchte

Das hier im Folgenden betrachtete Gemisch wird als *feuchte Luft* bezeichnet.

 Feuchte Luft ist ein Gemisch aus Wasserdampf und Luft; dementsprechend werden in der folgenden Betrachtung weder Wasser in flüssiger Form (Regentropfen oder Nebeltröpfchen) noch Eis (Schneekristalle) berücksichtigt.

Relativ oder absolut: Maße für die Luftfeuchtigkeit

Luft kann bei einer gegebenen Temperatur nur eine bestimmte maximale Menge an Wasserdampf enthalten, die *maximale Luftfeuchtigkeit* genannt wird. Auf dieser Tatsache beruht das bekannteste Maß für die Luftfeuchtigkeit, die relative Feuchte in Prozent. Die Luftfeuchte dürfte Ihnen ein Begriff sein, wenn Sie eine kleine Wetterstation in Ihrer Wohnung stehen haben. Sie enthält in der Regel neben einem Thermometer und einem Barometer auch ein Hygrometer, mit dem man die Luftfeuchte messen kann. Aber auch die in Wetterberichten angegebenen Werte betreffen die relative Luftfeuchte.

Relative Luftfeuchte

Die *relative Luftfeuchtigkeit* φ ist das Verhältnis des momentanen Wasserdampfgehalts zum maximal möglichen Wasserdampfgehalt bei gegebener Temperatur. Physikalisch ausgedrückt ist ϕ das Verhältnis zwischen dem vorhandenen Partialdruck des Wasserdampfs p_D und dem Sättigungsdampfdruck p_S:

$$\varphi = \frac{p_D}{p_s}$$

Der Partialdruck des Wasserdampfs ist dabei dessen Anteil am Gesamtdruck. Der *Sättigungsdampfdruck* ist der maximal mögliche Anteil für den Wasserdampf bei dieser Temperatur.

φ kann Werte von 0 bis 1 annehmen. Bei φ = 0 ist die Luft trocken, bei φ = 1 mit Wasserdampf gesättigt. Bei einer weiteren Erhöhung des Wasserdampfgehalts würde sich der Wasserdampf in Form von Nebeltröpfchen niederschlagen. Dieses Phänomen haben Sie sicher schon beobachtet, denn im Herbst können Sie am frühen Morgen überall eine dünne Schicht Wasser finden.

Der Gesamtdruck der Luft setzt sich aus der Summe der Partialdrücke der einzelnen Gaskomponenten (Stickstoff, Sauerstoff, Kohlendioxid) p_G und dem Partialdruck des Dampfes p_D zusammen:

$$p = p_G + p_D$$

Die relative Feuchte ist eine Größe, die insbesondere in der Meteorologie und in der Umgangssprache verwendet wird.

Absolute Feuchte y

Neben der relativen Luftfeuchte gibt es mit der absoluten Feuchte noch ein zweites Maß zur Beschreibung des Feuchtigkeitsgehalts der Luft: Die absolute Luftfeuchtigkeit oder auch Dampfdichte ist die Masse des Wasserdampfes in einem bestimmten Volumen V:

$$\rho_w = \frac{m_{Dampf}}{V} = \frac{p_D}{R_w \cdot T}$$

Das zweite Gleichheitszeichen ergibt sich aus der idealen Gasgleichung. R_w ist die spezifische Gaskonstante von Wasser und p_D der Dampfdruck. Die absolute Luftfeuchtigkeit wird in g/m^3 angegeben. Sie ist nach oben durch die maximale Feuchtigkeit begrenzt, bei der Sättigung erreicht wird.

Spezifische Feuchte

Im Folgenden wird mit der *spezifischen Luftfeuchtigkeit* noch eine dritte Größe betrachtet, mit der die Luftfeuchtigkeit quantitativ beschrieben werden kann und mit der insbesondere bei technischen Prozessen gearbeitet wird. Sie gibt die Masse des Wassers an, die sich in einer bestimmten Masse trockenen Gases (Luft) befindet.

$$y = \frac{m_D}{m_G} = \frac{m_D}{m - m_D}$$

Umrechnungen

Mithilfe des idealen Gasgesetzes ist eine Umrechnung dieser Größen möglich. Da der Dampf-druck des Wassers relativ klein ist, kann man Wasserdampf im Folgenden als ideales Gas be-trachten.

Für Dampf und Luft ergeben sich nach dem idealen Gasgesetz die folgenden Beziehungen:

$$V \cdot p_D = m_D \cdot R_D \cdot T$$

$$V \cdot p_G = m_G \cdot R_G \cdot T$$

Die spezifischen Gaskonstanten der beiden Komponenten besitzen die folgenden Werte:

$$\text{Luft} : R_G = 287{,}1 \frac{J}{\text{kg} \cdot \text{K}}$$

$$\text{Dampf} : R_D = 461{,}5 \frac{J}{\text{kg} \cdot \text{K}}$$

In beiden Gasgleichungen können die Drücke mithilfe der relativen Luftfeuchte durch die folgenden Terme ersetzt werden:

$$p_D = \varphi \cdot p_s$$

$$p_G = p - \varphi \cdot p_s$$

Dabei ist p_S der Sättigungsdampfdruck. Setzt man dies in die Gasgleichungen ein und formt um, erhält man die folgenden Beziehungen:

$$m_D = \frac{V \cdot p_D}{R_D \cdot T} = \frac{V \cdot \varphi \cdot p_s}{R_D \cdot T}$$

und

$$m_G = \frac{V \cdot p_G}{R_G \cdot T} = \frac{V \cdot (p - \varphi \cdot p_s)}{R_G \cdot T}$$

Die Gesamtmasse des Systems ist die Summe der Massen von Dampf und Luft. Es ergibt sich also:

$$m = m_D + m_G = \left(\frac{p - \varphi \cdot p_s}{R_G} + \frac{\varphi \cdot p_s}{R_D} \right) \cdot \frac{V}{T}$$

Setzt man die beiden vorangegangenen Beziehungen in die Definition der spezifischen Feuchte ein, erhält man einen Zusammenhang zwischen dieser Größe und der relativen Luftfeuchte:

$$y = \frac{m_D}{m_G} = \frac{R_G}{R_D} \cdot \frac{\varphi \cdot p_s}{p - \varphi \cdot p_s}$$

Setzt man für die beiden Gaskonstanten die Werte ein, erhält man den folgenden Zusammenhang:

$$y = 0{,}662 \cdot \frac{\varphi \cdot p_s}{p - \varphi \cdot p_s}$$

Allgemein ist die *Dichte* definiert als das Verhältnis von Masse zu Volumen.

$$\rho = \frac{m}{V}$$

Für den vorliegenden Fall ergibt sich dann folgende Gleichung:

$$\rho = \frac{\left(\frac{p - \varphi \cdot p_s}{R_G} + \frac{\varphi \cdot p_s}{R_D} \right) \cdot \frac{V}{T}}{V}$$

Durch Kürzen und mithilfe der Definition der spezifischen Feuchte erhält man die folgende Beziehung:

$$\rho = \frac{1 + y}{R_G + y \cdot R_D} \cdot \frac{p}{T}$$

Schließlich wird noch kurz auf die *Enthalpie der feuchten Luft* eingegangen. Sie setzt sich aus den Enthalpien der Gemischbestandteile zusammen, ist also die Summe der Enthalpie des Gases h_G und der Enthalpie des Wasserdampfes h_D, multipliziert mit dem Dampfgehalt y. Als Formel ausgedrückt ergibt sich:

$$h = h_D + y \cdot h_G$$

Wichtige Hilfsmittel: Mollier-Diagramme

Mollier-Diagramme sind Zustandsdiagramme, die in der Technik, besonders in der Dampftechnik eine große Rolle spielen und mit denen man Zustandsänderungen grafisch nachvollziehen und auch berechnen kann. Es gibt unter anderem h-T- und h-p-Diagramme, aber von besonderer Bedeutung sind die Mollier-h-y- und -T-y-Diagramme, bei denen auf bestimmte Weise entweder die Enthalpie h oder die Temperatur T gegen die spezifische Feuchtigkeit y aufgetragen ist. Im Folgenden wird das Arbeiten mit Mollier-Diagrammen am Beispiel des T-y-Diagramms erläutert.

Aufbau eines Mollier-T,y-Diagramms

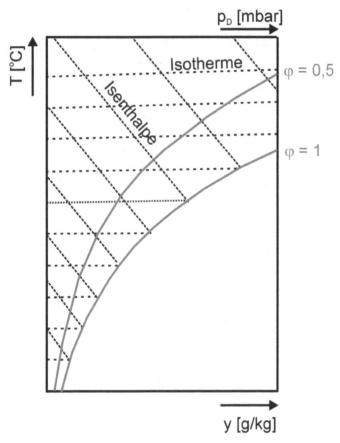

Abbildung 17.1: Schematische Darstellung des Mollier-Diagramms
bei p = konstant © Sebastian Altwasser

Um mit Mollier-Diagrammen wirklich arbeiten zu können, müssen die Kurven sehr eng-maschig eingezeichnet sein (Abbildung 17.2). Aber zunächst wird der Aufbau eines solchen Diagramms anhand der schematischen Darstellung in Abbildung 17.1 erläutert. Mollier-Diagramme gelten stets für einen bestimmten Druck, sie betreffen also isobare Zustandsänderungen. In vielen Fällen wird der Normaldruck verwendet, also 1 bar.

Das Mollier-Diagramm enthält die folgenden Bestandteile:

✔ Auf der x-Achse ist nach rechts die spezifische Feuchte (in g/kg) aufgetragen.

✔ Zwischen y und dem Dampfdruck besteht eine lineare Beziehung. Man kann also auf der zweiten x-Achse den Dampfdruck auftragen. (In Abbildung 17.2 sind beide Skalen unten eingezeichnet.)

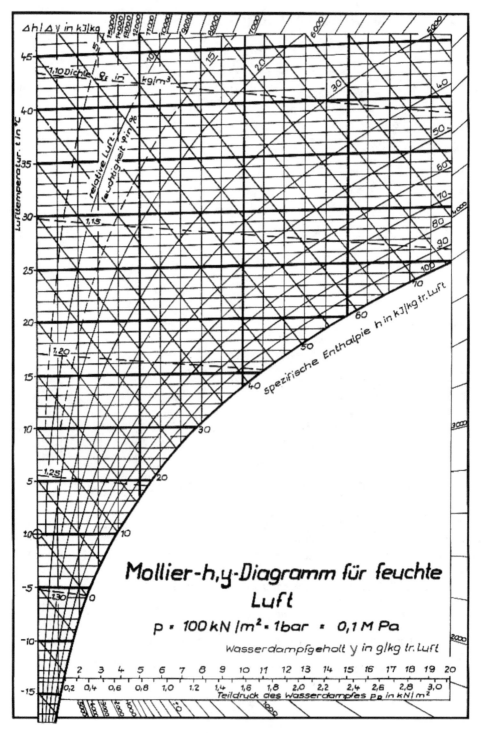

Abbildung 17.2: Mollier-Diagramm für feuchte Luft bei p = 1 bar © Prof. Dr. Lothar Martens, Hochschule Anhalt

✔ Auf der y-Achse ist die Temperatur (in °C) nach oben aufgetragen. Hier gilt es allerdings, vorsichtig zu sein: Die Isothermen, also die Linien gleicher Temperatur, verlaufen nicht exakt parallel zur x-Achse, sondern steigen (für T > 0 °C) ganz leicht an.

✔ Zudem enthält das Diagramm Isenthalpen, also Linien gleicher Enthalpie. Der Ursprung der Enthalpieskala liegt bei trockener Luft (y = 0) bei 0 °C.

✔ Schließlich sind die hyperbolischen Linien gleicher relativer Luftfeuchtigkeit φ einge-zeichnet (in diesem Beispiel nur zwei, in realen Diagrammen sehr viel mehr (Abbildung 17.2).

Üblicherweise werden diese Linien nur im Bereich ungesättigter Luft oberhalb der Sätti-gungslinie φ = 1 dargestellt, nicht aber im Nebelgebiet darunter.

Abbildung 17.2 zeigt ein reales Mollier-Diagramm, mit dem man auch in der Praxis arbeiten kann.

Das Diagramm wurde von einer technischen Zeichnerin per Hand erstellt, daher sieht es viel-leicht etwas antiquiert aus, aber man kann damit wirklich sehr gut arbeiten, wie weiter unten an einem Beispiel zur Mischung zweier Feuchtluftmassenströme gezeigt wird.

Arbeiten mit dem Diagramm: Zustandsänderungen feuchter Luft

Wenn man mit einem Mollier-Diagramm arbeiten will, müssen zwei Größen bekannt sein (etwa die Temperatur und die spezifische Luftfeuchte oder die Enthalpie und der Dampf-druck). Alle anderen Größen können dann (grafisch) mithilfe des Diagramms bestimmt wer-den. Aber mit seiner Hilfe kann man nicht nur Zustände, sondern auch Zustandsänderungen untersuchen.

In den folgenden Abschnitten werden kurz einige Zustandsänderungen von feuchter Luft vorgestellt und erläutert, wie sie im Mollier-Diagramm verlaufen.

Erwärmung

Bei einer isobaren Erwärmung bleibt der absolute Gehalt an Wasserdampf konstant. Eine sol-che Zustandsänderung verläuft im Mollier-Diagramm als vertikale Linie senkrecht nach oben. Sie beginnt bei der Ausgangstemperatur und endet bei der gewünschten Temperatur.

Abkühlung

Eine Abkühlung verläuft umgekehrt zur Erwärmung als vertikale Linie nach unten bis zum Taupunkt (siehe den beistehenden Kasten) auf der Sättigungslinie φ = 1. Bei weiterer Abküh-lung sind zwei Wege möglich:

> ## Taupunkt
>
> Der *Taupunkt* ist die Temperatur, bei der sich ein Gleichgewicht zwischen kondensierendem und verdunstendem Wasser einstellt. An diesem Punkt beginnt die Kondensatbildung.

✔ Die Flüssigkeit verbleibt in Form von Tröpfchen im Gemisch (Nebel). Dann führt die Linie weiter senkrecht nach unten.

✔ Es kommt zur Kondensation beziehungsweise zum Ausregnen an Kühlflächen. In diesem Fall verläuft die Zustandsänderung entlang der Linie $\phi = 1$.

Mischung

Bei einer Mischung zweier Luftströme unterschiedlich feuchter Luft erfolgt ein Ausgleich der Temperaturen und Wasserdampf-Konzentrationen. Der Mischpunkt auf der Mischungsgeraden kann relativ einfach bestimmt werden. Die Mischungsgerade ist im Mollier-Diagramm die Verbindungslinie zwischen den zwei Zustandspunkten der zu mischenden Massenströme. Die Zustandspunkte der Massenströme werden häufig durch ihre relative/spezifische Feuchte beziehungsweise ihre Temperatur/Enthalpie definiert.

Betrachtet man die spezifischen Feuchtigkeiten, gilt für die Massenströme:

$$\dot{m}_{G1} \cdot y_1 + \dot{m}_{G2} \cdot y_2 = \dot{m}_{GM} \cdot y_M$$

Für die Enthalpieströme gilt:

$$\dot{m}_{G1} \cdot h_1 + \dot{m}_{G2} \cdot h_2 = \dot{m}_{GM} \cdot h_M$$

Der Index G steht dabei für Gasstrom, der Index GM für den Mischgasstrom.

Beispiel: Mischung zweier Luftströme

Am einfachsten lässt sich die Vorgehensweise zur Bestimmung des Mischpunkts an dem Beispiel in Abbildung 17.3 erklären. Gegeben sind zwei Luftströme mit den folgenden Parametern:

	$\dot{m}$ [kgh^{-1}]	ϑ [°C]	y [g/kg]
Luftstrom 1	2000	30	10
Luftstrom 2	1000	15	4

Diese Ströme sollen gemischt werden. Der Mischpunkt muss auf der Verbindungsgeraden (Mischungsgerade) zwischen den beiden Punkten im Mollier-Diagramm liegen. Die Länge der beiden Teilgeraden entspricht dem Anteil am Massenstrom. Sie können also die Länge der Mischgeraden mit einem Lineal bestimmen und daraus die erforderlichen Längen der Teilgeraden berechnen. In Abbildung 17.3 beträgt die Länge der Mischungsgeraden 77 mm; da das Massenverhältnis 2:1 beträgt, muss das erste Teilstück eine Länge von 51,3 mm aufweisen.

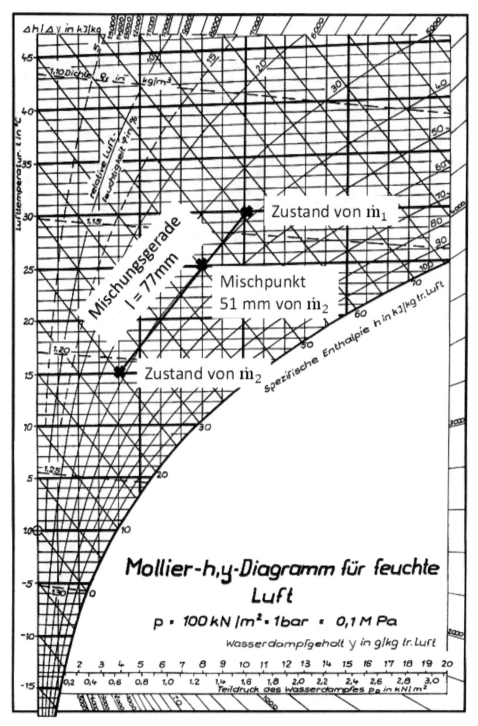

Abbildung 17.3: Beispielaufgabe im Mollier-Diagramm © Prof. Dr. Lothar Martens, Hochschule Anhalt

Befeuchtung und Trocknung

Zum Abschluss dieser Diskussion werden noch die Befeuchtung und die Trocknung betrachtet. Da es sich um entgegengesetzte Prozesse handelt, kann man sie gemeinsam behandeln. Eine Befeuchtung ist prinzipiell auf zwei Wegen möglich:

✔ durch das Einspritzen von Dampf

✔ durch die Zugabe von Flüssigkeit

Für beide Prozesse kann man vereinfachend annehmen, dass sie isenthalpen verlaufen, die Enthalpie also konstant ist. Ein klassisches Beispiel sind Raumluftbefeuchter, die häufig dort angewendet werden, wo eine konstante Luftfeuchtigkeit gewünscht ist.

Als *Trocknung* bezeichnet man das Entfernen von Flüssigkeiten aus einem Gut durch Zuführung von Wärme. Die zu entfernende Flüssigkeit verdunstet entweder oder verdampft.

Diese beiden Prozesse sind keineswegs das Gleiche. Bei einer Verdunstung wechselt das Wasser unterhalb des Siedepunkts den Aggregatszustand. Bei einer Verdampfung geht das Wasser genau am Siedepunkt von der flüssigen in die gasförmige Phase über.

Eine Trocknung erfordert große Mengen an Energie. Die notwendigen Wärmen und Massenströme für die Wärme kann man sehr gut mithilfe eines Mollier-Diagramms berechnen, wobei allerdings an dieser Stelle auf Einzelheiten verzichtet wird.

Aus Abbildung 17.4 geht hervor, dass der Vorgang der Trocknung in zwei Abschnitte unterteilt werden kann, den ersten und den zweiten Trocknungsabschnitt.

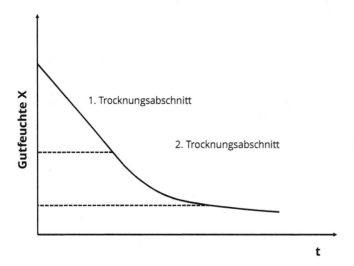

Abbildung 17.4: Schematische Darstellung des Trocknungsprozesses (Anlaufphase vernachlässigt) © Sebastian Altwasser

Abbildung 17.4 kann man auch entnehmen, dass im ersten Abschnitt die Feuchte des zu trocknenden Guts (Gutfeuchte oder auch Beladung) linear mit der Zeit abnimmt. Am Ende der Trocknung wird die zeitliche Abnahme der Feuchtigkeit im Trocknungsgut immer geringer, bis sich eine Endfeuchte einstellt (zweiter Trocknungsabschnitt). Trocknungsverläufe wie diese Kurven kann man durch Trocknungsversuche ermitteln.

 Bei der Aufnahme der Trocknungsverlaufskurven sollten sich die Feuchte und die Temperatur der Luft nicht messbar ändern, sodass alle Veränderungen eindeutig auf den Trocknungsvorgang zurückführbar sind.

Als *Trocknungsgeschwindigkeit* U bezeichnet man die Wassermenge, die pro Zeit und Fläche A entzogen wird. Für sie kann der folgende Ausdruck angegeben werden:

$$U = -\frac{dm_{H_2O}}{A \cdot dt} = \left(\frac{dX}{dt}\right) \cdot \frac{m_{TS}}{A}$$

Dabei ist dX/dt die Änderung der Gutfeuchte mit der Zeit und m_{TS} die Trockenmasse des zu trocknenden Gutes. Mit anderen Worten entspricht die Trocknungsgeschwindigkeit der Wassermenge, die pro Zeit und Fläche entzogen wird (Voraussetzung für diese Gleichung ist, dass m_{TS} und A konstant sind).

Stellt man die Trocknungsgeschwindigkeit als Funktion der Zeit dar, erhält man den in Abbildung 17.5 gezeigten Kurvenverlauf.

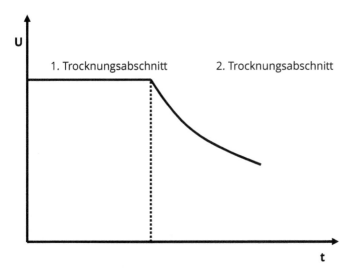

Abbildung 17.5: Darstellung der Trocknungsgeschwindigkeit U über der Zeit (schematisch) © Sebastian Altwasser

Während des ersten Trocknungsabschnitts ist die Oberfläche des feuchten Körpers vollständig mit Flüssigkeit bedeckt. Der Stoff- und Wärmetransport hängt von den Umgebungsbedingungen ab.

Zu Beginn des zweiten Trocknungsabschnitts reißt der geschlossene Flüssigkeitsfilm auf, und der Trocknungsspiegel wandert in das Innere des Körpers. Daher muss in diesem Abschnitt der Trocknung die Flüssigkeit aus dem Inneren des Körpers durch Diffusion und Kapillarwirkung an die Oberfläche und dann in die Luft transportiert werden. Hier spielt die hohe Oberflächenspannung von Wasser eine Rolle. Sie bewirkt eine Krümmung der Flüssigkeitsoberfläche. Dadurch bilden sich in den Zwischenräumen im Inneren des Körpers Menisken aus, die dann als Kapillaren wirken. Die Begriffe Meniskus und Kapillare werden in Kapitel 7 erläutert. Durch diese Effekte wird der Dampfdruck erniedrigt. Das heißt, für die Entfernung dieser Kapillarfeuchte ist zusätzliche Energie erforderlich. Um genaue Berechnungen zu diesem Abschnitt durchführen zu können, muss man insbesondere die Vorgänge der Diffusion berücksichtigen (siehe Kapitel 6, *Die Fick'schen Diffusionsgesetze*).

Kapitel 18
Jetzt wird es brenzlig – Verbrennung

D as Thema dieses Kapitels ist die Verbrennung. Auch Sie haben bestimmt schon einmal irgendetwas angezündet, und sei es auch nur an einem heißen Sommertag die Grill- kohle. Sie haben dabei bestimmt auch schon festgestellt, dass feuchte Kohle schlech- ter brennt als trockene oder sogar überhaupt nicht. In diesem Kapitel wird der Grund dafür deutlich werden. Sie werden zudem lernen, dass bei verschiedenen Brennstoffen unter- schiedliche Wärmemengen frei werden, wie eine Verbrennung abläuft und welche Produkte dabei entstehen. Verbrennungsprozesse besitzen eine große Bedeutung, denn sowohl der Otto- als auch der Dieselmotor sind Verbrennungsmotoren. Auch die meisten Kraftwerkarten zur Stromerzeugung beruhen auf Verbrennungsprozessen. Mit der dabei frei werdenden Energie wird Wasser erhitzt und verdampft dann; der Dampf wird genutzt, um Turbinen an- zutreiben. Es gibt also viele Gründe, sich mit der Verbrennung zu beschäftigen.

Ablauf der Verbrennung

In der Regel versteht man unter einer *Verbrennung* die Oxidation eines brennbaren Stoffes mit Luftsauerstoff; dabei kann man eine typische Flammenbildung wahrnehmen. Eine Ver- brennung ist eine exotherme Reaktion, bei der Energie freigesetzt wird. Die Abgabe der Ener- gie erfolgt im Allgemeinen in Form von Wärme und Licht.

Ihre Reihe ist ziemlich lang: Brennstoffe

Es gibt viele Brennstoffe und verschiedene Möglichkeiten, sie zu klassifizieren. Häufig un- terscheidet man feste, flüssige und gasförmige Brennstoffe. Eine weitere Unterteilung ist die zwischen natürlichen und veredelten Brennstoffen. Eine Veredlung von natürlichen Brennstoffen kann durch Trocknen, Destillieren, Entgasen oder Vergasen erfolgen. Tabelle 18.1 zeigt eine mögliche Einteilung von Brennstoffen.

	natürlich	veredelt
fest	Braunkohle, Steinkohle, Torf, Holz	Braunkohlenbriketts, Koks, Holzkohle
flüssig	Erdöl (selten direkt verwendet)	Benzin, Petroleum, Diesel, Heizöl, Kerosin, Teeröle
gasförmig	Erdgas	Schwelgas, Wassergas, Generatorgas

Tabelle 18.1: Einteilung von Brennstoffen

Feste Brennstoffe bestehen in der Regel aus Kohlenstoff, Schwefel, Wasserstoff, Stickstoff und Wasser. Weitere Bestandteile können Metall- und Nichtmetalloxide sein. Für die Reaktion mit Sauerstoff sind vor allem Kohlenstoff, Wasserstoff und Schwefel von Interesse. Bei flüssigen Brennstoffen handelt es sich in der Regel um Kohlenwasserstoffe, bei den gasförmigen häufig um brennbare Gase wie Methan, Kohlenstoffmonoxid oder Wasserstoff.

Das Ziel einer Verbrennung ist in der Regel die Gewinnung von Wärme (zum Beispiel beim Heizen). Brennstoffe sind häufig Gemische aus verschiedenen Bestandteilen. Die genaue Zusammensetzung kann man durch eine Elementaranalyse ermitteln. Der *Heizwert* dient zur Beschreibung der Wärmemenge, die bei der Verbrennung eines Stoffes freigesetzt wird. Er gibt die Wärmemenge an, die bei der Verbrennung einer Masseeinheit eines bestimmten Brennstoffs frei wird. Allerdings muss man dabei zwischen dem unteren Heizwert h_u (manchmal auch nur Heizwert) und dem oberen Heizwert h_o (heute auch Brennwert oder Verbrennungswärme) unterscheiden.

Brennwert

Der Brennwert oder obere Heizwert gibt die Wärmemenge an, die bei einer Verbrennung und anschließender Abkühlung der Verbrennungsgase auf 25 °C freigesetzt wird. Darin ist auch der Energiegehalt enthalten, der bei der Kondensation der Rauchgase (insbesondere Wasser) frei wird.

Unterer Heizwert

Im Gegensatz dazu bezeichnet der untere Heizwert die Wärmemenge, die bei der Verbrennung und anschließenden Abkühlung auf die Ausgangstemperatur frei wird; in diesem Fall liegt das entstandene Wasser noch dampfförmig vor. Deshalb ist insbesondere für wasserhaltige Brennstoffe der untere Heizwert kleiner als der obere.

Eine Umrechnung vom oberen in den unteren Heizwert ist mithilfe der Verdampfungsenthalpie $\Delta_V h$ von Wasser möglich, also der bei der Verdampfung frei werdenden Wärme:

$$h_u = h_o - \Delta_V h \cdot \frac{m_{H_2O}}{m_{Brennstoff}}$$

Bei elementaren Stoffen kann die Verbrennungswärme h_o relativ leicht aus der Reaktionswärme ermittelt werden; mithilfe eines Kalorimeters kann die molare Wärme Q_m gemessen werden, die bei der Verbrennung eines Stoffes frei wird:

$$Q_m = \frac{C \cdot \Delta T}{m} \cdot M$$

Dabei ist C die bekannte Wärmekapazität des Kalorimeters, m ist die Masse des verbrannten Stoffes und M seine molare Masse.

 Bei Stoffgemischen kann die molare Verbrennungswärme nicht aus den Anteilen berechnet werden; vielmehr muss man sie durch genaue Messungen ermitteln. Dazu eignen sich Bomben- oder Durchflusskalorimeter, wobei die zu untersuchende Probe vollständig verbrannt wird. Ein *Bombenkalorimeter* ist ein wärmedichtes Gefäß mit bekannter Wärmekapazität, das von einem temperierbaren Mantel umgeben ist. Zudem sind die Wände so stabil, dass keine Volumenänderung möglich ist. Die frei werdende molekulare Wärme Q_m wird an den Mantel abgegeben und führt dort zu einer Temperaturänderung ΔT.

Kennt man die elementare Zusammensetzung eines festen oder flüssigen Brennstoffs (etwa aufgrund einer Elementaranalyse), kann man den unteren Heizwert berechnen. Dann können ausgehend von der Elementaranalyse verschiedene Beziehungen für den unteren Heizwert aufgestellt werden. Für Holz, Torf, Braun-, Steinkohle und Koks gilt beispielsweise die folgende Beziehung:

$$h_u = (34\,800c + 93\,800h + 10480s + 6280n - 10800o - 2450w)\,kJ/kg$$

Dabei stehen die Buchstaben für die Massenanteile der verschiedenen Bestandteile:

- ✔ c: Kohlenstoff
- ✔ h: Wasserstoff
- ✔ s: Schwefel

- ✔ n: Stickstoff
- ✔ o: Sauerstoff
- ✔ w: Wasser

Für Brenngase schließlich kann der untere Heizwert relativ einfach aus den Volumenanteilen r_i und den Heizwerten $h_{u,i}$ der einzelnen Komponenten berechnet werden:

$$h_u = \sum_{i=1}^{n} r_i \cdot h_{u,i}$$

Voraussetzungen für eine Verbrennung

Damit eine Verbrennung stattfinden kann, muss eine Reihe von Voraussetzungen erfüllt sein:

- ✔ Zunächst einmal muss eine ausreichende Menge an Brennstoff vorhanden sein.

- ✔ Weiterhin ist ein Oxidationsmittel erforderlich, wobei es sich in der Regel um Sauerstoff (Luftsauerstoff) handelt.

✔ Darüber hinaus muss das Verhältnis von Brennstoff und Luft beziehungsweise den Reaktionsgasen stimmen.

✔ Ein weiterer wichtiger Punkt ist das Vorhandensein einer geeigneten Zündquelle.

✔ Schließlich kann durch einen Katalysator die Aktivierungsenergie herabgesetzt werden, die für den Start der chemischen Reaktion erforderlich ist.

 Das Einleiten des Brennvorgangs wird als *Zünden* bezeichnet. Durch die Zündung erfolgt eine örtliche Energiezufuhr, die die Moleküle in Atome spaltet und sie dadurch zur Reaktion befähigt.

Arten der Verbrennung

Wichtig für die Verbrennung von Gas-Luftgemischen ist die Art der Verbrennung. Dies gilt insbesondere für Kreisprozesse wie den Otto- oder den Diesel-Prozess. Dabei unterscheidet man eine brisante und eine langsame Verbrennung. Bei *brisanter Verbrennung* erfolgt eine gleichmäßige Erwärmung aller Moleküle, beispielsweise durch adiabate Kompression. Dadurch erreichen alle Moleküle gleichzeitig die Zündtemperatur, und es kommt zu einem schlagartigen Freiwerden der Verbrennungswärme. Dies führt im Motor zum berüchtigten »Klopfen«, also einer unkontrollierten Verbrennung des Kraftstoffs im Motor. Bei der langsamen Verbrennung erfolgt die Zündung durch eine örtliche Zündquelle (Zündfunken). Dies führt zur Reaktion einiger weniger Moleküle, die dadurch die Zündenergie für nächstliegende Partner erzeugen. Es kommt zu einer kugelförmigen Ausbreitung der Verbrennung. Dabei muss aber die Zündgeschwindigkeit größer als die Austrittsgeschwindigkeit des Gases sein. Demzufolge müssen die zündbaren Partner genügend dicht beieinander sein, der Druck muss also ausreichend hoch sein. Diese sogenannten *Zündgrenzen* hängen vom Brennstoff und der Temperatur des Gemisches ab.

Stöchiometrische Verbrennungsrechnung

Ziel von Verbrennungsrechnungen ist eine möglichst genaue Vorhersage des Verbrennungsverlaufs. Zunächst möchte man den für die Verbrennung einer bestimmten Menge an Brennstoff erforderlichen Sauerstoff berechnen. Darüber hinaus sollten die Menge und die Zusammensetzung des Rauchgases ermittelt werden.

In Wärmekraftmaschinen und Feuerungsanlagen wird eine vollkommene und vollständige Verbrennung angestrebt.

 Diese beiden Begriffe bedeuten keineswegs das Gleiche:

✔ Bei einer *vollkommenen Verbrennung* sind keine brennbaren Gase mehr im Rauchgas enthalten.

✔ Von einer *vollständigen Verbrennung* spricht man, wenn nach der Verbrennung alle oxidierbaren Bestandteile des Brennstoffs das höchste Oxidationsprodukt (CO_2, H_2O) erreicht haben, also die höchstmögliche Sauerstoffmenge gebunden haben

Um eine Verbrennungsrechnung durchführen zu können, muss man den Verbrennungsvorgang bilanzieren (siehe Abbildung 18.1).

Abbildung 18.1: Bilanzierung einer Verbrennung © Sebastian Altwasser

Dazu benutzt man wieder ein Black-Box-Modell (siehe Kapitel 12). Es interessiert nur, was in den Bilanzraum hineingeht und nach der Verbrennung wieder herauskommt; die Vorgänge im Inneren werden nicht betrachtet.

Berechnung des Luftbedarfs für Brennstoffe

Um eine geregelte und vollständige Verbrennung zu erzielen, muss man den dazu erforderlichen Luftbedarf ermitteln. Im Folgenden werden einige Gleichungen vorgestellt, mit deren Hilfe dies möglich ist, wobei zwischen festen und flüssigen Brennstoffen sowie Gasen unterschieden werden muss.

Luftbedarf für feste und flüssige Brennstoffe

Der erforderliche minimale spezifische Sauerstoffbedarf zur vollständigen und vollkommenen Verbrennung eines Brennstoffs kann mit der folgenden Gleichung berechnet werden:

$$O_{2,min} = (1{,}864\,c + 5{,}6\,h + 0{,}7\,s - 0{,}7\,o)\ m^3_{n,O_2} \cdot kg^{-1}_{\text{Brennstoff}}$$

In der Gleichung steht der Index n für Normbedingungen (p = 1,01325 bar, T = 273,15 K). c, h, s und o stehen für die Massenanteile des jeweiligen Elements im Brennstoff.

Die Faktoren ergeben sich aus den Reaktionsgleichungen für die Oxidation der einzelnen Komponenten, wie im Folgenden am Beispiel des Kohlenstoffs gezeigt wird. Kohlenstoff wird nach folgender Reaktionsgleichung vollständig zu Kohlenstoffdioxid oxidiert:

$$C + O_2 \rightarrow CO_2$$

Für die Oxidation von einem kmol Kohlenstoff benötigt man also ein kmol Sauerstoff. Bei dieser Reaktion entsteht ein kmol CO_2. Das heißt, unter Normbedingungen sind für die Oxidation von einem kmol, also 12,01 kg, Kohlenstoff 22,39 m^3 Sauerstoff erforderlich. Dabei handelt es sich um das real gemessene Molvolumen von Sauerstoff, das etwas vom idealen Molvolumen von 22,41 m^3/kmol abweicht. Also werden für die Verbrennung von einem Kilogramm Kohlenstoff unter Normbedingungen 1,864 m^3 Sauerstoff benötigt. Für die anderen Elemente kann man die Faktoren analog herleiten. Der letzte Summand in der obigen Gleichung berücksichtigt die Tatsache, dass auch Sauerstoff im Brennstoff enthalten sein kann. Dieser steht dann bei der Verbrennung schon zur Verfügung und muss nicht extern zugeführt werden. Der Faktor 0,7 ergibt sich aus dem Molvolumen und der Molmasse von Sauerstoff: $22{,}39\,\mathrm{m}^3/32\,\mathrm{kg} = 0{,}7\,\mathrm{m}^3/\mathrm{kg}$.

In der Regel verwendet man für Verbrennungsprozesse aus Kostengründen keinen reinen Sauerstoff, sondern Luft. Daher ergibt sich der spezifische Mindestluftbedarf unter der Annahme, dass Luft einen Anteil von 21 % Sauerstoff hat, zu:

$$L_{t,\mathrm{min}} = \frac{O_{2,\mathrm{min}}}{0{,}21}$$

Die tatsächlich erforderliche Sauerstoffmenge ist jedoch höher. Da jedes Brennstoffteilchen genau mit der stöchiometrisch erforderlichen Menge an Sauerstoff in Kontakt kommen muss, ist ein *Luftüberschuss* notwendig:

$$L_t = L_{t,\mathrm{min}} \cdot \lambda$$

Der Faktor λ wird als *Luftverhältnis* oder *Luftüberschusszahl* bezeichnet; er hängt von der Feuerungsart ab. Beispiele für solche Luftüberschusszahlen sind in Tabelle 18.2 angeführt.

Feuerungsart	Luftüberschusszahl λ
Handbeschickte Roste	1,5 ... 2
Mechanische Roste	1,3
Kohlenstaubfeuerungen	1,2
Öl- und Gasfeuerungen	1,1
Ottomotoren	etwa 1
Dieselmotoren	1,5 ... 10
Gasturbinen	6 ... 10

Tabelle 18.2: Luftüberschusszahlen in Abhängigkeit von der Feuerungsart

Luftbedarf für gasförmige Brennstoffe

Für gasförmige Brennstoffe (Brenngase) kann auf die gleiche Weise eine ähnliche Gleichung für den Sauerstoffbedarf beziehungsweise den Luftbedarf hergeleitet werden:

$$O_{2,\mathrm{min}} = \frac{n_{O_2,\mathrm{min}}}{n_{\mathrm{Brenngas}}} = \sum \nu_{O_2,\mathrm{i}} \cdot x_{\mathrm{i}} - x_{O_2,\mathrm{Brennstoff}}$$

In dieser Gleichung bedeuten:

✔ $\nu_{O_2,\mathrm{i}}$: stöchiometrischer Koeffizient von Sauerstoff in der Verbrennungsgleichung der Komponente i

✔ x_{i}: Molenbruch oder Volumenbruch der brennenden Bestandteile

✔ $x_{O_2,\mathrm{Brennstoff}}$: Molenbruch des Sauerstoffs im Brenngas

✔ $n_{O_2,\mathrm{min}}$: minimal erforderliche Stoffmenge an Sauerstoff

✔ n_{Brenngas}: Stoffmenge des Brenngases

Für den spezifischen Mindestluftbedarf und die Luftüberschusszahl gelten dieselben Beziehungen wie für feste und flüssige Brennstoffe.

Zur Verdeutlichung dieser Zusammenhänge folgt hier ein einfaches Beispiel: Gegeben sei Erdgas mit der in Tabelle 18.3 angegebenen Zusammensetzung.

Komponente i	CO	H_2	CH_4	C_2H_4	O_2	N_2	CO_2
x_i	0,1	0,45	0,35	0,04	0,02	0,02	0,02

Tabelle 18.3: Zusammensetzung des im Beispiel betrachteten Erdgases

Im nächsten Schritt müssen die einzelnen Verbrennungsgleichungen aufgestellt werden:

$$2\,CO + O_2 \rightarrow 2\,CO_2$$

$$2\,H_2 + O_2 \rightarrow 2\,H_2O$$

$$CH_4 + 2\,O_2 \rightarrow CO_2 + 2H_2O$$

$$C_2H_4 + 3\,O_2 \rightarrow 2\,CO_2 + 2H_2O$$

Molekularer Stickstoff und Kohlendioxid sind inert (reaktionsträge) und werden bei der Verbrennung nicht weiter oxidiert; demzufolge werden sie auch bei der Berechnung des minimalen Sauerstoffbedarfs nicht berücksichtigt. Ferner muss man der Tatsache Rechnung tragen, dass für 1 Mol CO beziehungsweise H_2 jeweils nur 1/2 mol O_2 benötigt werden. Daher ergibt sich der minimale Sauerstoffbedarf zu:

$$O_{2,min} = (1/2 \cdot 0,1 + 1/2 \cdot 0,45 + 2 \cdot 0,35 + 3 \cdot 0,04 - 0,02)\frac{kmol_{O_2}}{kmol_{Brennstoff}}$$

$$= 1,075\,\frac{kmol_{O_2}}{kmol_{Brennstoff}}$$

Berechnung der Rauchgasmenge

Neben der freigesetzten Energie sind Rauchgase ein wesentliches Produkt von Verbrennungsprozessen. Sie werden umgangssprachlich auch als *Abgase* bezeichnet. Sie sind schädlich für Mensch und Umwelt, da es sich oft um Schwefel- oder Stickoxide sowie um Kohlenmonoxid und -dioxid handelt. Daher ist eine möglichst genaue Kenntnis der entstehenden Rauchgase erforderlich, da nur so eine effektive Auslegung von Abgasreinigungsanlagen möglich ist. Weitere Bestandteile von Rauchgas sind verdampftes Wasser, das im Brennstoff enthalten war, Stickstoff aus der Verbrennungsluft und bei einem Luftüberschuss der nicht verbrauchte Sauerstoff.

Rauchgasmenge für feste und flüssige Brennstoffe

Eine wichtige Kenngröße ist das spezifische Rauchgasvolumen V_f. Diese Größe gibt an, wie viel Rauchgasvolumen aus einem Kilogramm Brennstoff entsteht, wobei der Index f für feucht steht (siehe unten):

$$V_f = V_{CO_2} + V_{SO_2} + V_{H_2O} + V_{O_2} + V_{N_2}$$

Die Einzelvolumina lassen sich aus den Reaktionsgleichungen für die Verbrennung berechnen. Da bei der folgenden Betrachtung von einer vollständigen Verbrennung ausgegangen wird, ist im Rauchgas kein Kohlenstoffmonoxid vorhanden. Ebenso werden Stickoxide vernachlässigt. Für die verbleibenden Abgase gilt:

$$V_{CO_2} = c \cdot \frac{22{,}36\,\mathrm{m_n^3\,CO_2}}{12{,}01\,\mathrm{kg\,C}}$$

$$V_{SO_2} = s \cdot \frac{21{,}89\,\mathrm{m_n^3\,SO_2}}{32\,\mathrm{kg\,S}}$$

$$V_{H_2O} = h \cdot \frac{22{,}40\,\mathrm{m_n^3\,H_2O}}{2\,\mathrm{kg\,H}}$$

In diesen Gleichungen werden wieder die gemessenen realen Molvolumen berücksichtigt. Die Massen ergeben sich aus den Molmassen der Stoffe.

Die letzte der drei Gleichungen gilt jedoch nur für das Wasser, das durch die Verbrennung selbst entsteht. Wird der Anteil hinzugerechnet, der bereits im Feststoff enthalten ist, ergibt sich folgende Gleichung:

$$V_{H_2O} = h \cdot \frac{22{,}36\,\mathrm{m_n^3\,H_2O}}{2\,\mathrm{kg\,H}} + w \cdot \frac{22{,}36\,\mathrm{m_n^3\,H_2O}}{18\,\mathrm{kg\,H_2O}}$$

Für Sauerstoff und Stickstoff im Rauchgas ergeben sich Anteile aus verschiedenen Sachverhalten. Auf der einen Seite ist der Brennstoff selbst eine mögliche Quelle, und natürlich ist auch die Verbrennungsluft eine Stickstoffquelle. Gegebenenfalls muss noch der Luftüberschuss berücksichtigt werden. Zusammengefasst ergibt sich die folgende Gleichung zur Berechnung der feuchten Rauchgasmenge:

$$V_f = \left(1{,}854 \cdot c + 0{,}68 \cdot s + 11{,}2 \cdot \left(h + \frac{w}{9}\right) + 0{,}8 \cdot n + 0{,}79 \cdot \lambda \cdot L_{t,\mathrm{min}} \right.$$
$$\left. + 0{,}21 \cdot (\lambda - 1) \cdot L_{t,\mathrm{min}}\right)\mathrm{m^3/kg}$$

Für die Berechnung der spezifischen Rauchgasmasse ergibt sich:

$$m_{R,f} = \left(3{,}6641 \cdot c + 8{,}9366 \cdot h + w + 1{,}9980 \cdot s + 0{,}768 \cdot \lambda \cdot L_{t,\mathrm{min}} \right.$$
$$\left. + n + 0{,}232 \cdot (\lambda - 1) \cdot L_{t,\mathrm{min}}\right)\mathrm{kg/kg}$$

Diese Gleichung gilt jedoch nicht, wenn der Wasserdampf austaut, das heißt, es handelt sich hier um die feuchte Rauchgasmenge. Häufig erfolgt allerdings vor der Analyse des Rauchgasvolumens ein Austauen des Wasserdampfs. In diesem Fall muss mit dem trockenen spezifischen Rauchgasvolumen V_t gearbeitet werden.

Am Taupunkt wird der Wasserdampf flüssig und schlägt sich in Form von Wassertröpfchen nieder. Damit ergibt sich:

$$V_t = V_f - V_{H_2O}$$

Verbrennungsrechnung mit Brennstoffkenngrößen

Die Verfahrenstechnik ist bestrebt, alle Probleme mit dimensionslosen Kennzahlen zu erschlagen; dadurch werden Probleme insbesondere bei der Maßstabsübertragung vom Labor in die Produktion umgangen. Aus diesem Grund führten auch Richard Mollier und Werner Boie dimensionslose Kennzahlen in die Verbrennungsrechnung ein. Mit diesen Kennzahlen ist es möglich, allein aus der Elementaranalyse des Brennstoffs den Luftbedarf und das Rauchgasvolumen zu berechnen.

Nachfolgend finden Sie diese dimensionslosen Kennzahlen; die zu ihrer Berechnung erforderlichen Gleichungen sind in Tabelle 18.4 zusammengestellt.

Kohlendioxidkenngröße $\qquad K = V_{CO_2}$

Wasserdampfkenngröße $\qquad \omega = \dfrac{V_{H_2O}}{V_{CO_2}}$ $\qquad$ Stickstoffkenngröße $\qquad \nu = \dfrac{V_{N_2}}{V_{CO_2}}$

Schwefelkenngröße $\qquad \zeta = \dfrac{V_{SO_2}}{V_{CO_2}}$ $\qquad$ Sauerstoffkenngröße $\qquad \sigma = \dfrac{O_{2,min}}{V_{CO_2}}$

Die Grundlage der Verbrennung ist die Umsetzung von Kohlenstoff zu Kohlendioxid. Daher bildet die Kohlendioxidkenngröße K die Grundlage dieses Systems. Sie besitzt als einzige der Kenngrößen eine Einheit (m³/kg). Alle anderen Kenngrößen sind dimensionslos. Die Tabelle zeigt, dass man bei festen und flüssigen Brennstoffen von den Massenanteilen ausgeht, bei Gasen von den Volumen der einzelnen Bestandteile.

Brennstoff-kenngröße	Feste und flüssige Brennstoffe	Brenngase
K	$1{,}867\,\dfrac{m_n^3}{kg} \cdot c$	$\nu_{CO} + \nu_{CH_4} + 2 \cdot \nu_{C_2H_4} + \nu_{CO_2}$
ω	$\dfrac{2}{3} \cdot \left(\dfrac{9 \cdot h + w}{c} \right)$	$\dfrac{1}{K} \cdot \left(\nu_{H_2} + 2 \cdot \nu_{CH_4} + 2 \cdot \nu_{C_2H_4} + \nu_{H_2O} \right)$
ζ	$\dfrac{3}{8} \cdot \dfrac{s}{c}$	$\dfrac{1}{K} \cdot \left(\nu_{H_2S} + \nu_{SO_2} \right)$
ν	$\dfrac{3}{7} \cdot \dfrac{n}{c}$	$\dfrac{1}{K} \cdot \nu_{N_2}$
σ	$1 + \dfrac{3}{c} \cdot \left(h + \dfrac{s - o}{8} \right)$	$\dfrac{1}{K} \cdot \left(\dfrac{1}{2}\nu_{CO} + \dfrac{1}{2} \cdot \nu_{H_2} + 2 \cdot n_{CH_4} + 3 \cdot n_{C_2H_4} - n_{O_2} \right)$

Tabelle 18.4: Formeln zur Berechnung der Brennstoffkenngrößen

Aus diesen Gleichungen ergibt sich für den spezifischen Mindestsauerstoffbedarf eine relativ einfache Beziehung zweier dieser Kenngrößen:

$$O_{2,\min} = K \cdot \sigma$$

Mithilfe der Kenngrößen kann man auch das Volumen des Rauchgases wie folgt ermitteln:

$$V_f = K \cdot \left[1 + w + \zeta + \nu + \frac{1}{0{,}21} \cdot (\lambda - 1) \cdot \sigma \right] \frac{m^3}{kg}$$

 Diese Gleichung zur Berechnung des Volumens des Rauchgases mithilfe der Kenngrößen liefert das feuchte Rauchgasvolumen; der Wasserdampf ist noch enthalten.

Verbrennungstemperatur und Taupunkt des Rauchgases

Es gibt noch zwei weitere wichtige Kenngrößen einer Verbrennung, auf die hier zum Abschluss des Kapitels über die Verbrennung zumindest kurz qualitativ eingegangen wird, die Verbrennungstemperatur und der Taupunkt des Rauchgases. Die Verbrennungstemperatur hängt von der Enthalpie des Rauchgases ab. Diese kann aus der Wärmebilanz um die Flamme ermittelt werden:

$$\text{Heizwert Brennstoff} + \text{Enthalpie Luft} = \text{Abstrahlung} + \text{Rauchgasenthalpie}$$
$$h_u + L_t \cdot h_{\text{Luft}} = q_S + V_f \cdot h_f$$

Dabei bedeuten die Symbole:

✔ h_u: unterer Heizwert

✔ L_t: Luftmenge

✔ h_{Luft}: Enthalpie der Luft

✔ q_S: Strahlungswärme

✔ V_f: feuchte Rauchgasmenge

✔ H_f: Enthalpie des Rauchgases

Aus dieser Bilanz ergibt sich durch Umstellen für die Enthalpie der Rauchgase:

$$h_f = \frac{h_u + L_t \cdot h_{\text{Luft}} - q_S}{V_f}$$

Man kann die Rauchgastemperatur mithilfe eines h–T-Diagramms aus der Rauchgasenthalpie bestimmen. Bei der vollständigen Verbrennung der Brennstoffe geht die Enthalpie h_1 (Enthalpie der Brennstoffe und der Luft) an die Verbrennungsgase über, wenn keine Wärme abgestrahlt wird (adiabate Verbrennung). Durch die frei werdende Reaktionsenthalpie werden die Rauchgase auf die adiabate Verbrennungstemperatur T_{ad} erwärmt und besitzen somit die Enthalpie h_2. Die adiabate Verbrennungstemperatur ist der – nur theoretisch erreichbare – Höchstwert. Werden diese Abgase dann abgekühlt, ergibt sich die abgestrahlte/abgegebene Wärme q_S. Diese entspricht der Differenz von $h_2 - h_1$, wie in Abbildung 18.2 verdeutlicht wird. Dort ist der Sonderfall dargestellt, dass keine Wärme abgestrahlt wird. In dem Fall ist die Temperatur der Rauchgase gleichzeitig auch die maximal in der Verbrennung erreichte Höchsttemperatur, und es gilt $q_S = 0$. In anderen Fällen benötigt man die Enthalpie der Rauchgase, um die Temperatur bestimmen zu können.

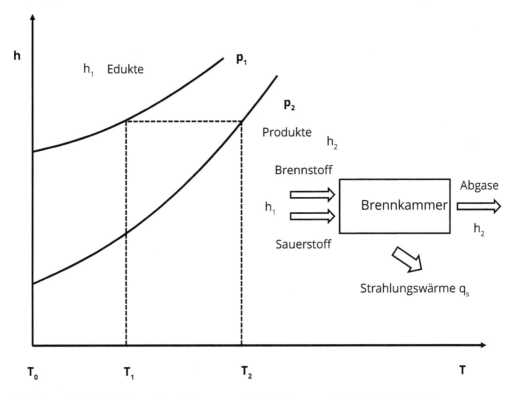

Abbildung 18.2: Darstellung einer Verbrennung im h-T-Diagramm © Sebastian Altwasser

Der Taupunkt des Rauchgases ist die Temperatur, bei der der Wasserdampfdruck im Rauchgas gleich dem Sättigungsdampfdruck ist. Darunter erfolgt ein Niederschlag des Wassers im Abgassystem, der allerdings unerwünscht ist. Dabei hängt der Taupunkt von der Zusammensetzung des Rauchgases ab. Ein großes Problem in diesem Zusammenhang tritt auf, wenn SO_2 oder SO_3 im Rauchgas enthalten sind: Dann erfolgt ein Verschieben des Taupunkts; er kann dann je nach Brennstoff und Schwefelgehalt um bis zu 90 K höher liegen. Dann taut verdünnte Schwefelsäure aus, und es kommt zur Korrosion im Rauchgassystem.

Kapitel 19
Übungen

I n diesem Kapitel finden Sie einige Übungsaufgaben zu den thermodynamischen Themen, die in diesem Teil behandelt wurden. In den meisten Fällen kommt es dabei gar nicht (so sehr) aufs Rechnen an; vielmehr sollen die Aufgaben dazu dienen, Ihnen beim Überprüfen zu helfen, ob Sie diese Themen wirklich verinnerlicht haben.

Zustände können sich ändern

Betrachten Sie im Folgenden eine Luftpumpe, die mit Luft mit einer Temperatur von 20 °C und Normaldruck ($1{,}01 \cdot 10^5$ Pa) gefüllt ist. Der Isentropenexponent der Luft beträgt 1,4. Das Volumen dieser Pumpe verringert sich beim Pumpen von 95 auf 5 cm^3.

Übungsaufgabe 19.1

Beantworten Sie die folgenden Fragen:

1. Welcher Prozess liegt vor, wenn das Pumpen so langsam erfolgt, dass ein vollständiger Temperaturausgleich stattfindet?

2. Welcher Prozess liegt vor, wenn das Pumpen so schnell erfolgt, dass keine Wärme mit der Umgebung ausgetauscht wird?

3. Wie groß ist der Maximaldruck in beiden Fällen?

4. Wie groß ist die Temperatur in beiden Fällen?

Sie können nicht funktionieren: Perpetua mobilia

Seitdem die Menschen sich mit Wissenschaft und Technik beschäftigen, träumen sie davon, Maschinen zu entwickeln, die Arbeit aus dem Nichts verrichten. Eine solche Maschine wird *Perpetuum mobile* genannt. Dabei unterscheidet man verschiedene Typen:

✔ Ein Perpetuum mobile erster Art produziert zum einen ausreichend Energie, um sich selbst in Gang zu halten. Darüber hinaus produziert es aber auch noch freie Nutzenergie. Sein Wirkungsgrad beträgt also mehr als 100 %.

✔ Ein Perpetuum mobile zweiter Art entzieht einem heißen Reservoir eine Wärmemenge ΔQ_1 und leistet daraufhin die Arbeit W, es handelt sich also um eine Wärmekraftmaschine (Abbildung 19.1). Anschließend wird diese Arbeit dazu benutzt, einen Kälteprozess, also einen Linkskreisprozess zu betreiben, bei dem einem kalten Reservoir eine Wärmemenge ΔQ_2 entzogen wird, die zusammen mit der ursprünglichen Wärmemenge ΔQ_1 wieder an das obere Reservoir weitergegeben wird. Dabei würde das obere Reservoir immer heißer, das untere immer kälter, ohne dass man diesen Prozess stoppen könnte.

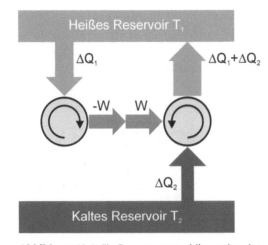

Abbildung 19.1: Ein Perpetuum mobile zweiter Art

Übungsaufgabe 19.2

Zeigen Sie mithilfe der Hauptsätze der Thermodynamik, dass es weder ein Perpetuum mobile erster noch eins zweiter Ordnung geben kann.

Besser geht es nicht: Der Carnot-Prozess

Ein Carnot-Prozess ist ein (theoretischer) Kreisprozess, der den höchsten Wirkungsgrad aufweist, den eine Maschine unter gegebenen Bedingungen erreichen kann. Für diesen Wirkungsgrad gilt:

$$\eta_c = 1 - \frac{T_u}{T}$$

Dabei ist T die Temperatur der Wärmequelle und T_u die Temperatur der Wärmesenke (häufig die Umgebungstemperatur).

Übungsaufgabe 19.3

Die Temperatur der Wärmesenke einer Carnot-Maschine beträgt 350 K. Wie hoch muss die Temperatur der Wärmequelle sein, damit der Wirkungsgrad 72 % beträgt?

Kann der Wirkungsgrad eines Carnot-Prozesses 1 erreichen? Begründen Sie Ihre Antwort thermodynamisch.

Sie funktionieren sehr wohl: Otto- und Dieselmotor

Im Gegensatz zu Perpetua mobilia laufen sowohl der Otto- als auch der Dieselmotor sehr gut und zuverlässig (obwohl der Dieselmotor derzeit stark in der Kritik steht).

Übungsaufgabe 19.4

Überlegen Sie sich im Zusammenhang mit diesen beiden Motoren Antworten auf die folgenden Fragen:

✔ Zu welchem Typ von Maschinen gehören sie?

✔ Worin unterscheiden sich der Ottomotor und der Dieselmotor in ihrer Funktionsweise?

✔ Worin unterscheiden sich der Otto-Prozess und der Diesel-Prozess thermodynamisch?

✔ Welcher der beiden Prozesse hat im Idealfall den größeren Wirkungsgrad?

Alles nur feuchte Luft

Feuchte Luft ist ein gutes Beispiel für ein Gemisch, an dem man sehr viel über die Thermodynamik von Gemischen lernen kann und das sowohl im Alltagsleben als auch in der Technik eine große Rolle spielt. Dementsprechend ist der feuchten Luft ein eigenes Kapitel in diesem Teil gewidmet.

Für die Lösung der folgenden Aufgabe benötigen Sie Daten zur Temperaturabhängigkeit des Sättigungsdampfdrucks, die in Abbildung 19.2 dargestellt ist. Allerdings werden auch hier keine langen Rechnungen notwendig, vielmehr ist wiederum Nachdenken gefordert.

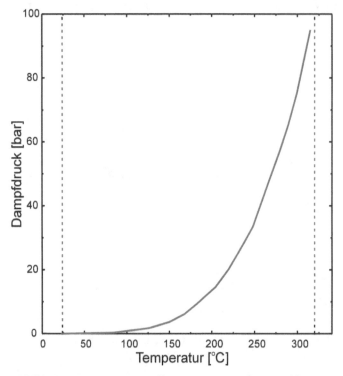

Abbildung 19.2: Experimentelle Daten zur Temperaturabhängigkeit des Sättigungsdampfdrucks

Übungsaufgabe 19.5

Sie erwärmen eine Luftmasse mit einem Druck von 1 bar isochor von 24 auf 320 °C. Nimmt dabei die relative Luftfeuchtigkeit ab oder zu?

Teil V
Wechselwirkungen

... geben die Moleküle ihre »inneren Geheimnisse« preis. Sie erfahren, welche Wechselwirkungen zwischen Molekülen und elektromagnetischen Wellen existieren und wie Sie Atomkerne, Elektronen und sogar ganze Moleküle mit verschiedenen Strahlenarten ausspionieren können. Mithilfe von Computern können Sie die Informationen sogar für medizinische Zwecke wie bei der Magnetresonanztomografie (MRT) oder der Computertomografie (CT) nutzen.

Vielleicht haben Sie schon einmal in einem Chemielehrbuch Bilder von Molekülen bestaunt und sich gefragt, wie wohl diese vermeintlichen Fotos gemacht wurden. In Kapitel 20 erfahren Sie, wie Sie diese Moleküldarstellungen mit Computerprogrammen selbst erzeugen können. Das relativ neue Molecular Modeling wurde erst durch die Entwicklung leistungsfähiger Computer seit den 1980er Jahren möglich, die Millionen von Rechenschritten in Bruchteilen von Sekunden durchführen. Unglaublich umfangreiche quantenchemische und molekülmechanische Berechnungen liefern Ihnen Informationen über die Struktur und die Eigenschaften einzelner Moleküle sowie über die möglichen Wechselwirkungen mit benachbarten Molekülen.

Kapitel 20
Spektroskopie

I n diesem Kapitel lernen Sie die wichtigsten Methoden zur Untersuchung der Molekül-struktur von der Kernresonanzspektroskopie bis zur Röntgenstrukturanalyse kennen. Zu Beginn mache ich Sie mit dem elektromagnetischen Spektrum vertraut. Sie erfahren, welche Arten elektromagnetischer Strahlung es gibt und welche Wechselwirkungen diese jeweils hervorrufen.

Das elektromagnetische Spektrum

Bevor ich Ihnen die Möglichkeiten vorstelle, mit denen Sie elektromagnetische Strahlen für analytische Zwecke in der Chemie oder Medizin nutzen können, beginne ich mit einer kurzen Auffrischung Ihrer Schulkenntnisse aus dem Physikunterricht. Dabei lege ich mehr Wert auf Verständlichkeit als auf Vollständigkeit. Sie wollen mit diesem Buch schließlich etwas über die Physikalische Chemie lernen, sonst hätten Sie gleich *Physik für Dummies* kaufen können (was Sie dennoch tun sollten). Für das Verständnis der Wechselwirkungen zwischen Molekü-len und elektromagnetischen Strahlen benötigen Sie aber zumindest folgende Grundkennt-nisse:

✔ Moleküle bestehen aus chemisch gebundenen Atomen, die wiederum aus einem positiv geladenen Atomkern und einer negativ geladenen Elektronenhülle bestehen.

✔ Auf bewegte Ladungsträger wie die positiv geladenen Protonen des Atomkerns und die negativ geladenen Elektronen der Atomhülle wirkt in einem Magnetfeld eine Kraft. In einem elektrischen Feld wirkt auf alle Ladungsträger unabhängig von deren Bewegungs-zustand eine Kraft.

✔ Elektromagnetische Strahlen bestehen aus elektrischen und magnetischen Feldern, die sich von einer Strahlungsquelle wegbewegen und deren Stärke und Polarität im Gleichtakt wellenförmig zu- und abnimmt. Der Abstand zwischen zwei Maximalwerten einer Welle ist die Wellenlänge λ (Lambda) mit der Einheit m (Meter). Die Anzahl der Wellen pro Zeit ist die Frequenz ν (nü) mit der Einheit Hz (Hertz, 1 Hz = 1 s^{-1}).

✔ Im Vakuum bewegen sich elektromagnetische Strahlen mit der Lichtgeschwindigkeit c (299792458 m/s). Sie können Wellenlänge und Frequenz mit der Gleichung $c = \lambda \cdot \nu$ ineinander umrechnen.

✔ Die Energie elektromagnetischer Strahlen ist proportional zu ihrer Frequenz: $E = h \cdot \nu$. Der Proportionalitätsfaktor h heißt *Planck'sches Wirkungsquantum.*

Elektromagnetische Strahlen spielen in Ihrem Alltag eine wichtige Rolle. Das sichtbare Licht besteht aus Strahlen mit Wellenlängen zwischen 400 nm und 700 nm. Sie können mit Ihren Augen sogar die Wellenlänge »analysieren«, indem Sie die Regenbogenfarben von 400 nm (violett) bis 700 nm (rot) erkennen. Andere Strahlen können Sie zwar nicht sehen, aber vielfältig nutzen. Mobiltelefone, Fernseh- und Radioempfänger, Satellitenanlagen, Mikrowellenherde, Radargeräte, Bräunungsliegen, Wärmestrahler und ärztliche Apparaturen (Röntgengerät, MRT- und CT-Röhren) sind nur einige Beispiele, die Ihnen die vielfältigen Möglichkeiten verdeutlichen.

Einen geordneten Überblick über die elektromagnetischen Strahlen zeigt Abbildung 20.1. Von links nach rechts steigt die Wellenlänge. Entsprechend steigt die Frequenz und damit die Energie von rechts nach links.

ionisierende Strahlung				nicht ionisierende Strahlung		
kosmische Strahlung Gammastrahlen	Röntgenstrahlen	ultraviolette Strahlen	sichtbares Licht / Infrarotstrahlen	Mikrowellen	Radiowellen

	1 Pikometer	1 Nanometer	1 Mikrometer	1 Millimeter	1 Meter	1 Kilometer
λ / m →	10^{-12}	10^{-9}	10^{-6}	10^{-3}	10^{0}	10^{3}
ν / Hz ←	10^{21}	10^{18}	10^{15}	10^{12}	10^{9}	10^{6}
	1 Zettahertz	1 Exahertz	1 Petahertz	1 Terahertz	1 Gigahertz	1 Megahertz

Abbildung 20.1: Das elektromagnetische Spektrum

Sie sehen, dass das Spektrum in eine ganze Reihe von Bereichen unterteilt ist.

Die energiereichen Gammastrahlen, Röntgenstrahlen und harten UV-Strahlen sind ionisierend. Ihre Energie ist ausreichend, um Elektronen aus den Atomhüllen und auch aus den chemischen Bindungen herauszuschlagen. Damit können sie chemische Verbindungen zerstören und auch im menschlichen Körper großen Schaden anrichten. Die weichen (energieärmeren) UV-Strahlen und alle Strahlungsarten mit höherer Wellenlänge sind nicht ionisierend. Sie können chemische Veränderungen nicht direkt auslösen. Durch Wechselwirkungen mit Molekülen geben sie aber dennoch Energie an diese ab, die zu einer Erwärmung führt und damit indirekt chemische Reaktionen beeinflussen kann.

Die positiv geladenen Protonen der Atomkerne und die negativ geladenen Elektronen der Atomhüllen sind Ladungsträger, die sich bewegen. Ihre Bewegung wird durch elektrische und magnetische Felder beeinflusst. Somit gibt es im elektromagnetischen Spektrum vielfältige Möglichkeiten zum Auslösen von Wechselwirkungen. Die Wellenlänge der Strahlung ist dabei entscheidend, ob Sie ganze Moleküle, Molekülbausteine oder nur Elektronen oder Protonen zu einer Aktion anregen können. Der Wissenschaftler bezeichnet das als *Resonanz*. Tritt eine solche Aktion ein, verliert die Strahlung messbar Energie.

Folgende Wechselwirkungen werden durch die verschiedenen Strahlungsarten ausgelöst:

✔ Radiowellen können den Spin (Rotation) in Atomkernen verändern. Bei einer Ausrichtung der Atomkerne in einem Magnetfeld können Sie bei bestimmten Frequenzen beispielsweise Wasserstoffatome in chemischen Verbindungen durch Resonanz erkennen. Die Kernresonanzspektroskopie ermöglicht es Ihnen sogar, die Bindungsstruktur anhand von Wechselwirkungen mit anderen Wasserstoffatomen des Moleküls zu unterscheiden.

✔ Mit der niedrigen Frequenz von Mikrowellen können Sie kleine polare Moleküle wie Wasser in Rotation versetzen. Durch innere Reibung kommt es zu einem Abbremsen der Rotation. Die Mikrowellenstrahlung wird dadurch abgeschwächt und gibt Energie in Form von Wärme ab.

✔ Die Frequenz von Infrarotstrahlen ist so hoch, dass die Moleküle nicht mehr als Ganzes synchron mitrotieren können. Dafür kommt es zu Schwingungen im Molekülgerüst. Die Resonanzfrequenzen der dabei möglichen Schwingungen ermöglichen es Ihnen, die beteiligten Atome und die Bindungsarten zu identifizieren.

✔ Die Energie von sichtbarem Licht und UV-Strahlen ist ausreichend, um Bindungselektronen vor allem in C=C-Doppelbindungen auf ein höheres Energieniveau anzuheben. Jedes Energieniveau hat einen festen Energiewert, sodass eine Energieaufnahme durch Resonanz mit den elektromagnetischen Strahlen nur in bestimmten Portionen stattfinden kann, also im Bereich charakteristischer Frequenzen.

✔ Röntgenstrahlen können mit ihrer hohen Energie auch undurchsichtige Materie durchdringen. Dabei treten hauptsächlich zwei Effekte auf, aus denen Sie Informationen über den inneren Aufbau gewinnen können: Absorption und Beugung. Die Absorption ist eine Abschwächung der Strahlen, die beim Durchleuchten des menschlichen Körpers Knochen und unterschiedliche Gewebearten erkennen lässt. Die Beugung ist ein Wellenphänomen, das durch Verstärkung oder Auslöschung von Strahlenwellen charakteristische Muster erzeugt, aus denen Sie Informationen über die Kristallstruktur der durchstrahlten Probe gewinnen können.

Kleine Energie, große Wirkung – Radiowellen

Die Kernresonanzspektroskopie basiert auf der *Quantentheorie*. Diese besagt, dass Elektronen in einem Atom nur auf festen Energieniveaus vorliegen können, die durch vier Quantenzahlen charakterisiert sind. Jedes Energieniveau kann nur einmal besetzt werden, sodass im Grundzustand die Elektronen die Energieniveaus beim niedrigsten Energiewert beginnend auffüllen. Eine dieser Quantenzahlen ist der Spin, der als Rotation der Elektronen zwei Werte annehmen kann: + ½ und – ½, die Sie sich anschaulich als Rechts- oder Linksdrehung vorstellen können. Sicherlich kennen Sie diese Theorie vom Grundlagenunterricht in der Chemie über den Aufbau der Elektronenhülle.

Aber auch die Protonen und Neutronen im Atomkern besitzen einen Spin. Das einfachste Atom ist das Wasserstoffatom mit nur einem Proton. Durch dessen Rotation entsteht ein magnetisches Moment. Es verhält sich wie ein Miniaturmagnet mit Nord- und Südpol, deren Lage von der Rotationsrichtung abhängt. Normalerweise liegen die Wasserstoffatome ungerichtet vor. Die unzähligen Minimagnete heben sich in ihrer Wirkung gegenseitig auf und bauen kein messbares Magnetfeld auf. In einem starken Magnetfeld werden sie aber ausgerichtet, ähnlich wie in einem beliebten Schulversuch die Eisenspäne in einem hufeisenförmigen Magneten.

Abbildung 20.2 stellt Ihnen die Ausrichtung der Wasserstoffatome grob vereinfacht dar, um das Messprinzip verständlich zu machen. In Wirklichkeit richten sich die Minimagnete nicht starr aus, sondern kreiseln (präzedieren) wie ein rotierender Spielzeugkreisel um die Kraftlinien. Außerdem richten sich einige Minimagnete entgegen dem Magnetfeld (antiparallel) aus, was ich Ihnen beim besten Willen nicht mit einem anschaulichen Modell erklären kann.

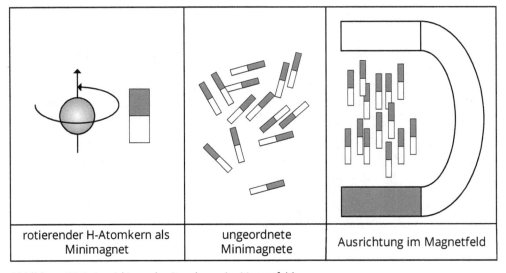

rotierender H-Atomkern als Minimagnet	ungeordnete Minimagnete	Ausrichtung im Magnetfeld

Abbildung 20.2: Ausrichtung der Atomkerne im Magnetfeld

Die Energie der beiden möglichen Spinzustände des Wasserstoffatoms unterscheidet sich normalerweise praktisch nicht. Im Magnetfeld kommt es jedoch bei einer Spinumkehr zu einem »Umdrehen« der Pole der Minimagnete gegen die Kraft des Magnetfelds. Je stärker das Magnetfeld ist, desto mehr Energie ist für die Spinänderung nötig.

Bei der Kernresonanzspektroskopie bestrahlen Sie eine Substanz mit Radiowellen, die Wasserstoffatome enthält und sich in einem Magnetfeld befindet. Wenn die Frequenz ν der Radiowellen genau die Energie $E = h \cdot \nu$ liefert, die zur Spinumkehr benötigt wird, können Sie eine Abschwächung der Strahlungsintensität messen. Bei einer Magnetfeldstärke von 5 Tesla findet diese sogenannte *Absorption* (Strahlungsabschwächung durch Energieaufnahme) bei einer Frequenz von etwa 100 MHz statt.

Fotos vom Körperinneren mit MRT

Magnetfelder und Radiowellen durchdringen problemlos feste Materie. Sie können in Ihrer Wohnung sowohl einen Kompass benutzen als auch Radio hören. Bei der medizinischen Diagnose mit der Magnetresonanztomografie (MRT) liegt der Patient in einer Röhre, in der Magnetfelder und Radiowellen erzeugt werden. Durch elektronische Tricks sind diese Magnetfelder inhogen, sodass ihre Stärke im Innenraum der Röhre räumlich unterschiedlich ist. Da die Resonanzfrequenz, bei der die Radiowellen eine Spinumkehr von Wasserstoffatomen auslösen, von der magnetischen Feldstärke abhängt, findet eine Absorption der Strahlen nur dort statt, wo das Magnetfeld und die Radiowellen genau zueinanderpassen. Sie können also den Ort der Absorption der räumlichen Position der entsprechenden Magnetfeldstärke zuordnen. Durch eine Änderung des Magnetfelds ist so eine schichtweise Verschiebung der Resonanzebene möglich.

Wasserstoff ist das häufigste Element im menschlichen Körper. Fast alle Stoffe in sämtlichen menschlichen Organen enthalten Wasserstoff, der im Wasser und in organischen Molekülen gebunden vorliegt. Unterschiedliche Gewebearten unterscheiden sich in der Menge der vorhandenen Wasserstoffatome, sodass die Absorption in den Resonanzebenen wichtige Informationen über die Zusammensetzung des Gewebes liefert.

Die Erzeugung der beeindruckenden »Fotoaufnahmen« ist nicht ganz so einfach. Sie können die Radiowellen nicht wie Lichtwellen in einem Fotoapparat bündeln. Zum »Scharfstellen« eines Fotos werden Informationen aus vielen Einzelaufnahmen durch Computerprogramme ausgewertet. Diese Art von Verfahren bezeichnet man als *Tomografie*. Zwischen den Einzelaufnahmen spielt die Relaxationszeit eine wichtige Rolle, in der die zur Spinumkehr angeregten Wasserstoffatome wieder in den Grundzustand zurückkehren.

Falls Sie schon einmal eine MRT-Untersuchung erlebt haben, sind Ihnen sicher die lauten Klopf- und Pfeifgeräusche in Erinnerung geblieben. Diese kommen durch die schnelle Erzeugung der vielen benötigten inhomogenen Magnetfelder zustande. Die Geräuschbelästigung können Sie aber gut in Kauf nehmen, da die Strahlenbelastung durch die harmlosen Radiostrahlen wesentlich verträglicher als bei den ionisierenden Röntgenstrahlen ist.

Feinstrukturen durch Verschiebung und Kopplung erkennen

Wenn alle Wasserstoffatome einer chemischen Verbindung in einem Magnetfeld der Stärke 5 Tesla bei genau 100 MHz durch Resonanz Radiostrahlen absorbieren würden, könnte ein Chemiker nur eine wenig interessante Information über die Gesamtmenge der vorhandenen Wasserstoffatome in einer Probe gewinnen. Bei einer Messung der Absorption in Abhängigkeit von der Radiofrequenz würden Sie nur einen Peak (kurzfristigen Anstieg der Absorption) bei 100 MHz messen. Aber bei genaueren Messungen zeigen sich Unterschiede zwischen den Wasserstoffatomen eines Moleküls, die auf zwei Phänomenen beruhen:

✔ Die chemische Verschiebung ist eine leichte Veränderung der Resonanzfrequenz, die durch Einfluss von Bindungselektronen auf das am Wasserstoffatom einwirkende Magnetfeld entsteht.

✔ Die Spinkopplung ist ein Effekt, der eine Aufspaltung der Resonanzfrequenz eines Wasserstoffatoms durch den Einfluss der Magnetfelder von Wasserstoffatomen an benachbarten C-Atomen bewirkt.

Da die chemische Verschiebung δ eine sehr geringe Veränderung der Resonanzfrequenz verursacht, wird sie nicht absolut in MHz, sondern relativ zur Resonanzfrequenz der Standardsubstanz Tetramethylsilan (TMS) in ppm (parts per million = Millionstel-Anteil) angegeben:

$$\delta = \frac{\nu_{\text{Probe}} - \nu_{\text{TMS}}}{\nu_{\text{TMS}}}$$

Aromatische Benzolringe oder polare Bindungen in der Nähe eines Wasserstoffatoms verschieben dessen Resonanz um einen charakteristischen Wert. Beispielsweise beträgt die Verschiebung δ für einen Wasserstoff des Benzolrings etwa 7 ppm.

Für die Anzahl der Peaks, die durch die Aufspaltung der Resonanzfrequenz durch die Spinkopplung entstehen, gilt die N+1-Regel.

 Der Messpeak eines Wasserstoffatoms wird durch Kopplung mit den Wasserstoffatomen am benachbarten C-Atom in Teilpeaks aufgespalten. Die Anzahl der Teilpeaks ist gleich der Anzahl der Wasserstoffatome am benachbarten C-Atom plus 1.

Diese Effekte werden in der Kernspinresonanzspektroskopie oder NMR-Spektroskopie (Nuclear Magnetic Resonance) zur Strukturaufklärung von Molekülen ausgenutzt. In Abbildung 20.3 sehen Sie die chemische Verschiebung und die Aufspaltung der Peaks im NMR-Spektrum von Diethylether (CH_3-CH_2-O-CH_2-CH_3).

Die linken Peaks können Sie anhand Ihrer gerade erworbenen Kenntnisse den beiden gleichwertigen CH_2-Gruppen zuordnen. Durch die Nähe zum Sauerstoffatom entsteht die größere Verschiebung δ von etwa 3,4 ppm. Die drei Wasserstoffatome der benachbarten CH_3-Gruppe bewirken durch Kopplung die Aufspaltung in vier (N+1-Regel) Teilpeaks.

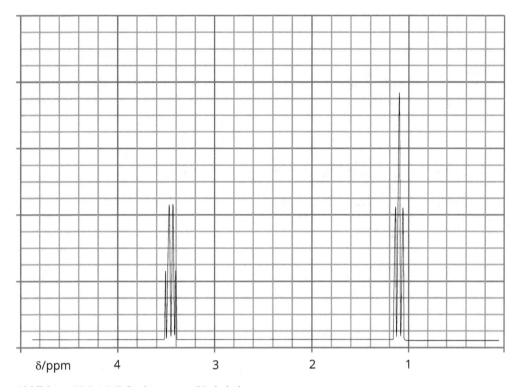

Abbildung 20.3: NMR-Spektrum von Diethylether

Die drei rechten Teilpeaks bei etwa 1,1 ppm können Sie entsprechend den Wasserstoffatomen der CH_3-Gruppen zuordnen, die durch Kopplung mit den beiden Wasserstoffatomen der benachbarten CH_2-Gruppe entstehen.

 Die Fläche unter den Peaks im NMR-Spektrum ist ein Maß für die Anzahl der an der Absorption der Radiowellen beteiligten Wasserstoffatome. Je mehr Wasserstoffatome bei einer Resonanzfrequenz die Radiostrahlung abschwächen, desto größer ist die Fläche.

Die Messung der Flächen müssen Sie nicht selbst durchführen, diese Arbeit nimmt Ihnen das NMR-Spektrometer ab. In Abbildung 20.3 wird die linke Peakgruppe von den vier Wasserstoffatomen der beiden CH_2-Gruppen erzeugt, die rechte Peakgruppe von den sechs Wasserstoffatomen der beiden CH_3-Gruppen. Die Flächenverhältnisse sind entsprechend 4:6 oder 2:3.

Das gezeigte NMR-Spektrum können Sie noch relativ leicht entschlüsseln. Bei größeren Molekülen wird es durch die vielen möglichen Verschiebungen und Kopplungen wesentlich schwieriger. Erfahrene Spezialisten können aber durch die Nutzung von Datenbanken und Computerprogrammen auch die kompliziertesten NMR-Spektren auswerten und die Strukturformeln unbekannter Substanzen herausfinden.

Außer den Wasserstoffatomen gibt es weitere Atome, die man für eine Kernresonanzspektroskopie nutzen kann. Alle Atomkerne mit einer ungeraden Anzahl von Protonen oder Neutronen bilden ähnliche Minimagnete wie Wasserstoffatome. Neben dem Wasserstoff ist

Kohlenstoff das häufigste Element in organischen Verbindungen. Dummerweise hat der »normale« Kohlenstoff im Atomkern sechs Protonen und sechs Neutronen, die jeweils paarweise entgegengesetzten Spin aufweisen und sich insgesamt magnetisch neutralisieren. Etwa ein Prozent des Kohlenstoffs besteht aber aus dem Isotop ^{13}C, das sieben Neutronen und dadurch einen magnetischen Atomkern besitzt. Diesen kleinen Anteil des Kohlenstoffs können Sie bei der sogenannten ^{13}C-NMR-Spektroskopie für Strukturuntersuchungen nutzen.

Hier wird es heiß – Mikrowellen

In der Einführung dieses Kapitels haben Sie bereits erfahren, dass Mikrowellen ganze Wassermoleküle in Rotation versetzen können. Mit einem Mikrowellenherd können Sie Wasser sehr schnell erhitzen. Möglicherweise sind Sie aber erstaunt, wenn ich Ihnen jetzt erkläre, dass auch Satellitenfernsehen, Radar und sogar Ihr Mobiltelefon mit Frequenzen im Mikrowellenbereich arbeiten. Sie müssen aber nicht befürchten, dass Ihr Ohr beim Telefonieren heiß wird. Die Stärke der Mikrowellenstrahlung und die benutzten Frequenzen sind viel zu niedrig, um eine merkliche Erwärmung auszulösen. Die verschiedenen Mobilfunknetze arbeiten bei Frequenzen zwischen 0,4 und 1,9 Gigahertz (GHz). Eine merkliche Energieaufnahme durch Wasser tritt dagegen nur im Frequenzbereich der Mikrowellenherde bei 2,45 GHz auf.

Beim Auftreffen auf die meisten Feststoffe werden Mikrowellen größtenteils reflektiert und können nur zu einem kleinen Teil in den Stoff eintreten oder einen Festkörper durchdringen. Sie können das beobachten, wenn Sie in einem hügeligen Gelände oder in einem Kellerraum keinen Mobilfunkempfang mehr haben. Für militärische Zwecke und bei der Verkehrsüberwachung ist die Reflexion von ausgestrahlten Radarwellen dagegen eine willkommene Möglichkeit, die Entfernung und die Geschwindigkeit von Festkörpern zu messen. Die Reflexion nutzen Sie auch bei einer Satellitenschüssel, die das schwache Satellitensignal reflektiert und durch Bündelung am Empfänger (Signalumsetzer oder LNB) verstärkt.

Für analytische Zwecke in der Chemie werden Mikrowellen eher selten eingesetzt. Sie können aber durchaus Informationen aus einem Mikrowellenspektrum ableiten, beispielsweise über den Einfluss von Salzen auf die Erwärmung von wässrigen Lösungen oder die Form und Größe polarer Gasmoleküle.

Der geschmolzene Schokoriegel

Die Erfindung des Mikrowellenherds ist eine lustige Episode, die ich Ihnen nicht vorenthalten möchte. Der US-Amerikaner Percy Spencer arbeitete in den 1940er Jahren als Abteilungsleiter in einer Firma, die sogenannte *Magnetrone* entwickelte. Das sind elektronische Bauteile zur Erzeugung von Radarstrahlen. Als Wissenschaftler ist man zumeist so in seine Arbeit vertieft, dass keine Zeit für eine geregelte Essensaufnahme besteht. Daher hatte Percy Spencer oft Schokoriegel in der Tasche seines Arbeitskittels. Beim Arbeiten mit seinen Magnetronen stellte er im Jahr 1945 fest, dass sein Schokoriegel geschmolzen war. Anstatt sich darüber zu ärgern, untersuchte er den Einfluss von Mikrowellenstrahlung auf Lebensmittel und konnte schon zwei Jahre später den ersten Mikrowellenherd präsentieren. Wenn er auch den unaufhaltbaren Siegeszug der Mikrowellenherde in praktisch jede Küche seit den 1970er Jahren nicht mehr erlebte, so gebührt ihm dennoch der Ruhm als Erfinder eines der erfolgreichsten Küchengeräte der Gegenwart.

Bindungen im Tanzfieber – Infrarotspektroskopie

Mit Infrarotstrahlen (IR-Strahlen) können Sie zwar keine vollständigen Moleküle in Rotation versetzen, aber dafür spielt sich im Inneren des Moleküls einiges ab. Die miteinander verbundenen Atome schwingen um ihre Ausgangspositionen wie Tanzpartner beim Rock'n'Roll. Die wichtigsten »Tanzfiguren« (siehe Abbildung 20.4) sind:

✔ Valenz- oder Streckschwingungen, bei denen zwei verbundene Atome aufeinander zu- und wieder voneinander wegschwingen

✔ Deformationsschwingungen, bei denen zwei Atome, die über ein drittes Atom miteinander verbunden sind, in einer Ebene schwingen

✔ Torsionsschwingungen, bei denen ein Atom aus einer Ebene herausschwingt

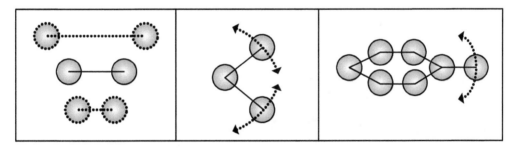

Valenzschwingung   Deformationsschwingung   Torsionsschwingung

Abbildung 20.4: Schwingungsarten bei der Infrarotspektroskopie

Glücklicherweise kann man diese Schwingungen leicht unterscheiden. Für jede gibt es eine feste Frequenz im Infrarotbereich, die sogenannte *Resonanzfrequenz*. Bei der Aufnahme eines Infrarotspektrums bestrahlen Sie in einem IR-Spektrometer eine Probe mit einem IR-Strahl mit steigender Wellenlänge und messen die Durchlässigkeit.

Die *Durchlässigkeit* T (Transmission) gibt das Verhältnis der Strahlungsintensität I nach dem Probendurchgang zur Einstrahlungsintensität I_0 in Prozent an:

$$T = \frac{I}{I_0} \cdot 100\,\%$$

Sobald bei einer bestimmten Wellenlänge durch Resonanz eine Schwingung in den Molekülen der Probe ausgelöst wird, sehen Sie im Spektrum einen nach unten zeigenden Ausschlag (Peak).

Wie in der Literatur üblich, ist auf der x-Achse des Infrarotspektrums in Abbildung 20.5 nicht die Wellenlänge aufgetragen, sondern die Wellenzahl, der Kehrwert der Wellenlänge.

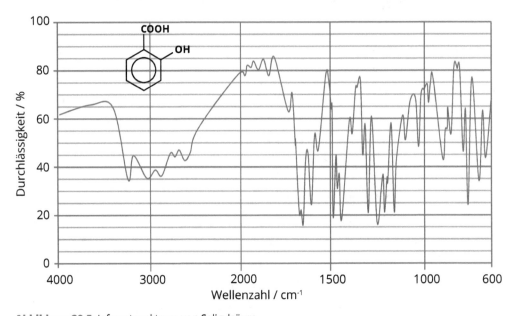

Abbildung 20.5: Infrarotspektrum von Salicylsäure

Im Prinzip können Sie im Bereich zwischen $1500\,cm^{-1}$ und $4000\,cm^{-1}$ die Absorptionspeaks bestimmten Schwingungen zuordnen (siehe Tabelle 20.1). Der Bereich zwischen $600\,cm^{-1}$ und $1500\,cm^{-1}$ erscheint zwar sehr chaotisch. Er ist aber wie ein Fingerabdruck charakteristisch für jede Substanz und wird daher als *Fingerprint-Bereich* bezeichnet.

Bindung	Wellenzahl/cm^{-1}	Schwingung
C–H	2800–3200	Valenzschwingung
(C–)O–H	3200–3600	Valenzschwingung
C=O	1700–1750	Valenzschwingung
C=C (aromatisch)	1600–1800	Valenzschwingung
C–H	1300–1400	Deformationsschwingung

Tabelle 20.1: Typische Schwingungen, die im IR-Spektrum auftreten

In der Praxis spielt die Infrarotspektroskopie bei der Strukturaufklärung heute kaum noch eine Rolle, da mit der NMR-Spektroskopie ein besseres Verfahren zur Verfügung steht. Trotzdem ist ein Infrarotspektrometer in jedem Industrielabor zur Qualitätssicherung unverzichtbar. Durch den Vergleich eines gemessenen Spektrums mit einem bekannten Spektrum (Referenzspektrum) können Sie die Identität und Reinheit einer Substanz nachweisen.

Die Peaks einer Substanz finden Sie immer bei den gleichen Wellenzahlen, und Verunreinigungen erkennen Sie am Auftreten zusätzlicher Peaks.

Schauen wir mal – UV/Vis-Spektroskopie

Das Auge als Sinnesorgan spielt für den Menschen eine wichtige Rolle. Es erzeugt durch Bündelung des von Festkörpern reflektierten Lichts ein Bild, sodass wir Gegenstände erkennen und sogar Farben wahrnehmen können. Aus dem Schulunterricht wissen Sie, dass das dabei benötigte Sonnenlicht oder das künstliche Lampenlicht als weißes Licht alle Spektralfarben enthält. Die Regenbogenfarben werden erst durch Lichtbrechung in einem Prisma oder in Regentropfen einzeln erkennbar. Wahrscheinlich hat Sie Ihr Physiklehrer in Erstaunen versetzt, als er Ihnen erklärte, dass die rote Farbe einer Blüte durch Absorption (Aufnahme) des grünen Lichtanteils zustande kommt. Nachdem Sie das Prinzip der Komplementärfarben verstanden hatten, mussten Sie noch die Information verdauen, dass Schwarz und Weiß im physikalischen Sinn keine Farben darstellen. Wenn Sie also dieses Buch lesen, nehmen Sie das weiße Blatt durch Reflexion des kompletten Lichtspektrums wahr, und die schwarzen Buchstaben als fehlendes Licht aufgrund vollständiger Absorption.

An diesem Punkt enden normalerweise Ihre physikalischen Schulkenntnisse. Es bleiben aber noch viele Fragen. Warum sind einige Stoffe farbig und andere nicht? Woher weiß ein Stoff, welche Farbe er absorbieren muss? Was passiert mit der absorbierten Farbe? Die Antworten liefert Ihnen die Chemie. Die Absorption von Licht kommt durch die Energieaufnahme durch Elektronen zustande. Diese werden dadurch auf ein höheres Energieniveau versetzt. Nach der Quantentheorie gibt es für Elektronen festgelegte Energieniveaus. Nur wenn die Energie einer Strahlung $E = h \cdot v$ genau der Energiedifferenz zwischen dem Grundzustand und einem energetisch höheren Zustand entspricht, dem sogenannten *angeregten Zustand*, kommt es beim Auftreffen eines Lichtstrahls auf ein Molekül zur Energieaufnahme durch Absorption.

Die Lichtstrahlen und die Elementarteilchen verhalten sich dabei gleichzeitig wie Teilchen und wie Wellen. Die Lichtteilchen (Photonen) können

✔ zwischen den Molekülen hindurch fliegen (Durchlässigkeit oder Transmission)

✔ an Molekülen abprallen (Reflexion)

✔ bei passender Energie von Bindungselektronen aufgenommen werden (Absorption)

Im Prinzip können alle Elektronen eines Moleküls durch Strahlung auf ein passendes freies Energieniveau gehoben werden, aber das schmale Spektrum des sichtbaren Lichts liefert nur für wenige Bindungselektronen die passende Energie. Der energetisch niedrigste Quantensprung eines Elektrons beim Sauerstoffmolekül findet beispielsweise bei einer Lichtwellenlänge von etwa 180 nm statt. Glücklicherweise können wir das nicht sehen, sonst würde diese »Farbe« der Atmosphäre unser Sehvermögen stark einschränken. Bei organischen Verbindungen müssen sogenannte *konjugierte Doppelbindungen* (im Wechsel mit C–C-Einfachbindungen auftretende Doppelbindungen: ...–C=C–C=C–C=C–...) im Molekül vorhanden sein, damit die Elektronen der Doppelbindungen im UV-Bereich Strahlung absorbieren können. Eingebaute Stickstoffatome oder angehängte Nitrogruppen ($-NO_2$) und andere chemische Gruppen (Substituenten) können die Wellenlänge der Absorption in das Spektrum des sichtbaren Lichts (400 nm–750 nm) verschieben. Es bleibt noch die Frage, was mit der absorbierten Energie passiert. Die Elektronen bleiben nicht auf dem energetisch höheren angeregten Zustand, sondern fallen wieder in den Grundzustand zurück. Die Energiedifferenz wird dabei größtenteils als Wärme freigesetzt. Wenn Sie Heizkosten sparen wollen, können Sie die Erwärmung durch Sonnenlicht mithilfe von Sonnenkollektoren nutzen. Durch deren schwarz gestrichene Rohre wird das Licht vollständig absorbiert und das sich in den Rohren befindliche Wasser erwärmt.

In chemischen Laboren ist das Spektralphotometer wahrscheinlich das am häufigsten anzutreffende Analysegerät. Mit Sicherheit werden Sie während des Studiums oder der Ausbildung in einem naturwissenschaftlichen Fach mindestens einmal ein solches Gerät in einem Praktikumsversuch benutzen. Sie können mit einem Photometer entweder das gesamte Absorptionsspektrum einer Substanz bei Wellenlängen vom UV-Bereich bis in den Bereich des sichtbaren Lichts (englisch VIS = visible, sichtbar) aufnehmen oder bei einer festen Wellenlänge die Absorption zur Gehaltsbestimmung einer Lösung messen.

Das Messprinzip ist recht einfach. Ein Lichtstrahl mit bekannter Wellenlänge wird durch eine Lösung geleitet. Sie messen die Intensität I des durch Absorption abgeschwächten Lichtstrahls hinter der Probe. Um eine mögliche Absorption durch das Lösungsmittel bei der Auswertung zu berücksichtigen, messen Sie gleichzeitig (Zweistrahlphotometer) oder zuvor (Einstrahlphotometer) die Intensität I_0 nach dem Strahlendurchgang durch das reine Lösungsmittel.

 In der Photometrie dient die *Extinktion* als Maß für die Lichtabsorption. Diese ist definiert als der Zehnerlogarithmus des Verhältnisses von eingestrahlter zu abgeschwächter Lichtintensität: $E = \lg \dfrac{I_0}{I}$. In verschiedenen Fachdisziplinen können Sie anstelle des klassischen Begriffs *Extinktion* die Begriffe *Absorption* (englisch: absorbance) oder *optische Dichte (OD)* in wissenschaftlichen Veröffentlichungen finden. Der normgerechte, aber in der Praxis eher selten benutzte Begriff nach DIN 1349 ist *dekadisches Absorptionsmaß*.

Wenn Sie nicht gerade in der Farbstoffchemie arbeiten, werden Ihre Analysensubstanzen meist farblose Pulver sein. Sie können bei der Benutzung eines Spektralphotometers also die Wellenlängen des sichtbaren Lichts auslassen. Die UV-Strahlen unter 180 nm liefern aufgrund der bereits erwähnten Lichtabsorption durch Sauerstoff auch nur bei Vakuummessungen sinnvolle Ergebnisse. Normalerweise werden Sie also Spektren im Bereich von etwa 200 nm bis 400 nm messen.

In Abbildung 20.6 sehen Sie das UV-Spektrum einer Lösung von 1 mg Salicylsäure in 100 ml verdünnter Salzsäure.

In dem Spektrum erkennen Sie zwei Peaks mit Höchstwerten bei den Wellenlängen 237 nm und 303 nm. Die Quantenchemiker geben sich die größte Mühe, diesen Peaks bestimmte Bindungselektronen zuzuordnen und deren Energie für Quantensprünge daraus zu berechnen. Für die Laboruntersuchungen müssen Sie sich darüber keine Gedanken machen.

Der Nutzen eines solchen Spektrums liegt im Auffinden einer geeigneten Wellenlänge für die Messung des Gehalts einer Lösung. Da die Absorption bei 237 nm und 303 nm die höchsten Extinktionswerte liefert, sollten Sie eine dieser Wellenlängen für die Analyse verwenden.

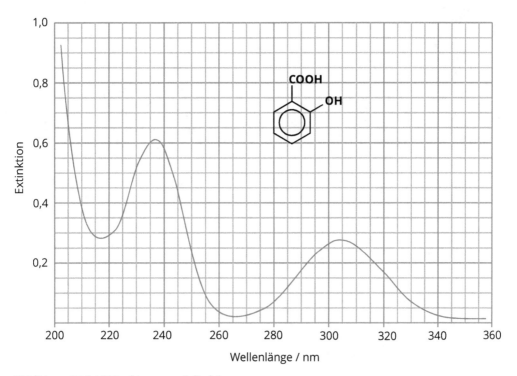

Abbildung 20.6: UV-Spektrum von Salicylsäure

Die Gehaltsbestimmung basiert auf dem *Lambert-Beer'schen Gesetz*:

$$E_\lambda = \varepsilon_\lambda \cdot d \cdot c$$

Die Extinktion bei einer festgelegten Wellenlänge E_λ ergibt sich als Produkt des Extinktionskoeffizienten ε_λ multipliziert mit der Schichtdicke d der Probe und der Konzentration c. In der Praxis arbeiten Sie nicht mit dem Extinktionskoeffizienten, obwohl Sie diesen für die meisten Substanzen aus Datenbanken entnehmen könnten. Sie nutzen nur die Kenntnis, dass bei gleicher Schichtdicke d die Extinktion proportional zur Konzentration einer Lösung ist. Aus den Messwerten der Extinktion von mehreren hergestellten Lösungen mit bekannter Konzentration erstellen Sie eine Kalibriergerade (Eichgerade). Anhand der Kalibriergeraden in Abbildung 20.7 lesen Sie beispielsweise für eine Analysenlösung mit einem gemessenen Extinktionswert 0,650 die Konzentration 2,40 mg/100 ml ab.

Das Lambert-Beer'sche Gesetz ist nicht unbegrenzt gültig. Bei Extinktionswerten über 1,5 liegen die Messpunkte nicht mehr auf einer Geraden. Wenn Ihre Analysenlösung eine Extinktion von 2,5 aufweist, müssen Sie diese vor der Messung 1:10 verdünnen und die dann gemessene Konzentration mit 10 multiplizieren.

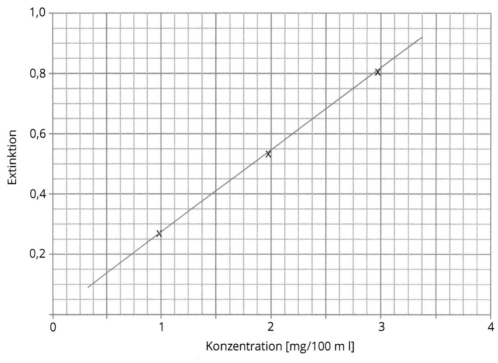

Abbildung 20.7: Kalibriergerade für die photometrische Gehaltsbestimmung von Salicylsäure

Jetzt wird es kristallklar – Röntgenstrukturanalyse

Als der deutsche Physiker Wilhelm Conrad Röntgen im Jahr 1895 bei Versuchen mit einer Elektronenstrahlröhre zufällig eine »neue Art von Strahlen« entdeckte, war er sich sofort der Bedeutung seiner Entdeckung bewusst. Seine unsichtbaren X-Strahlen, die gegen seinen ausdrücklichen Willen später nach ihm benannt wurden, können feste Materie durchdringen und wie »richtiges« Licht Fotopapier schwärzen. Sie werden dabei entsprechend dem Lambert-Beer'schen Gesetz durch Absorption abgeschwächt.

Röntgendiagnose

Bei der Durchstrahlung des menschlichen Körpers durchdringen Röntgenstrahlen das vorwiegend wässrige Körpergewebe praktisch ungehindert wie der Messstrahl eines Photometers das Lösungsmittel Wasser. Knochen verhalten sich wie konzentrierte Lösungen in der Photometrie, sie absorbieren Röntgenstrahlen. Mit speziellen Linsen werden bei einer medizinischen Röntgendiagnose nach dem Durchstrahlen von menschlichem Gewebe Fotos erzeugt, auf denen Sie die weißen Knochen in dunklem Körpergewebe sehen und Knochenbrüche oder andere Erkrankungen im Körperskelett feststellen können.

Dreidimensional auf Herz und Nieren testen

Die ursprünglich auf Knochenuntersuchungen begrenzte Röntgendiagnose wurde durch intensive Forschung ständig auf weitere Anwendungsgebiete erweitert. Mit einem Brei aus unlöslichem Bariumsulfat, das genau wie Knochen Röntgenstrahlen absorbiert und auf Fotoaufnahmen weiß erscheint, kann der Mediziner den Magen-Darm-Kanal untersuchen. Der Patient nimmt dieses sogenannte Röntgenkontrastmittel vor der Untersuchung wie einen Speisebrei ein, und der Arzt kann auf den Röntgenaufnahmen Verengungen oder Gewebewucherungen im Darm erkennen. Eine gute Absorption von Röntgenstrahlung zeigen auch Iodverbindungen. Durch Injektion ungiftiger, iodhaltiger Lösungen kann der Arzt die Blutadern und die Urinausscheidungsorgane »sichtbar« machen. Verengte Herzkranzgefäße als Vorboten eines Herzinfarkts werden dadurch ebenso erkennbar wie Nierensteine.

Die einfachen Röntgenbilder zeigen nur eine Art Schattenaufnahme des Körpers. Um die Form und Größe einer krankhaften Gewebewucherung besser beurteilen zu können, benötigt der Arzt mehr Informationen. Bei der Computertomografie (CT) wird der Patient in einer Röhre mit vielen kurzen Röntgenbestrahlungen aus allen Richtungen durchleuchtet. Die Auswertung der gewaltigen Datenmengen übernimmt ein Computerprogramm, das ähnlich wie bei der MRT (siehe den Abschnitt *Kleine Energie, große Wirkung – Radiowellen* in diesem Kapitel) Schnittbilder durch das untersuchte Organ erzeugt.

Körpergewebe zeigt aufgrund seiner Durchlässigkeit fast keine Absorption! Aber eben nur »fast«! Zu viel Röntgenstrahlung kann Körpergewebe zerstören. Bei der Strahlentherapie bringt das den positiven Effekt, dass Krebszellen getötet werden. Gleichzeitig können aber auch aus gesunden Zellen durch die Bestrahlung neue Krebszellen entstehen.

Röntgenstrukturanalyse

Mit Röntgenstrahlung arbeitende Geräte finden Sie nicht nur in speziellen Arztpraxen, sondern auch in einigen Chemielaboren. Dort untersuchen Wissenschaftler die Kristallstruktur von Substanzen. Die sogenannte *Röntgendiffraktometrie* basiert auf einer Entdeckung des deutschen Physikers Max von Laue. Bei der Durchstrahlung von Kristallen entdeckte er im Jahr 1912 auf dem Röntgenbild rund um den schwarzen Punkt des Hauptstrahls eine leichte Graufärbung mit regelmäßig verteilten weißen Punkten. Röntgenstrahlen werden durch Materie nicht nur teilweise absorbiert, sondern auch abgelenkt. Die Erklärung des Streulichts und der weißen Punkte liefert die Wellentheorie des niederländischen Wissenschaftlers Christiaan Huygens (17. Jahrhundert).

 Nach dem Huygens'schen Prinzip ist jeder Punkt einer Wellenfront Ausgangspunkt einer neuen Welle. Trifft eine Welle auf ein Hindernis, wird sie von diesem entweder reflektiert oder abgelenkt. Dieser Effekt, der auch bei Lichtwellen auftritt, wird Beugung genannt.

Die Beugung oder Diffraktion von Röntgenstrahlen mit fester Wellenlänge an den Atomen eines Kristalls erzeugt viele abgelenkte oder reflektierte Strahlen. Diese haben die gleiche Wellenlänge

wie die ursprüngliche Welle. Je nach Lage ihrer Phasen kann die Überlagerung der Beugungs-
wellen zu einer Verstärkung oder zu einer Auslöschung führen; dies hängt davon ab, ob die Wellenberge aufeinandertreffen (Verstärkung, positive Interferenz) oder die Wellenberge der einen
Welle auf die Wellentäler der zweiten Welle (Auslöschung, destruktive Interferenz).

Die Interferenz von an zwei Atomen gebeugten Strahlen ergibt keinen merklichen Effekt. Bei
der Röntgendiffraktometrie untersuchen Sie aber Kristalle. In diesen liegen sehr viele Atome
in regelmäßiger Anordnung vor. Sie können sich den Aufbau eines Kristalls als regelmäßige
Lagen von Atomen in den sogenannten Gitterebenen vorstellen. Durch Variation des Ein-
strahlwinkels erhöhen Sie die Weglänge der Strahlen zwischen den Ebenen, genauso, als ob
Sie eine Straße nicht im rechten Winkel, sondern schräg überqueren. Die Phasenbeziehung
der Strahlen hängt daher sowohl vom Abstand d der Gitterebenen als auch vom Beobach-
tungswinkel θ ab (siehe Abbildung 20.8).

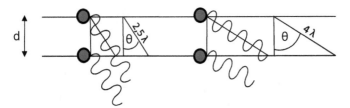

destruktive Interferenz   konstruktive Interferenz

Abbildung 20.8: Interferenz von Beugungsstrahlen

Bei bestimmten Winkeln, den sogenannten *Bragg'schen Winkeln* θ, können Sie aus der Verstärkung der Beugungsstrahlen mit der Wellenlänge λ oder deren ganzzahligen Vielfachen
nλ über die *Bragg'sche Gleichung* die Abstände d der Gitterebenen berechnen:

$$n \cdot \lambda = 2 \cdot d \cdot \sin \theta$$

Bei einfachen Kristallen ist die Auswertung der Röntgenstrukturanalyse noch relativ über-
schaubar. Die britischen Physiker William Henry Bragg und William Lawrence Bragg, Vater
und Sohn, konnten bereits in den Jahren 1912 bis 1914 die ersten Kristallstrukturen aufklären.
In der heutigen Wissenschaft spielt die Strukturanalyse von Proteinen eine wichtige Rolle. In
einem Molekül dieser Eiweißsubstanzen ist eine riesige Anzahl von Atomen vorhanden; bei
regelmäßiger Anordnung der Moleküle im Kristall werden Gitterebenen gebildet. Zur Auswertung der Interferenzen benötigen Sie die Hilfe von Computern. Erschwerend kommt
dazu, dass Proteine sich hartnäckig gegen eine Kristallisation wehren und Spuren von Verunreinigungen einen Kristall für eine Röntgenanalyse unbrauchbar machen. Ich habe schon
die verzweifelten Gesichter von Proteinforschern gesehen, die nach monatelanger Wartezeit
in ihren Ansatzgefäßen nicht einen einzigen brauchbaren Kristall finden konnten.

Wesentlich entspannter läuft die Untersuchung einer kristallinen Substanz nach dem *Debye-
Scherrer-Verfahren* ab. Dabei bestrahlen Sie eine Pulverprobe und erhalten ein charakteristisches Beugungsmuster. Die Methode wird meist benutzt, um die Kristallinität eines Stoffes
nachzuweisen, unterschiedliche Kristallformen eines Stoffes zu unterscheiden oder die Reinheit einer kristallinen Substanz zu untersuchen. Die Struktur der einzelnen Moleküle können
Sie damit jedoch nicht herausfinden.

Kapitel 21
Molecular Modeling

E in Bild sagt mehr als tausend Worte. Wenn Sie in einem Automagazin die Beschreibung eines neuen Sportwagens lesen, erhalten Sie wahrscheinlich wichtige Informationen zur Beschleunigung, zum Benzinverbrauch oder zum Lenkverhalten bei 150 km/h auf einer abschüssigen Serpentinenstraße. Auch technische Extras wie Einparkhilfe, Navigationssystem und elektronisch verstellbare Außenspiegel bleiben nicht unerwähnt. Aber ohne Bilder, die das Auto von verschiedenen Seiten sowie den Innenraum zeigen, hätten Sie keine ausreichende Vorstellung von diesem Sportwagen. Noch besser ist natürlich eine Probefahrt beim Autohändler, um alle Eigenschaften selbst zu testen.

Ganz ähnlich ist es mit Molekülen. In den einzelnen Kapiteln dieses Buches stelle ich Ihnen eine Menge physikalisch-chemischer Eigenschaften von Substanzen vor, die häufig durch das Verhalten der beteiligten Moleküle erklärbar sind. Sicherlich möchten Sie diese Moleküle gerne einmal sehen, von allen Seiten bestaunen, miteinander Wechselwirkungen eingehen lassen und durch Ziehen und Drehen an den Bindungen die Festigkeit testen.

In diesem Kapitel zeige ich Ihnen, wie Sie am Computer Molekülbilder erzeugen, beliebig drehen und strecken, Bewegungen und Wechselwirkungen sichtbar machen können. Sie sollten sich aber dabei immer vor Augen halten, dass Sie nur Modelle sehen. Das wirkliche Aussehen und Verhalten der unvorstellbar kleinen Atome und Moleküle können Sie nicht vollständig erfassen, sondern lediglich innerhalb der Grenzen vorhandener Erfahrungswerte erklären und verstehen.

Vom Aussehen eines Moleküls

Wenn ein Wissenschaftler ein Molekül eingehend untersucht hat, möchte er seine Ergebnisse mit Formeln und Abbildungen veröffentlichen.

Die älteste und einfachste Form der Moleküldarstellung ist die Summenformel. Diese gibt Ihnen ausschließlich eine Information über die Anzahl der verschiedenen Atome in einem

Molekül. Beispielsweise ist die Summenformel für ein Molekül des Alkohols Ethanol C_2H_6O. Lächeln Sie jetzt nicht über diese »primitive« Moleküldarstellung! Für eine Datenbanksuche nach komplizierteren organischen Verbindungen kann die Summenformel sehr hilfreich sein. Allerdings ist die Summenformel nicht eindeutig. Der einfachste Ether Dimethylether, der in erster Linie als Lösemittel (in flüssiger Form) oder als Treibgas (in Gasform) zum Beispiel in Haarspray verwendet wird, hat die gleiche Summenformel wie Ethanol. Zur Unterscheidung benötigen Sie die Strukturformel, die zusätzliche Informationen zu den chemischen Bindungen innerhalb eines Moleküls liefert. Bei einfachen Verbindungen genügt Ihnen dazu die Textdarstellung: $H_3C-O-CH_3$ (Dimethylether) und H_3C-CH_2-OH (Ethylalkohol). 2D- und 3D-Strukturformeln geben Ihnen noch bessere Informationen und sind für die Darstellung von größeren Molekülen oder Reaktionsmechanismen unerlässlich.

Die Strukturformeln in Abbildung 21.1 können Sie mit einem chemischen Formelprogramm problemlos selbst zeichnen. Eine Internetsuche liefert Ihnen schnell eine Auswahl von kostenlosen Computerprogrammen (Freeware) und käuflichen Programmen, die Sie meist vorher als eingeschränkte Version (Shareware) für einen begrenzten Zeitraum testen können.

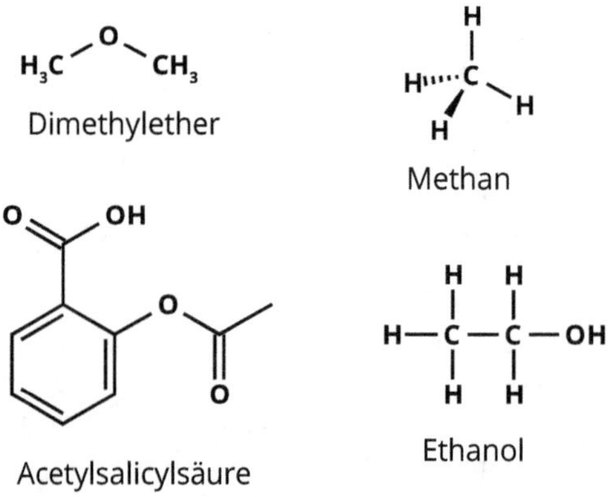

Abbildung 21.1: Strukturformeln einiger einfacher organischer Moleküle

Formelzeichnungen sind ziemlich dürftige Moleküldarstellungen. Ähnlich wie die technische Zeichnung eines Sportwagens geben sie Ihnen zwar Informationen, lösen aber keine wahre Begeisterung aus. Unter einer Molekülgrafik stellen Sie sich zu Recht etwas anderes vor. Da sehen die Moleküle in Abbildung 21.1 doch wesentlich besser aus.

Für solche Moleküldarstellungen benötigen Sie keinen Hochleistungscomputer des Universitätsrechenzentrums oder teure Spezialprogramme. Sie können innerhalb weniger Minuten auf Ihrem Computer Molekülgrafiken auf Ihren Bildschirm zaubern. Zwei Standardprogramme für Moleküldarstellungen, die kostenlos aus dem Internet kopiert werden dürfen, sind »RasMol« und »Jmol«. Bei neueren Webbrowsern ist das Programm Jmol als sogenanntes Applet bereits enthalten. Leider können Sie mit diesen beiden Programmen keine eigenen Molekülzeichnungen erstellen, sondern nur fertige Moleküldaten aus Datenbanken betrachten.

Sie finden viele Moleküle im Internet in frei verfügbaren Kristalldatenbanken (beispielsweise Brookhaven-Proteindatenbank: www.pdb.org) oder als berechnete Strukturen (beispielsweise Uni Bayreuth: http://daten.didaktikchemie. uni-bayreuth.de/ab_virtuell/molekueldatenbank/1_einf.htm).

Gegenüber der Abbildung 21.2 bietet Ihnen die Moleküldarstellung auf dem Computerbildschirm einige Vorteile. Sie können die Moleküle beliebig drehen und einfärben. Und Sie haben die Möglichkeit, zwischen den unterschiedlichen Darstellungsmöglichkeiten zu wählen:

Diethylether und Ethanol (Draht, wire)   Ethanol (Kalotten, sphere)

Ethanol (Stäbchen, stick)

Glycin (Kugel-Stab, ball and stick)

Acetylsalicylsäure (ball and stick)
in Protein COX (Bänder, cartoon)

Abbildung 21.2: Verschiedene Darstellungsmöglichkeiten von Molekülen

✔ **Drahtmodell (wireframe):** das Modell für Minimalisten

Es schont die Kapazitäten Ihres Computers. Die Atome werden nicht dargestellt, sondern nur farblich auf den Bindungslinien erkennbar. Sie können Abstände und Winkel anzeigen lassen.

✔ **Stabmodell (sticks):** das etwas elegantere Drahtmodell

✔ **Kugel-Stab-Modell (ball and sticks):** das Modell für Bastler

Ungefähr so sahen die gebastelten Molekülmodelle der Wissenschaftler in der »Vorcomputerzeit« aus. Unterschiedlich große und gefärbte Atome werden mit den passenden (Länge und Richtung) Bindungsstäben zusammengesteckt.

✔ **Kalottenmodell (spheres, spacefill):** das Modell für Ästheten

Wunderschön glänzende, farbige, ineinander übergehende Kugeln geben Ihnen einen Eindruck vom Raumbedarf des Moleküls.

✔ **Bändermodell (backbone, ribbon, cartoon):** Modelle für Künstler

Proteine sind Riesenmoleküle aus vielen Aminosäuren, die bei Darstellung aller Atome völlig unübersichtlich sind. Durch Linien, gewundene Spiralbänder und andere Formen wird die Verbindungsstruktur der Aminosäuren angedeutet.

Sie finden noch weitere Möglichkeiten, die Formen und Eigenschaften von Molekülen darzustellen. Spielen Sie einfach mit den Möglichkeiten der Programme, um alle Formen und Farben auf sich einwirken zu lassen.

Selbst bei intensiver Suche werden Sie nicht für jedes gewünschte Molekül eine Datei im Internet finden. Um selbst Moleküle zu konstruieren, benötigen Sie ein Molecular-Modeling-Programm. Diese gibt es in den unterschiedlichsten Preislagen, vom kostenlosen Freewareprogramm bis zu wissenschaftlichen Programmpaketen für mehrere Tausend Euro. Ich will hier keine Empfehlung aussprechen. Suchen Sie einfach im Internet oder in einer Fachbuchhandlung. Wenn Sie häufiger mit chemischen Formeln arbeiten müssen, sollten Sie die notwendigen 20 bis 100 Euro für ein brauchbares Programm investieren. Was diese Programme können sollten und wie sie funktionieren, erkläre ich in den folgenden Abschnitten.

Molekülmechanik: Kraftfeldmethoden

Der erste Schritt zur Erstellung einer eigenen Molekülgrafik mit einem Molecular-Modeling-Programm ist einfach. Sie wählen mit einem Mausklick ein gewünschtes Atom und ziehen mit der Maus von einem Atom zum nächsten die Bindungen. Bei älteren Programmen müssen Sie bei der Auswahl der Atome noch den Bindungstyp berücksichtigen. Für die nachfolgenden Kraftfeldberechnungen muss beispielsweise zwischen Kohlenstoffatomen für Einfachbindungen oder Mehrfachbindungen gewählt werden. Neuere Programme »erkennen« den Typ anhand der gezeichneten Bindungen automatisch. Über die Bindungslängen und -winkel müssen Sie sich zunächst einmal keine großen Gedanken machen. Wenn Sie alle Atome und Bindungen eingezeichnet haben, sieht das Molekül noch ziemlich deformiert aus. Jetzt beginnt die Rechenarbeit. Mit dem Befehl »Optimierung« starten Sie ein wildes Ziehen und Drehen an dem Zeichnungsobjekt, bis das Programm mit der berechneten Molekülgeometrie zufrieden ist. Ohne dass Sie es sehen, leistet der Computer dabei Schwerstarbeit. Er berechnet in vielen kleinen Schritten (iterativ) eine Molekülgeometrie mit minimaler potenzieller Energie.

Die Energiegleichungen eines Kraftfelds

Die Berechnungen greifen dabei auf Daten und Formeln zu, die Wissenschaftler in jahrelanger Arbeit zusammengestellt haben.

Ein Kraftfeld ist in der Computerphysik eine Parametrisierung der potenziellen Energie, die die Wechselwirkung von Teilchen beschreibt. Es besteht aus Formeln und experimentell bestimmten Konstanten zur Berechnung der potenziellen Energie (Lageenergie) eines Moleküls. Die gesamte potenzielle Energie setzt sich aus einem Bindungsanteil und einem Nichtbindungsanteil zusammen.

Der Bindungsanteil der Energie besteht für jedes Atom des Moleküls aus drei Wechselwirkungsenergien mit anderen Atomen über bis zu drei Bindungen.

Dafür wurden von verschiedenen Arbeitsgruppen unterschiedliche Kraftfelder entwickelt, die sich in den Konstanten und Formeln unterscheiden. Die folgenden Energiegleichungen beschreiben ein Molekül als elastisches Federgerüst:

✔ Bindungslängenenergie $V_r = \frac{1}{2} \cdot K_r \cdot (r - r_0)^2$

✔ Bindungswinkelenergie $V_\theta = \frac{1}{2} \cdot K_\theta \cdot (\theta - \theta_0)^2$

✔ Torsionswinkelenergie $V_\Phi = \frac{1}{2} \cdot K_n \cdot (1 + \cos(n \cdot \Phi - \Phi_0))$

Die Erklärung der Variablen r, θ und φ finden Sie in Abbildung 21.3. Die Konstanten K sind ein Maß für die Energiezunahme bei einer Abweichung der Variablen vom Optimalwert, der jeweils mit einer tiefgestellten 0 indiziert ist.

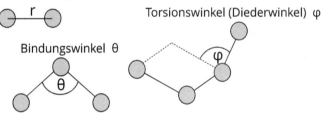

Abbildung 21.3: Variablen der Bindungsenergie bei Kraftfeldern

Mit den Bindungsenergien allein können Sie eine Molekülstruktur nicht vollständig beschreiben. Bei größeren Molekülen könnte es sonst dazu kommen, dass unterschiedliche Atome aufgrund der verwinkelten Molekülstruktur den gleichen Platz beanspruchen. Innerhalb eines Moleküls und zwischen zwei benachbarten Molekülen können Anziehungs- und Abstoßungskräfte auftreten und die potenzielle Energie erhöhen. Bei den Kraftfeldmethoden werden folgende Nichtbindungsanteile der potenziellen Energie berechnet:

✔ Van-der-Waals-Energie $V_{VdW} = \frac{A}{R^{12}} - \frac{B}{R^6}$

✔ Elektrostatische Energie $V_{ES} = \frac{q_i \cdot q_j}{\varepsilon \cdot R}$

✔ Wasserstoffbrückenbindung $V_{HB} = \frac{C}{R^{12}} - \frac{D}{R^{10}}$

Die Gleichung für die Energieberechnung der Van-der-Waals-Wechselwirkungen zwischen zwei Atomen heißt *Lennard-Jones-Gleichung*. A und B sind spezielle Konstanten für jedes

Paar von Atomen. Durch sie werden die Van-der-Waals-Radien der Atome festgelegt, die ein Minimum der Energiekurve erzeugen: Wenn der Abstand R kleiner als die Summe der beiden Van-der-Waals-Radien wird, steigt die Energie steil an und führt zu einer Abstoßung der beiden Atome. Bei größeren Abständen ziehen sich die Atome schwach an, wobei die Anziehungskräfte sehr stark abnehmen und bei Abständen über 0,4 nm ($4 \cdot 10^{-10}$ m) praktisch nicht mehr wahrnehmbar sind.

Die Gleichung für die elektrostatischen Wechselwirkungen zwischen zwei Ladungsträgern mit der Ladung $q_{i,j}$ und dem Abstand R ist aus der Physik entnommen (das sogenannte *Coulombgesetz*). Der Unterschied besteht nur darin, dass anstelle ganzzahliger Ladungen (ein Elektron hat die Ladung $-1 \cdot q_0$) nur Teilladungen (beispielsweise $-0,35 \cdot q_0$) als sogenannte Punktladungen auf den Atomen einer polaren Bindung in die Berechnungen eingehen (q_0 ist die Elementarladung). Über die Dieelektrizitätskonstante ε streiten sich die Gelehrten noch. Wenn zwischen den beiden Ladungsträgern nur freier Raum ist, sollte der Wert für das Vakuum verwendet werden. Bei großen Molekülen oder Berechnungen für wässrige Lösungen sind Korrekturen erforderlich.

Wasserstoffbrückenbindungen, die durch Wechselwirkung eines positiv teilgeladenen Wasserstoffatoms und negativ teilgeladenen Atome zustande kommen (beispielsweise R–O–H···O=R), sind eigentlich elektrostatische Wechselwirkungen. Allerdings werden die Teilladungen beim Zustandekommen der Wechselwirkung leicht erhöht. Kraftfeldberechnungen arbeiten mit konstanten Punktladungen, sodass eine zusätzliche Energiegleichung, die ähnlich wie die Lennard-Jones-Gleichung berechnet wird, den leicht erhöhten (etwa 0,5 kcal/mol) Energiegewinn berücksichtigt.

Zusammenfassen und Zeit sparen

Eines der ersten Kraftfeldmodelle entwickelte der amerikanische Computerchemiker Norman Allinger in den 1970er Jahren. Sein »MM2 force field« berücksichtigt die Wechselwirkungen zwischen allen Atomen der berechneten Moleküle. Bei großen Molekülen, beispielsweise Proteinen, nimmt die Zahl der notwendigen Berechnungen für die Nichtbindungs-Wechselwirkungen gewaltig zu.

Ein besonders interessantes Anwendungsgebiet des Molecular Modeling ist die Untersuchung der sogenannten aktiven Zentren von Arzneistoffrezeptoren. Das sind Proteine, die bei Anlagerung von Arzneistoffmolekülen eine medizinische Wirkung auslösen. Dazu muss das Arzneistoffmolekül in das aktive Zentrum des Proteins passen und durch Wechselwirkungen eine Strukturänderung des Rezeptormoleküls bewirken (Schlüssel-Schloss-Prinzip).

 Computerberechnungen mit Rezeptormolekülen können helfen, geeignete Arzneistoffe zu entwickeln (CADD = Computer Aided Drug Design) und sogar die Wirkungsstärke abzuschätzen (QSAR = Quantitative Structure Activity Relationship).

Um die Berechnungen für Riesenmoleküle zu vereinfachen, wurden verschiedene Kraftfeldmethoden entwickelt, die bestimmte Atomgruppen zusammenfassen. Beispielsweise kann eine $-CH_3$-Gruppe als ein großes Atom in die Berechnungen eingehen. Die Zahl der zu berechnenden Wechselwirkungen wird damit gewaltig reduziert, und Sie sparen Zeit und Computerspeicherplatz. Im Gegensatz zu dem »all-atom force field« MM2 heißt ein solches Kraftfeld, beispielsweise GROMOS oder AMBER, »united-atom force field«.

Vom Berg ins Tal mit geschlossenen Augen

Die Bestimmung der Energie eines Moleküls mit Kraftfeldberechnungen ist nur ein kleiner Teilschritt bei der Berechnung der optimalen Molekülstruktur eines selbst gezeichneten Moleküls im Molecular-Modeling-Programm. Ihr Zeichnungsobjekt liefert bei der ersten Energieberechnung einen gewaltig großen Wert für die potenzielle Energie.

Die nächste Aufgabe für das Programm besteht darin, durch Änderung der Positionen und Winkel die Molekülstruktur mit der kleinstmöglichen Energie zu finden. Etwas Ähnliches haben Sie im Mathematikunterricht bei der Berechnung des Minimums einer Funktion y=f(x) schon einmal gemacht. Das war wahrscheinlich schon schwierig, obwohl Sie nur eine einzige Variable x in der Funktion hatten. Viel komplizierter ist die Aufgabe bei den Hunderten oder Tausenden von variablen Winkeln und Abständen eines größeren Moleküls.

Einen eindeutigen Lösungsweg für das Problem gibt es nicht. Die Berechnung läuft in vielen kleinen Schritten (iterativ) ab. Sie können sich das ungefähr so vorstellen, als ob Sie mit verbundenen Augen auf einem Berg in den Alpen stehen und den Weg ins Tal finden müssen. Sie tasten mit den Füßen die Umgebung ab und springen dann in die Richtung des stärksten Gefälles. Zum Glück geht es bei den Energieberechnungen nur um Zahlenwerte, und der Sprung in einen »energetischen Abgrund« ist für das schnelle Erreichen eines Energieminimums des Moleküls durchaus von Vorteil. Das »mathematisch ertastete« Gefälle heißt *Gradient*. Ich versuche gar nicht erst, Ihnen die verschiedenen möglichen Gradientenmethoden zu erklären, die von hervorragenden Mathematikern entwickelt wurden. Sie müssen nur wissen, dass die Sprünge bei der Annäherung an das Energieminimum kleiner werden, bis das Gefälle (der Gradient) so klein ist, dass keine wesentliche Erniedrigung der potenziellen Energie mehr zu erwarten ist.

Wahrscheinlich haben Sie das Hauptproblem der Gradientenmethoden schon erkannt. Genau wie Sie beim blinden Bergabstieg zwar in einem Tal ankommen, das aber nicht unbedingt das tiefste Tal der Alpen ist, werden Sie bei der Energieminimierung eines großen Moleküls zwar eine günstige, aber womöglich nicht die günstigste Geometrie erhalten.

 Mit Gradientenmethoden berechnen Sie iterativ nur ein lokales Minimum der potenziellen Energie eines Moleküls. Um das absolute (globale) Minimum zu finden, benötigen Sie vor der Energieminimierung eine Molekülgeometrie, die der optimalen Geometrie nahe kommt.

In Kapitel 19 erkläre ich Ihnen, wie Kristallstrukturen mit der Röntgenbeugung gemessen werden. Für Molecular-Modeling-Berechnungen finden Sie in Datenbanken die Molekülgeometrien vieler Proteine. Diese sind zwar für feste, kristallisierte Stoffe bestimmt worden, Sie können sie aber gut als Ausgangpunkt für Moleküloptimierungen von Einzelmolekülen benutzen.

Mit Dynamik die Moleküle bewegen

In den vorhergehenden Abschnitten dieses Kapitels habe ich Ihnen erklärt, wie Sie eine Molekülstruktur berechnen, die eine möglichst günstige (niedrige) potenzielle Energie aufweist. Übertragen auf die reale Welt haben Sie damit ein Einzelmolekül im Vakuum bei einer Temperatur von 0 K. Bei Raumtemperatur in wässriger Lösung finden aber Schwingungen, Bindungsrotationen und sonstige Molekülbewegungen statt. Wenn Sie die dabei möglichen Strukturänderungen oder die Anlagerung eines Arzneistoffmoleküls an ein Rezeptorprotein beobachten wollen, muss Ihr Molecular-Modeling-Programm eine sogenannte moleküldynamische Simulation durchführen. Die Temperaturerhöhung auf Raumtemperatur (292 K) wird dabei durch eine stufenweise, statistisch verteilte Erhöhung der kinetischen Energie der Atome berücksichtigt, die eine Bewegung aus der energetisch günstigsten Lage der Bindungen bewirkt. Am Ende können Sie beobachten, wie das Zusammenspiel von kinetischen und potenziellen Energien der Atome zu Schwingungen, Bewegungen und möglicherweise Strukturänderungen der Moleküle führt. Moderne Molecular-Modeling-Programme können dabei sogar den Einfluss von Wassermolekülen in der Umgebung Ihrer Moleküle berechnen.

In Abbildung 21.4 sehen Sie das Ergebnis einer moleküldynamischen Simulation für das Verhalten von Polyethylenglykol (PEG) in wässriger Lösung. Sie können erkennen, dass die ursprüngliche Helixstruktur des Moleküls, die nach Literaturangaben im festen kristallinen Zustand den energetisch günstigsten Zustand darstellt, durch Torsionsänderung (Drehen von Bindungen) in eine unregelmäßige Knäuelstruktur übergeht. Die Simulation habe ich für eine »Echtzeit« von 15 Picosekunden ($15 \cdot 10^{-12}$s) durchgeführt, die Computerberechnung auf einem PC dauerte etwa zehn Stunden.

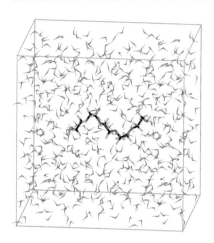

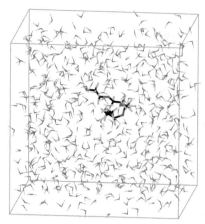

PEG-Molekül mit optimierter
Helixstruktur in Wasser

PEG-Molekül mit Knäuelstruktur
nach MD-Simulation (292 K, 15 ps)

Abbildung 21.4: Moleküldynamische Simulation der Strukturänderung eines Polymers in wässriger Lösung bei 292 K

Die Zeit ist relativ, sagte schon Einstein

Nein, ich will Ihnen nichts über die Relativitätstheorie erzählen. Ich muss Ihnen nur verständlich machen, dass ein Zeitraum von 15 Picosekunden für Sie unvorstellbar winzig und für ein Molekül durchaus lang ist. Wenn Sie in einem Schwimmbecken eine Strecke zurücklegen, die ungefähr Ihrer Körpergröße entspricht, benötigen Sie dafür eine Sekunde. Ein Atom mit einer Größe von ungefähr $2 \cdot 10^{-10}$ m würde bei der gleichen Geschwindigkeit in einer Sekunde eine Strecke zurücklegen, die knapp dem 10^{10}-Fachen seiner Größe entspricht. Atome bewegen sich aber noch viel schneller als Sie vielleicht annehmen. Beispielsweise beträgt die mittlere Geschwindigkeit von H_2-Molekülen bei Raumtemperatur in der Gasphase ungefähr 2000 m/s. Die in einem Molekül gebundenen Atome sind bei ihren Schwingungen sicherlich nicht ganz so schnell unterwegs, aber in einer Picosekunde findet schon eine ganze Reihe von Strukturänderungen statt. In Kapitel 7 erfahren Sie, dass eine Mizelle (kugelförmige Zusammenlagerung von Seifenmolekülen in Wasser) in Zeiträumen von etwa 10^{-4} Sekunden zerfällt und wieder neu gebildet wird. In unserer Raum- und Zeitvorstellung entspricht das einem gemütlichen Bastelvorgang über viele Tage.

Auch die Berechnungsdauer für Abbildung 21.4 ist relativ. Für eine Berechnung der Bewegungssimulation für 15 ps wie oben benötigte ich vor 15 Jahren auf einem PC noch fast eine Woche, ein moderner Laptop schafft das heute in zehn Stunden.

Quantenchemie mit der unlösbaren Schrödinger-Gleichung

In den ersten Abschnitten dieses Kapitels können Sie einen Eindruck gewinnen, wie Sie mit einem Computerprogramm Molekülmodelle konstruieren, optimieren und untersuchen können. Die im Hintergrund dabei ablaufenden Kraftfeldberechnungen erfordern schon eine immense Anzahl von Einzelberechnungen und weisen dennoch einige wesentliche Einschränkungen auf. Mit Kraftfeldmethoden können Sie keine Reaktionsverläufe, Aktivierungsenergien oder UV-Spektren berechnen, da die Bindungselektronen nur als festgelegte Federverbindungen zwischen den Atomen eines Moleküls berücksichtigt werden.

Einen ganz anderen Ansatz benutzen die Quantenchemiker, denen Sie in jeder größeren Universität im Forschungsbereich »Theoretische Organische Chemie« begegnen. Fangen Sie auf keinen Fall ein Fachgespräch mit einem dieser Theoretiker an. Am Ende würden Sie an allem zweifeln, was Sie jemals über Chemie zu wissen glaubten. Quantenchemiker stellen sich äußerst komplizierten Fragestellungen, berechnen mit einem wahnsinnigen Rechenaufwand auf Supercomputern, die sie übers Internet am anderen Ende der Welt stundenweise anmieten, alle möglichen (und unmöglichen) Quantenzustände von Elektronen, und erklären trotzdem das erhaltene Ergebnis zu einer praktisch unbrauchbaren Näherung. Quasi als Abfallprodukt dieser angeblich unbrauchbaren Berechnungsmethoden fallen dem Experimentalchemiker Rechenprogramme in die Hände, deren Ergebnisse echte Begeisterung auslösen.

Er kann damit ziemlich genau die Farbe eines Stoffes, die Lage der Peaks im UV-Spektrum, die Aktivierungsenergie und die Reaktionsenthalpie einer chemischen Reaktion, die räumliche Struktur von Molekülen und die Polarität von chemischen Bindungen berechnen.

Quantenchemische Berechnungen basieren auf der *Schrödinger-Gleichung*.

$$\hat{H}\psi = E\psi$$

Wenn Sie jetzt erfreut die Hände reiben angesichts der simplen Gleichung aus vier Buchstaben, von denen einer auch noch doppelt vorkommt, haben Sie sich zu früh gefreut. Sie sind auf eine Marotte der Physiker hereingefallen, die gern eine komplizierte Rechenvorschrift hinter einem Symbol verstecken. Der griechische Buchstabe ψ (Psi) steht für eine Wellenfunktion der Elementarteilchen.

 Eine Wellenfunktion beschreibt auf zugegebenermaßen nicht sehr verständliche Weise den ψ, den quantenmechanischen Zustand eines Elementarteilchens oder eines Systems von Elementarteilchen. Quantenphysiker interpretieren den Wert ψ^2 als räumliche Aufenthaltswahrscheinlichkeit eines Elektrons.

E können Sie einfach als Gesamtenergie des beschriebenen Teilchens ansehen. Das wäre ja schon ganz günstig. Sie wollen schließlich wissen, wo die Bindungselektronen in einem Molekül sind und wie eine Molekülstruktur mit möglichst niedriger potenzieller Energie aussieht. Der eigentliche Haken an der Gleichung ist die linke Seite. Das Symbol $\hat{H}$ ist der Hamilton-Operator. Ein Operator ist eine Rechenvorschrift, in diesem Fall eine mehrdimensionale mathematische Ableitung.

 Der Hamilton-Operator ist ein System von mathematischen Ableitungen der Wellenfunktion nach der Zeit und den drei Raumrichtungen. Außerdem gehen die Bewegungsenergien und die potenziellen Energien durch die gegenseitigen Anziehungs- und Abstoßungskräfte aller Atomkerne und Elektronen in den Hamilton-Operator ein.

Die Schrödinger-Gleichung kann selbst ein Physiker nur für Ein-Elektronen-Systeme exakt lösen, beispielsweise für ein Wasserstoffatom. Die Lösung der Schrödinger-Gleichung für die Elektronen eines Moleküls ist unmöglich. Die Wellenfunktionen und die Energien können Sie lediglich durch Vereinfachungen näherungsweise berechnen.

Semi-empirisch mit MNDO und Co.

Es würde zu weit führen, wenn ich Ihnen hier die mathematischen Formeln für die Berechnungen vorstellen würde. Im Prinzip werden viele Matrizenberechnungen durchgeführt, um die Elektronen-Energie-Beziehungen schrittweise bis zu einer optimalen Verteilung der Elektronen im Molekül zu führen. Ich will aber wenigstens die wichtigsten Vereinfachungen kurz beschreiben:

✔ Atomorbitale sind Wellenfunktionen, die durch Lösen der Schrödinger-Gleichung für isoliert berechnete Elektronen erhalten werden. Die kugel- und hantelförmigen Orbitale, die Sie vom Chemieunterricht kennen, stellen den Bereich für eine 90%ige Aufenthaltswahrscheinlichkeit eines Elektrons dar.

✔ Molekülorbitale (MO) werden vereinfacht als Summe der Atomorbitale (AO) berechnet (LCAO = Linear Combination of Atomic Orbitals).

✔ Nur die Elektronen der äußeren Schale (Valenzelektronen) werden in der Energieberechnung berücksichtigt.

✔ Wechselwirkungs-Integrale zwischen den Elektronenwellenfunktionen werden durch experimentell erhaltene (empirische) Werte ersetzt.

✔ Eine Überlappung der Orbitale wird bei der Addition der Elektronenorbitale nicht berücksichtigt (NDO = Neglect of Differential Overlap) oder in Form empirischer Korrekturwerte in die Berechnungsmatrizen eingesetzt.

MNDO, AM1, PM3 sind populäre semi-empirische Berechnungsmethoden, die Sie in vielen Molecular-Modeling-Programmen auswählen können.

Mit einem gegenüber den Kraftfeldmethoden erheblich höheren Zeit- und Rechenaufwand errechnen Sie mit semi-empirischen Berechnungen die potenzielle Energie für ein Molekül über die Elektronenenergie bei festgelegter Position der Atomkerne (Born-Oppenheimer-Näherung).

Wie bei den Kraftfeldberechnungen können Sie bei den semi-empirischen Berechnungen durch Gradientenmethoden eine Geometrieoptimierung durchführen, um eine Molekülstruktur mit minimaler potenzieller Energie zu erhalten. Die Berechnungen dauern allerdings um ein Vielfaches länger und bringen eher schlechtere Resultate.

Dafür können Sie aber die Verteilung der Elektronendichte innerhalb eines Moleküls und damit die Positionen für mögliche elektrostatische Wechselwirkungen mit Nachbarmolekülen erkennbar machen.

 Ein guter Kompromiss ist die Kombination der beiden Methoden. Sie berechnen die optimale Molekülstruktur mit der genaueren und schnelleren Kraftfeldoptimierung und schließen eine semi-empirische Berechnung der Elektronenverteilung an.

Durch spezielle Erweiterungen können Sie auch Energieprofile beim Ablauf einer chemischen Reaktion berechnen und Aktivierungsenergien sowie die Reaktionsenthalpie ermitteln. Sie müssen dabei aber beachten, dass die Vereinfachungen auf empirischen Werten beruhen und nur bei entsprechend ähnlichen Reaktionen gute Werte liefern. Diese Einschränkung umgehen Sie mit den noch aufwendigeren Ab-initio-Berechnungen.

Von Anfang an: Ab-initio-Berechnungen

Der lateinische Begriff »ab initio« bedeutet von Anfang an. In der Quantenchemie sind Ab-initio-Berechnungen schrittweise Näherungslösungen der Schrödinger-Gleichung für Molekülorbitale, die ohne das Einsetzen empirischer Werte auskommen. Auch bei diesen Berechnungen können Sie nicht alle Wechselwirkungen der Elementarteilchen einschließen. Der wesentliche Unterschied zu den semi-empirischen Berechnungen ist, dass anstelle von empirischen Konstanten eine vollständige Interaktion von Wellenfunktionen in die

Berechnungen eingeht. Da die Wellenfunktionen nicht genau bekannt sind, werden sie durch eine Kombination von Gauß-Funktionen, die Sie möglicherweise aus der Statistik kennen, näherungsweise beschrieben. In einigen Molecular-Modeling-Programmen können Sie beispielsweise einen sogenannten Basissatz ᴧᴧ1STO-3G (Slater-Type Orbitals of 3 Gaussian Functions) für die Wellenfunktionen auswählen.

Ab-initio-Berechnungen liefern Ihnen bei kleinen Molekülen häufig eine bessere Übereinstimmung mit experimentellen Werten. Bei größeren Molekülen wie Proteinen wird die Berechnung jedoch zu kompliziert und praktisch undurchführbar.

Teil VI
Der Top-Ten-Teil

Auf www.fuer-dummies.de finden Sie noch mehr Bücher für Dummies.

... lernen Sie die vergleichsweise junge Wissenschaft noch besser kennen. In den letzten Jahren sind in der Physikalischen Chemie ständig neue Forschungsbereiche dazu gekommen, wie beispielsweise das im Kapitel 20 vorgestellte Molecular Modeling. Hier will ich Ihnen zunächst zehn »Großväter« der Physikalischen Chemie vorstellen, die aus den unterschiedlichsten Fachdisziplinen kommend diese faszinierende Wissenschaft als eigenständiges Fach begründet haben. Wenn ich es geschafft habe, in Ihnen etwas Begeisterung für dieses Fachgebiet zu wecken, gehören Sie vielleicht selbst in 100 Jahren zum erlauchten Kreis der historischen Gelehrten, die in einem solchen Buch vorgestellt werden.

Damit Sie überhaupt so weit kommen, müssen Sie zuerst noch Ihr Studium erfolgreich abschließen. Mit zehn Tipps, die ich Ihnen für ein erfolgreiches Studium gebe, sollten Sie das ohne Probleme schaffen. Nutzen Sie meine Erfahrung! Nach vielen Jahren in mehreren Universitäten kenne ich die Fehler, die bei vielen Studierenden den Karrierestart verhindert oder zumindest verzögert haben.

Kapitel 22
Zehn (Groß-)Väter der Physikalischen Chemie

Wissenschaft entsteht nicht von alleine. Es sind Menschen, die wissenschaftliche Entdeckungen machen und damit das Wissen und die Fähigkeiten der Menschheit erweitern. Selbst die größten Wissenschaftler wurden nicht als Gelehrte geboren. Lernbereitschaft und wissenschaftliche Neugier können auch aus Ihnen Forscher(innen) machen, die sich in ihrem Fachgebiet auszeichnen. In diesem Kapitel stelle ich Ihnen zehn Wissenschaftler vor, die in der Vergangenheit wichtige Meilensteine der Physikalischen Chemie gesetzt haben. Leider kann ich Ihnen keine Wissenschaftlerinnen vorstellen, da das traditionelle Frauenbild in der damaligen Zeit kaum mit einer wissenschaftlichen Karriere in Einklang zu bringen war. Das hat sich geändert. Ich kenne viele Wissenschaftlerinnen, die hervorragende Arbeit leisten. Also, meine Leser und Leserinnen, trauen Sie sich etwas zu, und treten Sie in die Fußstapfen der großen Vorbilder! Die meisten davon konnten mit ihren neuen Ideen bereits zu Lebzeiten großen Ruhm bis hin zu Nobelpreisen erringen. Andere waren mit ihrer Denkweise zu weit voraus und wurden erst später gewürdigt, ein Schicksal, das ich Ihnen selbstverständlich nicht wünsche.

Wilhelm Ostwald

Er war ein Querdenker, manche seiner Zeitgenossen haben ihn sogar als Querkopf bezeichnet. Der baltische Wissenschaftler Wilhelm Ostwald (1853–1932) eckte mit seiner freien, unkonventionellen Denkweise schon in seiner Schulzeit an. Wer nicht genauso denkt, wie es im Lehrbuch steht, kann schon einmal ein Jahr länger bis zum Gymnasialabschluss brauchen. Ein ähnliches Problem hatte auch der berühmte Physiker Albert Einstein, dessen Schulzeit trotz Bestnoten in den Naturwissenschaften ebenfalls nicht glatt zum Abitur führte. Gerade die Fähigkeit, eigene Ideen zu entwickeln, ist aber wichtig für eine erfolgreiche Forscherkarriere. Ostwald wurde jedenfalls schon mit 28 Jahren Chemieprofessor in Riga. Nachdem er sich in der wissenschaftlichen Fachwelt einen Namen gemacht hatte, wechselte er im Jahr 1887 auf die neu geschaffene Professur für Physikalische Chemie nach Leipzig.

Um alle wissenschaftlichen Leistungen von Wilhelm Ostwald ausführlich zu würdigen, müsste ich ein ganzes Buch schreiben. Daher beschränke ich mich auf wenige Highlights:

✔ Viskosimeter (1882/1883) – allerdings nicht das nach seinem Sohn Walter benannte Ostwald-Viskosimeter (siehe Kapitel 3)

✔ Dissoziationstheorie (1884) – die gemeinsam mit Svante Arrhenius entwickelte Vorstellung der Bildung von Ionen in Salzlösungen

✔ Ostwaldsches Verdünnungsgesetz (1888) – die Zunahme des Dissoziationsgrads beim Verdünnen von Salzlösungen

✔ Ostwald-Reifung (1896) – Teilchenwachstum von größeren Suspensionspartikeln durch Auflösung kleinerer Partikel

✔ Ostwald-Verfahren (1901) – die katalytische Oxidation von Ammoniak zu Salpetersäure

Wilhelm Ostwald gilt gemeinsam mit Svante Arrhenius, Jacobus Henricus van 't Hoff und Walther Nernst als Gründer der Physikalischen Chemie als eigenständiger Wissenschaft. Er hat außerdem durch die Anwendung der Theorien von Josiah Willard Gibbs entscheidenden Anteil an der Einführung der Thermodynamik als physikalisch-chemischer Grundlagendisziplin. Apropos Disziplin – nach heftigen Konflikten mit der Universitätsleitung in Leipzig legte er 1906 seine Professur nieder und widmete sich als Privatgelehrter seinen Forschungs- und Freimaureraktivitäten. Im Jahr 1909 erhielt er den Chemienobelpreis.

Svante Arrhenius

Der schwedische Wissenschaftler Svante Arrhenius (1859–1927) beschäftigte sich schon als Chemiedoktorand mit Untersuchungen zu Leitfähigkeit von Elektrolytlösungen. Seine im Jahr 1884 veröffentlichte Doktorarbeit stieß zwar bei den meisten Chemikern auf Unverständnis, löste aber bei Wilhelm Ostwald in Riga den Wunsch aus, den geistesverwandten Querdenker mit seinen revolutionären Ideen kennenzulernen. Ostwald reiste umgehend nach Stockholm, und das anschließend gemeinsam durchgeführte Forschungsprojekt resultierte in der berühmten Dissoziationstheorie zur Ionenbildung in wässrigen Elektrolytlösungen. Schlagartig berühmt geworden, erhielt Arrhenius eine Professur in Uppsala. Die positive Erfahrung mit seiner ersten internationalen Zusammenarbeit machte ihn zu einem Vorreiter dessen, was wir heute als wissenschaftliches Netzwerk bezeichnen würden, Spötter nennen es auch »Wissenschaftstourismus«. Anstatt in Uppsala zu lehren, reiste er quer durch Europa zu Ostwald (Riga, Leipzig), Nernst (Würzburg), Boltzmann (Graz) und van 't Hoff (Amsterdam), um mit den namhaftesten Wissenschaftlern Forschungsprojekte und Erfahrungsaustausche durchzuführen.

Neben der Forschungsarbeit auf dem Gebiet der Ionentheorie widmete er sich der Untersuchung von Reaktionsgeschwindigkeiten. In Kapitel 10 stelle ich Ihnen die Arrheniusgleichung vor, die den Zusammenhang zwischen Reaktionsgeschwindigkeit, Aktivierungsenergie und Temperatur beschreibt. Für seine Forschungsarbeiten erhielt er im Jahr 1903 den Chemienobelpreis.

Jacobus Henricus van 't Hoff

Der niederländische Chemiker Jacobus Henricus van 't Hoff (1852–1911) war in seinen jungen Jahren ein Reisemensch wie sein späterer Kollege und Freund Arrhenius. Als Student »schnupperte« er in den Studiengängen Ingenieurwesen (Delft) und Mathematik (Leiden) in seinem Heimatland, bevor er sich zunächst in Bonn und später in Paris für ein Chemiestudium entschied. Seine Doktorarbeit brachte bereits eine revolutionäre Erkenntnis für die Organische Chemie, indem er die optische Aktivität (Drehung von polarisiertem Licht) mit dem Vorhandensein asymmetrischer Kohlenstoffatome (mit vier unterschiedlichen Molekülresten verbundene C-Atome) erklärte.

Als Chemieprofessor in Leiden und später in Berlin leistete van 't Hoff gemeinsam mit Ostwald, Arrhenius und Nernst bahnbrechende Arbeiten auf dem Gebiet der Physikalischen Chemie mit Untersuchungen zum osmotischen Verhalten von Elektrolytlösungen (siehe Kapitel 6) und zur Reaktionsgeschwindigkeit (siehe Kapitel 10):

✔ Der van 't Hoff-Faktor i basiert auf dem Ostwald'schen Verdünnungsgesetz. Er ermöglicht die Berechnung des osmotischen Drucks von Salzlösungen über die Stoffmengenkonzentration.

✔ Die van 't Hoff'sche Regel oder Reaktionsgeschwindigkeit-Temperatur-Regel (RGT-Regel) besagt, dass sich bei einer Temperaturerhöhung um 10 °C die Geschwindigkeit einer chemischen Reaktion verdoppelt.

✔ Van 't Hoff war im Jahr 1901 der erste Nobelpreisträger für Chemie.

Walther Nernst

Der deutsche Physikochemiker Walther Nernst (1864–1941) war der Jüngste der »großen Vier«. Er startete seine wissenschaftliche Karriere als Physiker, indem er als Student gemeinsam mit seinem Professor den Ettingshausen-Nernst-Effekt entdeckte, einen Zusammenhang zwischen elektrischem Strom und Wärmeänderung im Einfluss eines Magnetfelds.

Besonders angetan war er aber von der neuen Wissenschaft Physikalische Chemie. Als frischgebackener Doktor der Physik schloss er sich dem Arbeitskreis von Ostwald in Leipzig an und untersuchte den Einfluss von Elektrizität auf Ionen in Lösungen. Aufbauend auf die Dissoziationstheorie entwickelte er die Nernst-Gleichung zur Beschreibung des elektrischen Potenzials von Elektroden in Elektrolytlösungen oder, für Nichtphysiker vereinfacht ausgedrückt, die elektrische Spannung von Batterien und Akkus.

Als Technikfan begeisterte er sich für die Technik von Motoren und Dampfmaschinen und die daraus abgeleitete Thermodynamik. Sein wissenschaftlicher Beitrag, das Nernst-Theorem, wird auch als dritter Hauptsatz der Thermodynamik bezeichnet. Es besagt, dass der absolute Nullpunkt der Temperatur nicht erreichbar ist.

Ganz nebenbei stellte er auch den Nernst'schen Verteilungssatz (siehe Kapitel 6) zur Berechnung des Konzentrationsgleichgewichts in zweiphasigen Lösungen auf.

Für seine thermochemischen Arbeiten erhielt Walther Nernst im Jahr 1921 den Chemienobelpreis.

Josiah Willard Gibbs

Als der US-amerikanische Physiker Josiah Willard Gibbs (1839–1903) sich gegen Ende seines Physikstudiums für eine wissenschaftliche Laufbahn entschied, reiste er von Amerika nach Europa, um an führenden Forschungsinstituten in Frankreich und Deutschland Erfahrungen zu sammeln. Heute ist eher die entgegengesetzte Reiserichtung in Mode gekommen. Offensichtlich machte sich die internationale Erfahrung in seinem Lebenslauf bezahlt, denn im Jahr 1871 wurde Gibbs Professor für Mathematische Physik an der Yale University, die heute eine der angesehensten Universitäten der Welt ist.

Die Physikalische Chemie war zu seiner Zeit noch nicht als eigenständige Wissenschaft anerkannt, wenngleich Physiker und Chemiker gelegentlich im jeweils anderen Forschungsbereich wilderten. Josiah Willard Gibbs würde sich wahrscheinlich verwundert die Augen reiben, dass er hier zu den Gründervätern der Physikalischen Chemie gezählt wird. Der Grund liegt in seiner bekannten Publikationsreihe aus den Jahren 1876 bis 1878 über Gleichgewichtszustände in heterogenen Substanzen. Er definierte darin den Begriff Phase als Bezirke gleicher physikalischer und chemischer Eigenschaften und nutzte die Thermodynamik zur Erklärung von Phasenphänomenen. Das bekannteste ist die Gibbs'sche Phasenregel, die Sie in Kapitel 5 erläutert finden.

Johannes Diderik van der Waals

Der niederländische Physiker Johannes Diderik van der Waals (1837–1923) schaffte es in beeindruckender Weise, sich ohne Abitur zu einem der führenden Wissenschaftler seiner Zeit hochzuarbeiten. Da er nicht aus einem vermögenden Elternhaus stammte, konnte er keine weiterführende Schulausbildung in der Wissenschaftssprache Latein vorweisen und arbeitete zunächst als Grundschullehrer. Sein Wissensdrang trieb ihn aber immer wieder als Gasthörer in die Universität seiner Heimatstadt Leiden. Dabei qualifizierte er sich vor allem in den Fächern Physik und Mathematik und verbesserte sich in seiner Lehrerkarriere bis zum Leiter einer Realschule.

Trotzdem träumte er weiterhin von einer Forscherlaufbahn, die er nach der Abschaffung der unsinnigen Universitätssperre für »Nichtlateiner« endlich starten konnte. Dann ging es ganz schnell. Im Jahr 1869 beschrieb er die schwachen Anziehungskräfte zwischen unpolaren Molekülen, die später nach ihm benannten Van-der-Waals-Kräfte, als Effekt vieler kurzfristiger Ladungsverschiebungen. In seiner Doktorarbeit stellte er die Van-der-Waals-Gleichung als Zustandsgleichung für reale Gase (siehe Kapitel 1) auf. Bereits im Jahr 1877 wurde er Professor für Physik an der Universität Amsterdam, wo er die Gibbs'schen Erkenntnisse zum thermodynamischen Verhalten von Phasensystemen aufgriff und erweiterte. Im Gegensatz zu seinem früh verstorbenen amerikanischen Kollegen Gibbs hielt er sich als begeisterter Wanderfreund bis ins hohe Alter fit und konnte 1910 für seine Zustandsgleichung den Physiknobelpreis entgegennehmen.

Jean Louis Marie Poiseuille

Der französische Mediziner Jean Louis Marie Poiseuille (1797–1869) entwickelte eines der ersten brauchbaren Modelle für das laminare Fließen von Flüssigkeiten in dünnen Röhren. Dabei ging es ihm vor allem um die Physiologie des Blutkreislaufs, die auch Thema seiner Doktorarbeit im Jahr 1828 war. Für die Messung des Blutdrucks entwickelte er dabei das Poiseuille-Haemodynamometer, einen Vorläufer der heute noch gebräuchlichen Blutdruckmessgeräte.

Um an leichter zugänglichen Systemen das Fließen des Blutes durch die Adern beschreiben zu können, wählte er als physikalisches Modell dünne Röhren, durch die er Wasser und dickflüssigere Lösungen fließen ließ. Zwischen 1840 und 1846 konnte er das laminare Strömungsprofil und eine Gleichung für die Fließgeschwindigkeit in Abhängigkeit von der Viskosität und dem Röhrendurchmesser herleiten. Letzteres hätte er auch einfacher haben können, da wenige Jahre zuvor bereits der deutsche Bauingenieur Gotthilf Hagen praktisch die gleiche Formel hergeleitet hatte. Das bemerkte aber erst Wilhelm Ostwald, der als führender Physikochemiker die zuvor als Poiseuille'sches Gesetz bekannte Gleichung in Hagen-Poiseuille'sches Gesetz umbenannte (siehe Kapitel 3). Im Gegensatz zu seinem Medizinerkollegen Mayer (siehe unten) konnte Poiseuille die Anerkennung der Physiker gewinnen. Die auch heute trotz des SI-Systems noch gelegentlich verwendete Einheit der Viskosität wurde nach ihm mit *Poise* (1 P = 0,1 Pa · s) bezeichnet.

Irving Langmuir

Ein für die modernen Wissenschaften ungewöhnlich breit gefächertes Lebenswerk zeichnet den US-amerikanischen Physikochemiker Irving Langmuir (1881–1957) aus. Nach seinem Physikstudium reiste er nach Deutschland, wo er als Doktorand von Walther Nernst Untersuchungen zu Glühlampen durchführte.

Zurück in seinem Heimatland arbeitete Langmuir nur kurze Zeit als Dozent, um dann seine Universitätskarriere gegen eine vermutlich besser bezahlte Forschungsstelle in einem Industrieunternehmen einzutauschen. Dort gelangen ihm einige wichtige technische Entwicklungen, wie die gasgefüllte Wolfram-Glühlampe, die Langmuir-Fackel (Schweißtechnik mit atomarem Wasserstoff) oder die Langmuir-Sonde. Letztere dient zur Messung von Elektronendichten im – ebenfalls von Langmuir entdeckten – Plasma, einem Aggregatszustand aus ionisierten Materieteilchen.

Seine Bedeutung für die Physikalische Chemie beruht aber hauptsächlich auf seinen Untersuchungen zur Adsorption von Molekülen an festen Oberflächen (siehe Kapitel 7). Die

Adsorptionsisotherme nach Freundlich basiert auf seinen Beobachtungen, dass bei der Adsorption konzentrationsabhängig eine Einzelmolekülschicht (monolayer) als Grenzzustand entsteht.

Für diese Untersuchungen erhielt er 1932 den Chemienobelpreis.

Der Name Langmuir kann Ihnen auch in einer völlig anderen Wissenschaft begegnen. Bei Untersuchungen zur Bewegung von Wassermolekülen entdeckte Irving Langmuir die sogenannte *Langmuir-Zirkulation*. Dabei handelt es sich um schraubenförmige Zirkulationsströmungen in Meereswellen, die für Meeresbiologen und Ökologen als Strömungsmuster für Plankton oder Treibgut (Bildung sogenannter Treibgutstreifen) von Bedeutung sind.

Julius Robert von Mayer

Der deutsche Arzt Julius Robert von Mayer (1814–1878) ärgerte die physikalische Fachwelt, indem er als »Fachfremder« ungewöhnliche Theorien zur Thermodynamik aufstellte. Er stammte aus einer angesehenen Apothekerfamilie und studierte nach seinem Abitur an der Universität in Tübingen Medizin.

Sein Interesse für die Physik wurde bei einer Seefahrt geweckt. Als Schiffsarzt hatte er viel Zeit, um sich, fasziniert von den Naturgewalten des Meeres, Gedanken über das Zusammenspiel von Energien und Wärme zu machen. Für jeden Thermodynamiker gilt Mayers »Reise auf der Java nach Batavia« als Meilenstein der Thermodynamik.

Nach dem Abschluss dieser Reise ließ er sich 1841 in Heilbronn als Arzt nieder und widmete sich seinen Ideen zu der Erhaltung von Wärme. Er wollte seine Erkenntnisse veröffentlichen. Dabei stieß er auf erheblichen Widerstand, da in seinen Überlegungen einige Denkfehler vorhanden waren. Er ließ sich jedoch nicht beirren, verfolgte seine Ideen weiter und konnte seine Theorien bestätigen, die er dann im Jahr 1842 veröffentlichte (siehe Kapitel 13).

Er stellte fest, dass Wärme in Arbeit umgewandelt werden kann. Dies geschieht immer im selben Verhältnis. Jedoch war er schlecht in der Formulierung seiner Thesen und neigte zu Übertreibungen. Daher wurde er von vielen Physikern angefeindet, auch von Helmholtz, der trotzdem Mayers Idee einer näheren Betrachtung würdigte. Später formulierte er den allgemeinen Energieerhaltungssatz so, wie wir ihn heute kennen.

Den tragischen Tod zweier seiner Kinder konnte Mayer nicht verkraften. Nach einem Suizidversuch und mehreren Aufenthalten in Heilanstalten zog er sich zurück. Erst knapp 20 Jahre nach seinen Entdeckungen wurde er anerkannt und akzeptiert. Zu diesem Zeitpunkt war er aufgrund der Familientragödie aber bereits ein gebrochener Mann.

Nicolas Léonard Sadi Carnot

Mit nur einer Veröffentlichung machte sich der französische Ingenieur Sadi Carnot (1796–1832) unsterblich. Leider nur wissenschaftlich, denn nach einem bewegten Leben zwischen Militär und Wissenschaft verstarb er viel zu jung an einer Infektionskrankheit.

Carnot gilt als Begründer der Thermodynamik. Seine Überlegungen entstammen aus der Betrachtung der Vorgänge bei der Dampfmaschine, für die er ein theoretisches Erklärungsmodell (Carnot-Prozess, siehe Kapitel 14) aufstellte.

Auf Anraten seines Vaters, der schon relativ früh die Begeisterung seines Sprösslings für Dampfmaschinen erkannte, begann er als 14-Jähriger ein Studium der technischen Wissenschaften. Er brach dieses jedoch bereits nach zwei Jahren ab, um zum Militär zu gehen. Bald merkte er, dass ihm der Dienst nicht zusagte. Nach fünf Jahren verließ er das Militär und konzentrierte sich ab 1819 wieder voll auf sein Studium. Im Rahmen seines Studiums faszinierte ihn immer mehr die Dampfmaschine, die zu dieser Zeit stetig verbessert wurde, jedoch nur auf der Grundlage von ungeordneten technischen Experimenten. Er wollte die Verbesserungen wissenschaftlich untersuchen und konzentrierte sich auf das Phänomen der Umwandlung von Wärme in Bewegung.

Seine Ergebnisse veröffentlichte er im Jahr 1824 als »Réflexions sur la puissance motrice du feu et sur les machines propres à développer cette puissance«, also in deutscher Kurzform »Überlegungen zur Feuerenergie und zu Feuerenergie-Maschinen«.

Dies ist die einzige Schrift von ihm, die zu seinen Lebzeiten veröffentlicht wurde. Seine Arbeiten blieben über Jahrzehnte wenig beachtet und regten erst nach seinem Tod viele andere Wissenschaftler zu weiteren Überlegungen an, wie etwa Lord Kelvin oder Rudolf Emanuel Clausius.

Lassen Sie mich noch den Kreis der Großväter der Physikalischen Chemie schließen, die ich Ihnen hier vorstelle: Sogar der berühmte Wilhelm Ostwald ließ Carnots inzwischen legendär gewordene Publikation im Jahr 1892 in deutscher Übersetzung nachdrucken.

Kapitel 23
Zehn Tipps für Studierende

n fast 30 Jahren als Student, Doktorand, Dozent und Professor an vier verschiedenen Universitäten hatte ich oft die Gelegenheit, sehr erfolgreiche Karrierestarts zu erleben. Ich musste aber auch manchmal fassungslos mit ansehen, wie Studenten in Prüfungen komplett versagten. Die Erfahrung zeigt, dass letztlich immer die gleichen Fehler zum Scheitern im Studium führen. Damit Sie erfolgreich ein Studium absolvieren und eine große Karriere starten können, sollten Sie sich die Tipps in diesem Kapitel durchlesen und verinnerlichen. Vielleicht denken Sie, dass Sie das alles schon wissen. Das haben die »erfolglosen« Studenten auch gedacht, sie haben sich nur nicht daran gehalten.

Nur scheinbar kompliziert – keine Angst vor mathematischen Formeln

Nicht jeder Student ist ein Mathegenie. Im Gegenteil! Die vielen mathematischen Formeln machen das Fach Physikalische Chemie auf den ersten Blick zu einem Schreckensfach für die Mehrzahl der Studenten. Wenn Sie nichts dagegen tun, wird das auch auf den zweiten Blick so bleiben!

Sie können selbstverständlich alle Formeln auswendig lernen und hoffen, dass Sie die Reihenfolge der Symbole und Rechenzeichen der Formeln in der Prüfung noch richtig auf das Papier bringen. Das kann gut gehen, aber oft genug geht es schief.

✔ Verstehen Sie das Modell!

Viele Formeln beruhen auf ganz einfachen Überlegungen und Modellen. Lassen Sie die Modellvorstellungen der Physikalischen Chemie gedanklich auf sich wirken. Diese sind immer so einfach wie möglich und erklären die Zusammenhänge in anschaulichen Bildern. In diesem Buch finden Sie viele bildhafte Modelle, beispielsweise in Teil I das Modell der fliegenden Teilchen im Gasraum (kinetische Gastheorie), das Federmodell für Verformungen oder das Kartenblattmodell für das Fließverhalten.

✔ Überlegen Sie sich anhand des Modells die Zusammenhänge!

Ich zeige Ihnen in den meisten Kapiteln, wie Sie selbst mit einfachen Überlegungen die physikalisch-chemischen Formeln herleiten und erklären können. Nach einer Vorlesung erklärte mir einmal ein Student in vollem Ernst: »Darauf hätte ich auch selbst kommen können. Schade, dass ich nicht vor 200 Jahren gelebt habe, sonst würde die Formel heute nicht Raoult'sches Gesetz, sondern Müller'sches Gesetz heißen.«

Ganz so einfach ist das nicht – aber auch nicht zu schwierig. Proportionalitätsbeziehungen kommen meist mit den Grundrechenarten aus. Sie müssen am Ende nur noch die speziellen Symbole (η, τ, ...) auswendig lernen.

✔ Die Einheiten sind nicht ärgerlich, sondern notwendig und hilfreich!

Wenn Sie mit den Formeln in einer Klausur rechnen müssen, achten Sie auf die Einheiten. Wunderbarerweise gibt es die SI-Einheiten, die dafür sorgen, dass auf beiden Seiten einer Gleichung immer die gleichen Einheiten herauskommen. Falls das bei Ihrer Berechnung nicht der Fall ist, haben Sie mit Sicherheit eine Größe vergessen oder eine Klammer falsch gesetzt. Beim Durchsehen Ihrer Rechenschritte finden Sie mit dieser Überlegung schnell den Fehler.

Diagramme verstehen – nicht auswendig lernen

Eine typische Klausuraufgabe in der Physikalischen Chemie ist die Skizzierung des Phasendiagramms (Zustandsdiagramms) von Wasser. Ich stelle Ihnen in Kapitel 5 mit ausführlichen Erklärungen vor, wie der Aggregatzustand vom Druck und der Temperatur abhängt. Die Aufgabe gilt bei den Studenten als einfach, und so ist sie auch gedacht. Ein paar »geschenkte« Punkte sollen auch den schwächeren Kandidaten helfen, den Nachweis von ausreichenden Grundkenntnissen zu erbringen. Und doch kommt es immer wieder vor, dass die Zustände fest, flüssig und gasförmig den falschen Diagrammbereichen zugeordnet werden. Der Fehler ist typisch für Studenten, die sich Diagramme wie Bilder einprägen, ohne sie wirklich zu verstehen.

✔ Achten Sie auf die Achsenbeschriftung!

Bei Phasendiagrammen ist auf der x-Achse die Temperatur aufgetragen. Von links nach rechts wird es also wärmer. Diese einfache Überlegung hätte schon gereicht, um den Fehler zu vermeiden. Von links nach rechts kommt in die Phasenflächen erst das Eis, dann das flüssige Wasser und dann der Wasserdampf.

✔ Verstehen Sie die Kurven im Diagramm!

Ob Sie nun eine Funktionskurve, die einen mathematischen Zusammenhang darstellt, oder experimentell bestimmte Phasentrennlinien im Diagramm finden, Sie müssen sich einen Punkt auf der Linie genau ansehen. Machen Sie sich klar, was die Koordinaten des Punktes auf den Achsen über diesen Punkt aussagen. Folgen Sie dann dem Verlauf der Kurve und überlegen Sie sich, was die Krümmung über den dargestellten Zusammenhang aussagt. Bei Phasendiagrammen und Mischungsdiagrammen überlegen Sie sich zusätzlich, was beim Verlassen der Kurve in x- und in y-Richtung passiert.

Was du heute kannst besorgen ...

... das verschiebe nicht auf das nächste Semester! Es gibt einen entscheidenden Unterschied zwischen dem Schulunterricht und dem Studium. Sie haben als Student wesentlich mehr Freiheiten. Die Teilnahme an den meisten Unterrichtsveranstaltungen ist empfohlen, aber nicht zwingend vorgeschrieben. Niemand will ein ärztliches Attest sehen, wenn Sie einmal fehlen. Zwischenprüfungen in den drei bis vier Monaten eines laufenden Semesters sind eher die Ausnahme. Danach wird es aber umso heftiger. Am Semesterende werden Sie durch mehrere Abschlussprüfungen innerhalb weniger Tage in einen gewaltigen Prüfungsstress versetzt.

Mit dieser Umstellung vom Pflichtsystem der Schule mit vielen kleinen Prüfungen zum eigenverantwortlichen Lernverhalten an der Universität kommen viele Studienanfänger nicht klar. Fast ein Drittel gibt in den ersten drei Semestern auf. Das hat nichts mit den schulischen Vorkenntnissen zu tun. Lassen Sie sich nicht vom Gerede über gute oder schlechte PISA-Bewertungen irritieren. Wenn Sie die Qualifikationskriterien für einen Studienplatz erfüllen, können Sie auch das Studium bewältigen. Die benötigten Grundlagen in den Fächern Mathematik, Chemie und Physik werden Ihnen in den ersten beiden Semestern im Schnelldurchgang vermittelt. Das ungewohnte Unterrichtstempo erfordert eine hohe Leistungsbereitschaft, dafür haben Sie viel weniger unterschiedliche Fächer, auf die Sie sich konzentrieren müssen.

Die Panik wird Sie erst kurz vor den Prüfungen erfassen. Ich kann es sehr gut verstehen, wenn Sie wegen der kurzen Vorbereitungszeit zwischen den einzelnen Prüfungen eine davon auslassen wollen, um sie später nachzuholen. Aber das ist ein kapitaler Fehler! Im nächsten Semester haben Sie neue Prüfungsfächer und noch weniger Zeit, die alten Prüfungen nachzuholen. Außerdem vergessen Sie viele Fakten, die Ihnen direkt im Anschluss an das Fachsemester aus den Vorlesungen, Übungen und Praktika auch ohne besondere Prüfungsvorbereitung wenigstens teilweise in Erinnerung geblieben sind. Die traurige Tatsache ist, dass die Erfolgsquote für Nachholprüfungen nach mehr als einem Jahr gegen null geht.

Nehmen Sie auf jeden Fall an allen Fachprüfungen eines Semesters teil! Riskieren Sie lieber eine schlechte Note. Der Notendurchschnitt in den höheren Semestern ist normalerweise so gut, dass Sie eine schlechte Note aus den ersten Semestern problemlos ausgleichen.

Und selbst wenn Sie eine Prüfung nicht bestehen, profitieren Sie gewaltig von der Teilnahme. Sie lernen den speziellen Fragestil des Professors kennen und können Ihre eigenen Fehler analysieren. Ihr Kurzzeitgedächtnis erlaubt es Ihnen, unmittelbar nach der Prüfung die Fragen aufzuschreiben. Machen Sie es unbedingt und suchen Sie sich die Antworten aus Ihren Vorlesungsunterlagen heraus. Warum Sie das tun sollten? Weil Professoren ihre Klausuren überwiegend aus alten Klausuraufgaben zusammenstellen. Ein Kollege teilte mir einmal kopfschüttelnd mit, dass er gerade eine Wiederholungsklausur korrigiert habe, die komplett mit der ersten Klausur übereinstimmte. Alle acht Studenten waren wieder durchgefallen.

Vorlesungen sind besser als Bücher

»Schlagen Sie die Lektion xyz in Ihrem Mathematik-Übungsheft auf!« So oder so ähnlich eröffneten meine Lehrer die Unterrichtsstunden in der Schule. Viel dürfte sich bis heute daran nicht geändert haben. Der Schullehrstoff ist durch Richtlinien festgelegt, und die Schulbücher sind entsprechend ausgelegt. Beim Studium ist das nicht der Fall. Die Freiheit der Forschung und Lehre erlaubt es den Professoren, ihre Vorlesungsinhalte nach eigenem Ermessen zu gestalten. Solange es um Grundkenntnisse in den mathematisch-naturwissenschaftlichen Fächern geht, sollten sich die Lehrinhalte an verschiedenen Hochschulen kaum unterscheiden. Das hohe Tempo der universitären Lehrvermittlung führt aber ziemlich schnell zu einer Spezialisierung. Ob Ihr Organikprofessor Sie nach einer Einführung in die Chemie der Kohlenwasserstoffe und deren diverse Oxidationsstufen und Substitutionen mit Spezialkenntnissen zu Orbitalstrukturen, Synthesereaktionen oder Makromolekülen ärgert, bleibt ihm überlassen.

Auch wenn es keine Anwesenheitspflicht gibt, sollten Sie möglichst zu allen Vorlesungen gehen. Sie können sich dann auf die Spezialgebiete konzentrieren, die in den Prüfungen bevorzugt abgefragt werden. Selbstverständlich dürfen Sie auch die Vorlesungen komplett zugunsten Ihrer Freizeitgestaltung auslassen und sich anhand von dicken Lehrbüchern auf die Prüfung vorbereiten. Das ist nur am Ende aufwendiger und weniger erfolgversprechend. Verstehen Sie mich bitte nicht falsch. Genießen Sie die Freiheit des Studentenlebens, das Ihnen im Nachhinein als schönste und spannendste Zeit Ihres Lebens erscheinen wird. Kein Professor wird es Ihnen verübeln, wenn Sie nach einer Studentenfete nicht in seiner Vorlesung erscheinen. Er war auch einmal Student. Aber besorgen Sie sich unbedingt von anderen Studenten die Vorlesungsnotizen.

Übungen und Seminare sind noch besser als Vorlesungen

In den Vorlesungen stellt Ihnen der Professor den theoretischen Lehrstoff vor. In einem Hörsaal mit hundert Studenten besteht für Sie kaum eine Möglichkeit, eine fachliche Frage mit dem Lehrenden zu diskutieren. Dafür gibt es spezielle Lehrveranstaltungen, in denen Sie den Vorlesungsstoff anhand von Übungsaufgaben vertiefen sollen.

Ich nenne Ihnen gleich mehrere Gründe, warum Sie diese sogenannten Übungen oder Seminare auf gar keinen Fall verpassen sollten:

✔ Übungsaufgaben sind eine optimale Vorbereitung für die Abschlussprüfung. Sie begegnen Ihnen oft nur leicht abgeändert als Klausurfragen wieder.

✔ Übungsaufgaben helfen Ihnen bei der Auswertung und Protokollierung der Praktikumsaufgaben.

✔ Seminare sind Unterrichtsveranstaltungen in kleinen Gruppen. Sie können alles erfragen, was Sie nicht verstanden haben. Nutzen Sie die Gelegenheit! Es gibt keine dummen Fragen. Nur wer Fragen stellt, erhält Antworten. Sie geben sich keine Blöße, auch die anderen Studenten wissen es nicht besser.

Praktika: Sauber arbeiten, denken und dokumentieren

In einem Praktikum setzen Sie Ihre theoretischen Kenntnisse in praktische Laborexperimente um. Das macht Spaß und verschafft Ihnen Aha-Erlebnisse.

Sie sollten nicht völlig unvorbereitet im Labor erscheinen, da manche Professoren vor dem Praktikumsbeginn unangenehme Wissensfragen stellen und Sie bei totaler Ahnungslosigkeit noch einmal zum Lernen wegschicken.

Im Gegensatz zu Vorlesungen und Seminaren sind Praktika bei naturwissenschaftlichen Studienfächern Unterrichtsveranstaltungen mit Anwesenheitspflicht. Versäumte Praktikumsaufgaben müssen Sie nachholen.

Der Spaßfaktor eines Laborpraktikums hängt mit einer erfolgreichen Versuchsdurchführung zusammen. Die Praktikumsaufgaben sind von den Lehrenden sorgfältig geplant worden und funktionieren immer – zumindest, wenn Sie sich an die Versuchsanleitungen halten. Lesen Sie diese sorgfältig durch und denken Sie vor jedem Arbeitsschritt kurz nach, bevor Sie sich in die Arbeit stürzen. Während des Versuchsablaufs haben Sie die Möglichkeit, mit dem Professor oder seinen Mitarbeitern den theoretischen Hintergrund des Experiments zu diskutieren.

Der einzige Haken bei den Laborversuchen ist, dass Sie Ihre Ergebnisse in Protokollform dokumentieren müssen. Sehen Sie auch das positiv! Jeder wissenschaftliche Versuch gilt nur dann als durchgeführt, wenn er dokumentiert ist. Ohne schriftliche Veröffentlichung ist er nichts wert. Ein Protokoll ist ein Dokument, in dem Sie den Aufbau einer wissenschaftlichen Veröffentlichung oder auch Ihrer Studienabschlussarbeit (Bachelor- oder Masterarbeit) im Kleinformat üben können.

Beachten Sie beim Schreiben des Protokolls folgende Hinweise:

✔ Beginnen Sie mit einem Einleitungssatz zum Fachthema, der Aufgabenstellung in Kurzform und eventuell ein paar Sätzen zur Theorie des Versuchs (0,5 bis 1,5 Seiten).

✔ Beschreiben Sie die Versuchsdurchführung mit Angaben zu den Substanzen, Geräten und Arbeitsweisen (0,5 bis 1 Seite).

✔ Präsentieren Sie Ihre Messergebnisse in Form von Tabellen und Abbildungen mit kommentierendem Text (ein bis drei Seiten).

✔ Fassen Sie das Versuchsergebnis zusammen (eine halbe Seite).

Wie Fehler entstehen und wie Sie diese vermeiden

Bei Laborversuchen kommt es auf sauberes und systematisches Arbeiten und Dokumentieren an. Für die Reinheit der Substanzen, die Sauberkeit der Arbeitsmaterialien und die korrekte Funktionsweise von Messgeräten sorgen Ihre Praktikumsbetreuer. Trotzdem kann es Ihnen passieren, dass Ihr Versuchsergebnis nach der Kontrolle mit einem dicken roten »f« markiert ist und Sie alles noch mal wiederholen müssen. Das ist mir als Student in den ersten Semestern auch hin und wieder passiert. Ein Studium soll Sie auf den Beruf vorbereiten. Was im Studium einen ärgerlichen Zeitverlust verursacht, wäre im Produktionsbetrieb eine gewaltige Katastrophe. Dort sorgen ausgetüftelte Qualitätsmanagementsysteme mit festgelegten Fehlertoleranzen und Kontrollen für ein garantiert einwandfreies Endprodukt. Ein wenig Qualitätsmanagement können Sie auch schon im Studium gut gebrauchen.

✔ Fehler heben sich nicht auf, sie addieren sich.

Im Laborpraktikum führen Sie mehrere Arbeitsschritte nacheinander aus, von der Einwaage über Mischungen und Messungen bis zur rechnerischen Versuchsauswertung. In jedem Arbeitsschritt kommt es zwangsläufig zu kleinen Ungenauigkeiten! Die Waage ist nie auf ein Nanogramm genau, die Substanzen haben nie eine Reinheit von 100,00 %, die Arbeitstemperatur ist nie genau 20,00 °C, Sie können keine Zehnteltropfen zugeben, und Sie rechnen mit gerundeten Zwischenwerten. Das Endergebnis enthält alle Teilfehler, und der Wissenschaftler nimmt grundsätzlich den schlimmsten Fall an, dass alle Fehler sich zum Gesamtfehler addieren. Eine einzige Schlampigkeit macht das genaueste Arbeiten bei allen anderen Arbeitsschritten zunichte.

✔ Es können falsche Substanzen und Geräte verwendet werden.

Chemikalien haben für den Anfänger ziemlich komplizierte Namen. Der häufigste Fehler ist eine Verwechselung. HCl 0,1 n ist nicht HCl 0,1 %, emulgierender Cetylstearylalkohol ist nicht Cetylstearylalkohol, Natriumsulfat · 10 H_2O ist nicht wasserfreies Natriumsulfat. Besonders fatal ist die Verwendung einer ungeeigneten Waage. Wenn Sie 0,1 g einwiegen sollen, dürfen Sie nicht eine Waage mit nur einer Nachkommastelle benutzen. Das ist zwar sehr bequem und beruhigend, wenn die Waage den »genauen« Wert 0,1 g anzeigt, aber das macht sie auch bei 0,14 g Substanz und Sie haben einen Fehler von 40 %.

✔ Genauigkeit und Präzision sind nicht das Gleiche.

Bei wissenschaftlichen Untersuchungen müssen Sie jedes Messergebnis durch Mehrfachmessung absichern und durch Mittelwertbildung aus den Einzelmessungen berechnen. Dabei können gleich zwei Fehlerquellen zu einem falschen Wert führen. Bei großen Unterschieden zwischen den einzelnen Messwerten fehlt Ihnen die Präzision. Ihr Mittelwert kann hinreichend genau sein. Aber Sie sollten sich Gedanken über eine Verbesserung Ihrer Arbeitsweise machen oder notfalls mehr Messungen durchführen. Manchmal liefern Ihre Messungen auch mehrere fast identische Werte, und trotzdem ist das

Ergebnis falsch. Ihre Messungen sind zwar präzise, aber nicht genau. Sie haben entweder einen falschen Arbeitsschritt (Verdünnung?) gemacht oder eine falsche Substanz verwendet, oder Ihr Messgerät ist falsch eingestellt. Diese sogenannten systematischen Fehler können Sie relativ leicht auffinden und beim nächsten Versuch vermeiden.

Kommilitonen sind Mitstreiter, keine Konkurrenten

Falls Ihnen der Begriff nicht geläufig ist: Der Begriff Kommilitonen hat nichts mit Soldaten zu tun, sondern bedeutet Mitstudenten oder wörtlich übersetzt Mitstreiter.

Ich habe schon die unterschiedlichsten Einstellungen von Studenten gegenüber ihren Kommilitonen erlebt. Das dümmste Verhalten ist Egoismus. Studenten, die sich einen Vorteil verschaffen wollen, indem sie irgendwelche Informationen für sich behalten, schreiben vielleicht wirklich einmal eine bessere Klausur. Auf Dauer werden solche Eigenbrötler aber zu Außenseitern und können nicht mehr auf hilfreiche Tipps von den verständlicherweise verärgerten Kommilitonen hoffen. Machen Sie nicht den Fehler, in Ihren Kommilitonen potenzielle Konkurrenten um einen Arbeitsplatz zu sehen, die Sie mit besseren Noten ausstechen wollen. Mit einem Blick auf die Abschlussnotenstatistik kann ich Ihnen versichern, dass alle Studenten, die den harten Gang durch die Anfangssemester überstehen, mit guten bis sehr guten Noten das Studium beenden. Mit einem Studienabschluss in naturwissenschaftlichen und technischen Studiengängen gehören Sie zu den gefragten Fachleuten mit guten Karrierechancen.

Das Zauberwort heißt *Netzwerkbildung*. Ich meine damit nicht die unzähligen Pseudofreundschaften mit unbekannten Leuten über Computernetze, die nichtsdestoweniger in einigen wenigen Fällen auch hilfreich sein können. In Ihrer Studentenzeit können Sie echte Kontakte knüpfen und Freundschaften aufbauen, die einen für Sie jetzt noch unvorstellbaren Nutzen darstellen werden. Ihre ehemaligen Kommilitonen können Ihnen mit ihrer Berufserfahrung in einem ähnlichen Arbeitsbereich sehr hilfreiche Tipps geben.

Lassen Sie vor allen Dingen nicht die ausländischen Kommilitonen links liegen. Wenn diese etwas reserviert wirken, liegt das nicht an Arroganz. Die aus anderen Kulturkreisen kommenden jungen Leute sind unsicher und suchen verständlicherweise erst einmal den Kontakt mit Landsleuten. Das würden Sie bei einem Auslandsstudium auch machen. Suchen Sie den Kontakt und schließen Sie die ausländischen Studenten auch in Studentenfeiern mit ein. Sie werden es Ihnen danken. Es könnte Ihnen nicht nur wertvolle berufliche Auslandskontakte verschaffen, sondern auch Urlaubsreisen, die jeden Pauschaltourismus weit in den Schatten stellen.

Alte Klausuren sind die halbe Miete

Die Klausurtermine rücken immer näher, und Sie wissen nicht so recht, wie Sie sich vorbereiten sollen? Suchen Sie den Kontakt zu Studenten in höheren Semestern! Fast für jedes Studienfach kursieren Altklausuren Ihres Fachprofessors, mit etwas Glück sogar einschließlich der Lösungen. Viele typische Klausurfragen nach Diagrammen, Formeln oder Definitionen tauchen immer wieder in gleicher Form auf. Berechnungsaufgaben sind meist nur mit anderen Zahlen, aber gleichem Rechenweg wiederzufinden.

Woher kommen wohl die Altklausuren? Die Professoren achten sorgfältig darauf, dass alle ausgeteilten Fragebögen nach der Klausur wieder eingesammelt werden. Und das Risiko einer Fotoaufnahme mit dem Handy während einer Klausur könnte Sie Ihren Studienplatz kosten. Die Altklausuren haben Ihre Vorgänger aus dem Gedächtnis erstellt, um Ihnen zu helfen. Machen Sie das Gleiche!

Jetzt könnten Sie sich noch fragen, warum ausgerechnet ein Professor Ihnen so etwas raten sollte. Ich will es Ihnen verraten. Meine kursierenden Altklausuren enthalten das komplette abfragbare Wissen aus meinen Unterrichtsveranstaltungen. Besser kann ich meine Studenten gar nicht dazu bringen, den vollständigen Lehrstoff konzentriert durchzuarbeiten. Wer das alles beherrscht, hat völlig zu Recht mit einer guten Note bestanden.

Das Internet ist nicht nur zum Chatten zu gebrauchen

In meiner Studenten- und Doktorandenzeit, also vor 1987, gab es noch kein Internet. Die Beschaffung von wissenschaftlichen Informationen war oft schwierig, immer zeitaufwendig und manchmal trotz tagelanger Suche in Fachbibliotheken erfolglos. Sie leben heute in einer Informations- und Kommunikationsgesellschaft und sollten alle Möglichkeiten nutzen, die Ihnen zur Verfügung stehen. Lehrbücher, Unterrichtsveranstaltungen und Fachzeitschriften sind immer noch unverzichtbar. Zusätzlich haben Sie mit dem Internet ein mächtiges Werkzeug. In kürzester Zeit finden Sie Programme und Datenbanken (siehe Kapitel 20 »Molecular Modeling«) oder tauschen mit anderen Studenten und sogar Ihren Professoren Informationen aus. Aktuelle Informationen Ihrer Hochschule wie Stundenpläne, Klausurtermine, Studienordnungen und vieles mehr finden Sie ebenso wie ganze Lexika, Wörterbücher oder Firmeninformationen mit Stellenausschreibungen. Sie wissen hoffentlich selbst, dass nicht alle »Informationen« aus dem Internet der Wahrheit entsprechen. Im Prinzip kann jeder Spinner die verrücktesten Thesen ins Netz setzen, und windige Geschäftemacher haben auch schon lange das Internet als perfekte Möglichkeit zum »Dummenfang« entdeckt. Überprüfen Sie also Ihre Informationsquellen, und verlassen Sie sich nicht auf Aussagen eines einzelnen unbekannten Informationsanbieters. Investieren Sie im Zweifelsfall lieber etwas mehr Zeit, um eine Aussage durch weitere Informationsquellen abzusichern. Manche besonders wertvollen Informationen sind kostenpflichtig. Verlage können nicht ihr gesamtes Schriftgut frei ins Internet setzen, sonst wären sie nach kurzer Zeit pleite. Als Studenten haben sie aber trotzdem die Möglichkeit, kostenlos an viele Fachzeitschriften, Datenbanken oder Normensammlungen heranzukommen. Ihre Unibibliothek hat für Sie die Kosten übernommen und für alle Wissenschaftler und Studenten den Zugang freigeschaltet. Je fortgeschrittener Ihr Studienverlauf wird, desto lohnenswerter kann der Gang in Ihre Unibibliothek werden. Die Mitarbeiter dort helfen Ihnen gern mit einer Einweisung in die Datenbanksuche.

Mein akademischer Lehrer pflegte die Studienanfänger mit folgendem Einleitungssatz zu begrüßen: »Meine Damen und Herren, Ihre Kinderzeit ist spätestens heute zu Ende ...«. Das mag etwas kurios klingen, trifft aber den Nagel auf den Kopf. Sie sind als Studenten für Ihre eigenen Entscheidungen verantwortlich. Ob Sie Ihre studentischen Freiheiten für stundenlange Internetspiele und andere Freizeitgestaltungen am Computer nutzen, ist Ihnen überlassen. Ohne die selbst auferlegte Disziplin, einen Teil Ihrer Freizeit für die Beschaffung und geistige Verarbeitung von Informationen zu opfern, werden Sie sich als Erwachsene in der relativ kurzen Karrierebeschleunigungsphase Studium der besten Chancen berauben.

Teil VII
Anhänge

... verschaffe ich Ihnen hoffentlich jede Menge Erfolgs-
erlebnisse. Hier finden Sie die Lösungen der Übungsaufgaben aus den Kapiteln 4, 8, 11 und 19. Mit etwas
Tüftelei haben Sie sicher die richtigen Lösungen erar-
beitet. Falls nicht, sehen Sie es auch positiv! Ein Problem wird manchmal erst klar, wenn man einen Fehler
macht und ihn analysiert. Wie ich meinen Studenten
immer sage: Blamieren können Sie sich nicht in den
Übungen, sondern erst in der Prüfung.

Anhang A
Lösungen der Übungsaufgaben aus Kapitel 4

n Teil I lernen Sie die Wirkungen von Kräften auf feste, flüssige, gasförmige und streichfähige Stoffe kennen. Kapitel 4 enthält Übungsfragen, die Sie nutzen können, um sich Ihren Lernerfolg zu bestätigen oder sich auf Klausurfragen vorzubereiten. Falls es etwas schneller gehen soll, können Sie selbstverständlich auch direkt die hier vorgestellten Lösungen der Übungsaufgaben studieren.

Für die Lösung der Aufgabe 4.1 benötigen Sie Kenntnisse zu den in Kapitel 1 vorgestellten Gasgesetzen. In der Aufgabe 4.2 nutzen Sie das in Kapitel 3 erklärte Kapillarviskosimeter zur Bestimmung der Molmasse eines wasserlöslichen Polymers. Besonders knifflig ist die Aufgabe 4.3, in der Sie ein Messdiagramm einer strukturviskosen Zubereitung mithilfe eines logarithmischen Diagramms auswerten. Sehr hilfreich ist dazu der Tipp *Der Mathe-Trick mit dem Logarithmus* in Kapitel 3.

So berechnen Sie den Druck in der Sprayflasche

In Aufgabe 4.1 sollen Sie den Druck eines komprimierten Treibgases in einer Sprayflasche nach dem Versprühen verschiedener Mengen des enthaltenen Deodorants berechnen.

Aufgabe 4.1

Die Berechnung des Sprühdrucks erfolgt mit dem Boyle-Mariotte'schen Gesetz:

$$p \cdot V = \text{konstant}$$

Am Anfang haben Sie in der Sprayflasche 40 ml Stickstoff (100 ml Innenvolumen – 60 ml wässrige Deodorantlösung) bei einem Druck von 8 bar.

Nach dem Versprühen von 50 % des Deodorants, das sind 30 ml, ist das Volumen des Stickstoffs entsprechend auf 70 ml vergrößert.

Die Berechnung lautet:

$$8 \, \text{bar} \cdot 40 \, \text{ml} = x \, \text{bar} \cdot 70 \, \text{ml}$$

Der Druck beträgt nach dem Versprühen von 50 % des Deodorants noch 4,57 bar.

Nach dem Versprühen von 90 % des Deodorants, das sind 54 ml, beträgt das Volumen des Stickstoffs 94 ml.

Die Berechnung lautet:

$$8 \, \text{bar} \cdot 40 \, \text{ml} = x \, \text{bar} \cdot 94 \, \text{ml}$$

Der Druck beträgt nach dem Versprühen von 90 % des Deodorants noch 3,40 bar.

Das ist die Molmasse des Polymers

In Aufgabe 4.2 sollen Sie anhand viskosimetrischer Messdaten die Molmasse des wasserlöslichen Polymers Povidon bestimmen.

Aufgabe 4.2

Die ermittelten Werte der Konzentration sowie der Auslaufzeit und die daraus ermittelten Werte von η_{spez} sind in Tabelle A.1 zusammengestellt.

Konzentration C [%]	Auslaufzeit t [s]	Viskosität η [mPa s]	η_{spez}/C
0,5	109,5	1,095	0,190
1,0	120,1	1,201	0,201
1,5	131,2	1,312	0,208
2,0	144,1	1,442	0,221

Tabelle A.1: Experimentell bestimmte Auslaufzeiten wässriger Povidonlösungen verschiedener Konzentrationen

Für die Ermittlung der Molmasse trägt man in einem Diagramm η_{spez} gegen C auf. Als Schnittpunkt mit der y-Achse ergibt sich der Wert 0,18 für den Staudinger-Index (Grenzviskosität).

Zur Berechnung der Molmasse benutzt man die Mark-Houwink-Gleichung:

$$M = \left(\frac{[\eta]}{K}\right)^{\frac{1}{\alpha}} = \left(\frac{0{,}18}{3{,}427 \cdot 10^{-5}}\right)^{1/0{,}8313} \text{g/mol} = 29877{,}8907319 \, \text{g/mol}$$

Lösung: Das Povidon hat eine relative Molekülmasse von 30000 g/mol.

Eine verbreitete Unsitte ist das Runden auf zwei Nachkommastellen. Mit einer Ergebnis-
angabe 29877,89 g/mol täuschen Sie eine Messgenauigkeit vor, die Sie nicht haben.

 Überlegen Sie, welche Genauigkeit Ihr Ergebnis hat. Die Molmassenbestimmung
mit der Viskosimetrie hat eine Genauigkeit von ungefähr +/−2000. Sie sollten
also Ihr Ergebnis auf eine glatte Tausenderzahl runden.

Logarithmische Auswertung
eines Rheogramms

In Aufgabe 4.3 sollen Sie die Daten einer Rotationsviskosimeter-Messung in einem logarithmischen Diagramm auswerten und das Fließverhalten der strukturviskosen Untersuchungs-
lösung bestimmen.

 Aufgabe 4.3

In Abbildung A.1 sehen Sie das logarithmische Diagramm mit Achseneinteilung,
Ausgleichsgeraden, Schnittpunkt mit der y-Achse und Steigungsdreieck.

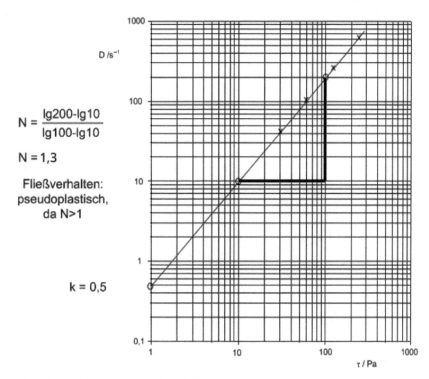

Abbildung A.1: Auswertung des Fließverhaltens

Anhang B
Lösungen der Übungsaufgaben aus Kapitel 8

Teil II enthält eine Menge Informationen über das physikalisch-chemische Verhalten von Reinstoffen und Stoffmischungen. Dort finden Sie Informationen zu Phasendiagrammen, Lösungseigenschaften, Mehrkomponentensystemen und Oberflächenphänomenen. Mit den Übungsaufgaben in Kapitel 8 gebe ich Ihnen einige harte Nüsse zu knacken. In diesem Kapitel sehen Sie, ob Sie erfolgreich waren.

Die Übungsaufgabe 8.1 enthält eine Fragestellung aus dem Bereich der Rezepturentwicklung. Sie müssen viel rechnen. Es sind zwar nur die Grundrechenarten, die Sie hierbei anwenden, aber bei der Umrechnung von Gramm in Mol oder Osmol ist viel Sorgfalt geboten. Eine Erklärung der Einheiten finden Sie in Kapitel 6. Dort gebe ich Ihnen auch den Tipp *Einfaches Rechnen mit Molen*. Für die Lösung der Aufgabe 8.2 benötigen Sie die in Kapitel 7 vorgestellte Adsorptionsgleichung nach Freundlich. Da die Auswertung der Adsorptionsisotherme mithilfe eines logarithmischen Diagramms erfolgt, ist auch der Tipp in Kapitel 3 *Der Mathe-Trick mit dem Logarithmus* hilfreich. Relativ leicht ist die Aufgabe 8.3, in der Sie aus Messwerten für ein Dreikomponentendiagramm die Binodallinie konstruieren sollen. Wie Sie die Koordinaten eines solchen Diagramms benutzen, finden Sie in Kapitel 6 im Abschnitt *Darf es etwas mehr sein? – Dreikomponentendiagramme*. Das für die Lösung der Aufgabe 8.4 benötigte Nernst'sche Verteilungsgesetz finden Sie ebenfalls in Kapitel 6. Es geht um eine Flüssig/flüssig-Extraktion, bei der ein Stoff durch Ausschütteln von einer Phase in eine andere überführt wird. Die Aufgabe scheint einfach zu sein, aber Sie werden sehen: Es ist weitaus schwieriger, als es auf den ersten Blick aussieht.

Berechnung eines Isotonisierungszusatzes

In Übungsaufgabe 8.1 sollen Sie die Rezeptur einer isotonischen Lidocainhydrochlorid-Injektionslösung 2 % berechnen. Das Problem ist die Ermittlung der NaCl-Menge, die Sie zur Isotonisierung zugeben müssen.

Aufgabe 8.1

Die Lidocainhydrochloridlösung soll einen Gehalt von 2 %(m/m) aufweisen. Entsprechend dem Hinweis können Sie zur Vereinfachung eine Konzentration von 2 g/100 ml annehmen.

2 g/100 ml entspricht 20 g/L andererseits 0,4 g/20 ml.

Über einen Dreisatz berechnen Sie die Stoffmengenkonzentration (Molarität):

$$\frac{n\,\text{mol}}{1\,\text{mol}} = \frac{20\,\text{g}}{270,8\,\text{g}}$$

$$n = 0,074\,\text{mol}$$

Da Lidocainhydrochlorid in wässriger Lösung in zwei Ionen zerfällt, müssen Sie die Molarität mit dem Faktor i $=$ 2 multiplizieren, um die Osmolarität zu berechnen.

$$0,074\text{mol/L} \cdot 2 = 0,148\text{osm/L}$$

Zur Isotonisierung benötigen Sie insgesamt 0,288 osm/L. Sie müssen also noch die Differenz 0,288 osm/L $-$ 0,148 osm/L $=$ 0,140 osm/L durch Zugabe von NaCl ausgleichen.

Da NaCl in wässriger Lösung in zwei Ionen zerfällt, müssen Sie die Osmolarität durch den Faktor i = 2 teilen, um die Molarität zu berechnen.

$$0,140\text{osm/L} : 2 = 0,070\text{mol/L}$$

Bei einer Molmasse des NaCl von 58,5 g/mol berechnen Sie den Massengehalt mit einem Dreisatz:

$$\frac{m\,\text{g}}{58,5\,\text{g}} = \frac{0,070\,\text{mol}}{1\,\text{mol}}$$

$$m = 4,1\,\text{g(gerundet)}$$

Sie müssen also pro Liter 4,1 g NaCl zur Isotonisierung zugeben. Bei 20 ml entspricht das 0,082 g.

Die fertige Rezeptur der isotonischen Lidocainhydrochloridlösung 2 % lautet:

Lidocainhydrochlorid	0,40 g
NaCl	0,082 g
Wasser für Injektionszwecke	zu 20 ml auffüllen

Auswertung einer Adsorptionsisotherme nach Freundlich

Zur Lösung der Übungsaufgabe 8.2 müssen Sie zunächst die adsorbierten Mengen bei den angegebenen Gleichgewichtskonzentrationen berechnen. Nach der Eintragung der erhaltenen Wertepaare in ein logarithmisches Diagramm erhalten Sie die Adsorptionsparameter nach Freundlich über den Achsenabschnitt und die Steigung der Ausgleichsgeraden.

Aufgabe 8.2

Die Adsorptionswerte sind leicht zu berechnen. Wenn in 100 ml Ausgangslösung 0,5 mg gelöst waren und nach der Adsorption in 100 ml nur noch 0,183 mg gelöst sind, muss die Differenz an 1 g Aktivkohle gebunden sein.

Die berechneten Adsorptionswerte des Versuchs sind in Tabelle B.1 zusammengefasst.

Ausgangslösungen 100 ml C [mg/100 ml]	Gleichgewichtskonzentration C_L [mg/100 ml]	Adsorption m_a/m_s [mg/$g_{Aktivkohle}$]
0,5	0,183	0,317
1,0	0,459	0,541
1,5	0,795	0,705
2,5	1,425	1,075

Tabelle B.1: Messwerte und berechnete Adsorptionswerte des Adsorptionsversuchs

Abbildung B.1 zeigt Ihnen das logarithmische Diagramm mit den Messpunkten, der Ausgleichsgeraden, dem auf der y-Achse abgelesenen Wert K und dem Steigungsdreieck zur Bestimmung des Wertes N.

Den Wert K lesen Sie bei der linken kreisförmigen Markierung ab: K = 0,85 mg/g.

Den Wert N berechnen Sie über ein Steigungsdreieck mit den logarithmierten Wertepaaren der beiden kreisförmig markierten Punkte auf der Ausgleichsgeraden:

$$N = \frac{\lg 2,8 - \lg 0,85}{\lg 10 - \lg 1} = \frac{0,447 - (-0,071)}{1 - 0} = 0,518$$

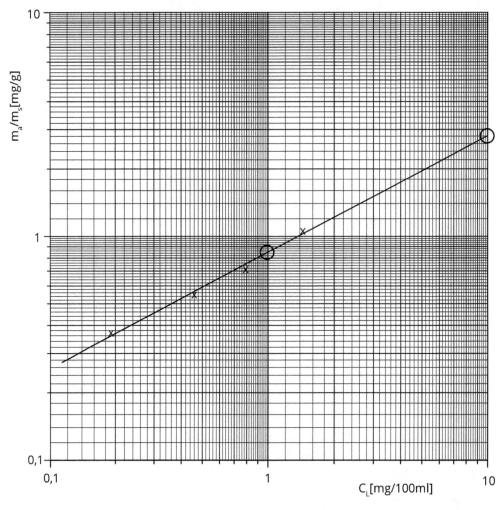

Abbildung B.1: Erstellung und Auswertung einer Adsorptionsisotherme nach Freundlich im logarithmischen Diagramm

Die Binodallinie im Dreiecksdiagramm

Die Messwerte von Dreikomponentenmischungen, bei denen ein Übergang zwischen Ein- und Zweiphasenmischungen auftritt, sollen Sie bei Aufgabe 8.3 in ein Dreiecksdiagramm eintragen und mit der sogenannten Binodallinie verbinden.

Aufgabe 8.3

Die Messwerte für die Mischungspunkte im Grenzbereich zwischen den ein- und zweiphasigen Bereichen des Dreikomponentendiagramms von Wasser/Butanol/ Eisessig-Mischungen liefern Ihnen nach Umrechnung in die Gehaltsprozente die in Tabelle B.2 angegebenen Werte.

Mi-schung	Was-ser/ ml = g	Buta-nol/ml	Buta-nol/g	Eises-sig/ml	Eises-sig/g	Wasser %(m/ m)	Buta-nol % (m/m)	Eises-sig % (m/m)
1	10,0	1,0	0,8	0	0	92,6	7,4	0
2	2,0	10,0	8,0	0	0	20,0	80,0	0
3	2,0	8,0	6,4	0,7	0,735	21,9	70,1	8,0
4	4,0	6,0	4,8	1,6	1,68	38,2	45,8	16,0
5	6,0	4,0	3,2	1,7	1,79	54,6	29,1	16,3
6	8,0	2,0	1,6	1,5	1,58	72,6	14,3	14,1

Tabelle B.2: Gemessene und berechnete Werte für Mischungen von Wasser, Butanol und Eisessig

Bei der Eintragung der Punkte in ein Dreiecksdiagramm und Verbindung der Punkte zu einer Binodallinie sollte Ihr Diagramm Abbildung B.2 entsprechen.

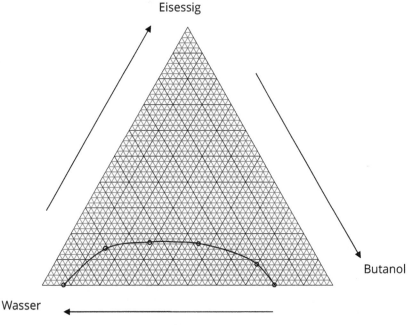

Abbildung B.2: Dreikomponentendiagramm (Dreiecksdiagramm) Wasser/Butanol/ Eisessig mit experimentell bestimmter Binodallinie

Den Extraktgehalt nach dem Ausschütteln berechnen

Beim Lösen der Übungsaufgabe 8.4 müssen Sie mit viel Geduld einige Gleichungen mit Brüchen und Klammerausdrücken auflösen.

Aufgabe 8.4

Bei der Aufgabe sollen Sie berechnen, welche Stoffmenge Sie mit Ether aus 500 ml einer 0,5-molaren wässrigen Lösung extrahieren, wenn Sie einmal mit 500 ml Ether oder zweimal mit je 250 ml Ether ausschütteln.

Entsprechend meinem Tipp müssen Sie zuerst die Stoffmenge n_{gesamt} berechnen, die zwischen den beiden Phasen verteilt wird.

Vor dem Ausschütteln befindet sich der Stoff in der wässrigen Phase.

Die Konzentration ist definiert als: $c = \dfrac{n}{V}$

Beim Einsetzen der Werte erhalten Sie also: $0{,}5 \dfrac{\text{mol}}{\text{L}} = \dfrac{n_{gesamt}}{0{,}5 \text{ L}}$

Die zu verteilende Stoffmenge n_{gesamt} errechnen Sie zu: 0,25 mol.

Nach dem ersten Ausschütteln befindet sich im Ether die Stoffmenge n_1 und im Wasser die Stoffmenge $n_2 = 0{,}25 \text{mol} - n_1$

Versuch 1: Ausschütteln mit 500 ml Ether

Sie setzen alle bekannten Werte in die Nernst'sche Verteilungsgleichung ein:

$$10 = \dfrac{\frac{n_1}{0{,}5 \text{ L}}}{\frac{0{,}25 \text{ mol} - n_1}{0{,}5 \text{ L}}} \quad \text{oder nach Umformung} \quad \dfrac{10 \cdot (0{,}25 \text{ mol} - n_1)}{0{,}5 \text{ L}} = \dfrac{n_1}{0{,}5 \text{ L}}$$

Mit ein paar mathematischen Fingerübungen (Ausmultiplizieren und Umstellen der Gleichung) erhalten Sie daraus:

$$2{,}5 \text{ mol} = 11 \cdot n_1$$

$$n_1 = 0{,}227 \text{ mol}$$

Die Konzentration der Etherphase beträgt:

$$c_{Ether} = \dfrac{0{,}227 \text{ mol}}{0{,}5 \text{ L}} = 0{,}455 \text{ mol} \cdot \text{L}^{-1}$$

Versuch 2: Ausschütteln mit zweimal 250 ml Ether

Sie setzen alle bekannten Werte für das erste Ausschütteln mit 250 ml Ether in die Nernst'sche Verteilungsgleichung ein:

$$10 = \dfrac{\frac{n_1}{0{,}25 \text{ L}}}{\frac{0{,}25 \text{ mol} - n_1}{0{,}5 \text{ L}}} \quad \text{oder nach Umformung} \quad \dfrac{10 \cdot (0{,}25 \text{ mol} - n_1)}{0{,}5 \text{ L}} = \dfrac{n_1}{0{,}25 \text{ L}}$$

Nach weiteren mathematischen Fingerübungen erhalten Sie daraus:

$$2{,}5 \text{ mol} = 12 \cdot n_1$$

$$n_1 = 0{,}208 \text{ mol}$$

Die im Wasser verbliebene Stoffmenge beträgt 0,25 mol − 0,208 mol = 0,042 mol. Nach dem Abtrennen des ersten Etherextrakts verblieben also 0,042 mol als Gesamtmenge n_{gesamt} für die zweite Extraktion.

Sie setzen wieder alle bekannten Werte für das zweite Ausschütteln mit 250 ml Ether in die Nernst'sche Verteilungsgleichung ein:

$$10 = \frac{\frac{n_1}{0,25\ L}}{\frac{0,042\ mol - n_1}{0,5\ L}} \quad \text{oder nach Umformung} \quad \frac{10 \cdot (0,042\ mol - n_1)}{0,5\ L} = \frac{n_1}{0,25\ L}$$

Sie dürfen wieder ein bisschen spielen und erhalten:

$$0,42\ mol = 12 \cdot n_1$$

$$n_1 = 0,035\ mol$$

Am Ende werden die beiden Teilextrakte zusammengegeben. Sie haben dann 0,208 mol + 0,035 mol = 0,243 mol der ausgeschüttelten Substanz A in 500 ml Etherextrakt. Die Konzentration ist gegenüber dem einmaligen Ausschütteln mit 500 ml Ether leicht erhöht von 0,455 mol/L auf 0,486 mol/L.

Anhang C
Lösungen der Übungsaufgaben aus Kapitel 11

n Teil III stelle ich Ihnen die Grundlagen der Reaktionskinetik vor. Die Übungsaufgaben in Kapitel 11 sollten Sie vor keine allzu großen Probleme stellen. Falls Sie Schwierigkeiten mit den halblogarithmischen Diagrammen haben, finden Sie in diesem Kapitel die fertigen Lösungen der beiden Übungsaufgaben.

Die Zersetzung einer Substanz durch Wasser, die sogenannte *Hydrolyse*, ist neben der Oxidation eines der häufigsten Stabilitätsprobleme. Die Übungsaufgabe 11.1 umfasst die Auswertung eines Hydrolyseversuchs, der nach einer Kinetik pseudoerster Ordnung abläuft. Die Theorie zu dieser Reaktionskinetik finden Sie in Kapitel 10 im Abschnitt *Reaktionen erster und pseudoerster Ordnung*.

Die Hydrolyse spielt auch bei der Lagerung von trockenen Feststoffen eine Rolle, da die Luftfeuchtigkeit den Reaktionspartner Wasser liefert. Die Zersetzung verläuft dabei aber wesentlich langsamer als in einer wässrigen Lösung. Um die Langzeitstabilität abzuschätzen, können Sie in sogenannten *Stresstests* bei erhöhten Temperaturen die Zersetzungskinetik messen und mit den Ergebnissen die Zersetzungsgeschwindigkeit bei Raumtemperatur vorhersagen. Für die Übungsaufgabe 11.2 benötigen Sie Kenntnisse über die Temperaturabhängigkeit der Reaktionsgeschwindigkeit. Diese erhalten Sie im Abschnitt *Es geht auch noch schneller: Die Arrhenius-Gleichung* in Kapitel 10. Die Auswertung des sogenannten Arrhenius-Plots sieht zwar zunächst aufgrund der ungewöhnlichen Achseneinteilung des Diagramms schwierig aus, Sie werden aber sehen, dass sie eigentlich ganz einfach ist.

Die Hydrolysekinetik grafisch darstellen und auswerten

In Übungsaufgabe 11.1 sollen Sie die Messwertkurve einer hydrolytischen Zersetzungsreaktion als Funktionsgraphen im arithmetischen und im halblogarithmischen Maßstab darstellen und die Halbwertszeit, die Geschwindigkeitskonstante und die Geschwindigkeitsgleichung ermitteln.

Aufgabe 11.1

Abbildung C.1 zeigt die Messpunkte in der arithmetischen Darstellung. Die Verbindungslinien zwischen den einzelnen Punkten habe ich mit einem Lineal eingezeichnet. Weil es »schöner« aussieht, können Sie die Punkte auch mit einer gekrümmten Linie verbinden.

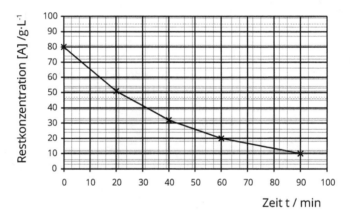

Abbildung C.1: Messwerte der hydrolytischen Zersetzung in einem arithmetischen Diagramm

Die grafische Auswertung erfolgt im halblogarithmischen Diagramm der Abbildung C.2. Die Messpunkte sind mit einer Ausgleichsgeraden verbunden. Die Halbwertszeit, bei der die Restkonzentration von 80 g pro Liter auf 40 g pro Liter abgesunken ist, lesen Sie anhand der eingezeichneten Linien bei 30 Minuten ab.

Daraus berechnen Sie die Geschwindigkeitskonstante k:

$$k = \frac{\ln 2}{t_{1/2}}, \text{ also mit eingesetzten Zahlenwerten: } k = \frac{0{,}69}{30\,\text{min}}$$

$$k = 0{,}023\,\text{min}^{-1}$$

Die Geschwindigkeitsgleichung lautet:

$$[A] = 80\,\text{g} \cdot \text{L}^{-1} \cdot e^{-0{,}023\,\text{min}^{-1} \cdot \text{t}}$$

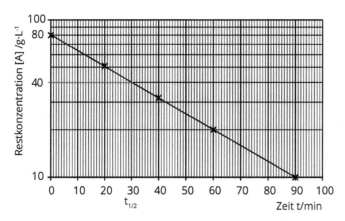

Abbildung C.2: Bestimmung der Halbwertszeit der hydrolytischen Zersetzung in einem halblogarithmischen Diagramm

Mit Arrhenius im Schnellgang die Haltbarkeit vorhersagen

Die Übungsaufgabe 11.2 besteht aus zwei Teilen. Zuerst bestimmen Sie grafisch im halblogarithmischen Diagramm die Geschwindigkeitskonstanten einer Hydrolyse bei erhöhter Temperatur. Danach ermitteln Sie im Arrhenius-Plot die Geschwindigkeitskonstante bei 20 °C, die Sie für die Berechnung der Haltbarkeit des Arzneistoffs benötigen.

Aufgabe 11.2

Das halblogarithmische Diagramm in Abbildung C.3 zeigt Ihnen die Ausgleichsgeraden durch die Messpunkte bei den Temperaturen 60 °C, 65 °C und 70 °C. Die Halbwertszeiten lesen Sie anhand der gestrichelten Hilfslinien bei 250 mg/Tablette ab. Die Geschwindigkeitskonstanten berechnen Sie mit der Formel

$$k = \frac{\ln 2}{t_{1/2}}$$

$t_{1/2}(70\,°C) = 7\,\text{Monate} \rightarrow k(70\,°C) = 0{,}1\,\text{Monate}^{-1}$

$t_{1/2}(65\,°C) = 10\,\text{Monate} \rightarrow k(65\,°C) = 0{,}07\,\text{Monate}^{-1}$

$t_{1/2}(60\,°C) = 14\,\text{Monate} \rightarrow k(60\,°C) = 0{,}05\,\text{Monate}^{-1}$

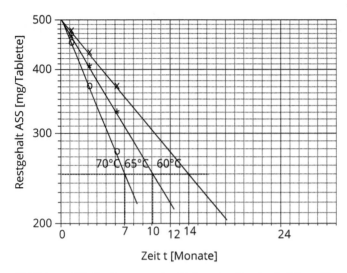

Abbildung C.3: Bestimmung der Halbwertszeiten im halblogarithmischen Diagramm

Im Arrhenius-Plot (siehe Abbildung C.4) lesen Sie anhand der Ausgleichsgeraden bei 20 °C
die Geschwindigkeitskonstante ab:

$$k(20\,^\circ C) = 0{,}003 \, \text{Monate}^{-1}$$

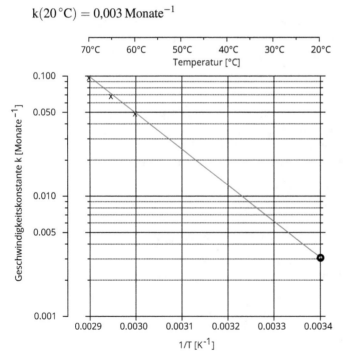

Abbildung C.4: Bestimmung der Geschwindigkeitskonstante bei
20 °C im Arrhenius-Plot

Die Zeit $t_{90\%}$, nach der noch 90 % des ursprünglichen Wirkstoffgehalts in der Tablette vorhanden ist, berechnen Sie mit folgendem Lösungsweg:

$$450\,\text{mg} = 500\,\text{mg} \cdot e^{-0,003\text{Monate}^{-1}\cdot t}$$

$$0,9 = e^{-0,003\text{Monate}^{-1}\cdot t}$$

$$\ln 0,9 = -0,003\,\text{Monate}^{-1} \cdot t$$

$$t_{90\%}(20\,^\circ\text{C}) = 35\,\text{Monate}$$

Die »Haltbarkeit« der Tabletten in dieser Übungsaufgabe beträgt also knapp drei Jahre. Um Missverständnisse zu vermeiden, sollte ich noch erwähnen, dass die selbst hergestellten Tabletten für den Laborversuch vermahlen und offen gelagert waren. Ihre Kopfschmerztabletten sind dagegen in einem sogenannten Blister (Durchdrückpackung) versiegelt. Bei Laboruntersuchungen von verpackten ASS-Brausetabletten, deren Verfallsdatum bereits seit acht Jahren abgelaufen war, konnte ich noch einen Restgehalt von mehr als 95 % ASS finden. Allerdings war ein deutlicher Essiggeruch durch die bei der Hydrolyse gebildete Essigsäure wahrnehmbar.

Anhang D
Lösungen der Übungsaufgaben aus Kapitel 19

m Folgenden finden Sie die Lösungen zu den Übungsaufgaben aus Kapitel 19 zur Thermodynamik.

Zustandsänderungen in einer Luftpumpe

In Aufgabe 19.1 sollten Sie die Zustandsänderungen in einer ganz normalen Luftpumpe für zwei Situationen untersuchen.

Aufgabe 19.1

1. Wenn das Pumpen so langsam erfolgt, dass ein Wärmeaustausch stattfinden kann, erfolgt der Prozess isotherm, die Temperatur ändert sich also nicht.

2. Ist das Pumpen so schnell, dass kein Wärmeaustausch erfolgt, ist der Prozess adiabatisch.

3. Für den isothermen, langsamen Prozess gilt:

$$p \cdot V = \text{konst} \quad \Rightarrow \quad p_2 = p_1 \cdot \frac{V_1}{V_2}$$

Setzt man die Zahlen ein, erhält man:

$$p_2 = 1{,}01 \cdot 10^5 \, \text{Pa} \cdot \frac{95 \, \text{cm}^3}{5 \, \text{cm}^3} = 19{,}2 \cdot 10^5 \, \text{Pa}$$

Für das schnelle adiabatische Pumpen muss die folgende in Kapitel 15 diskutierte Formel verwendet werden:

$$(p \cdot V)^K = konst. \Rightarrow p_1 \cdot V_1^K = p_2 \cdot V_2^K \Rightarrow p_2 = p_1 \left(\frac{V_1}{V_2}\right)^K$$

Dabei ist κ der Isentropenexponent (1,4 für Luft). Damit erhält man:

$$p_2 = 1{,}01 \cdot 10^5 \mathrm{Pa} \cdot \left(\frac{95\,\mathrm{cm}^3}{5\,\mathrm{cm}^3}\right)^{1,4} = 62{,}3 \cdot 10^5 \mathrm{Pa}$$

4. Im langsamen Fall ist isotherm, das heißt, die Endtemperatur entspricht der Ausgangstemperatur. Für den adiabaten Fall ergibt sich:

$$T_2 = T_1 \cdot \left(\frac{V_1}{V_2}\right)^{\kappa-1} = 293{,}15\,\mathrm{K} \left(\frac{95\,\mathrm{cm}^3}{5\,\mathrm{cm}^3}\right)^{0,4} = 951{,}9\,\mathrm{K}$$

$$T_2 = 678{,}8\,^\circ\mathrm{C}$$

Und sie laufen und laufen und laufen ... überhaupt nicht

In Aufgabe 19.2 sollten Sie sich anhand der Hauptsätze der Thermodynamik überlegen, warum ein Perpetuum mobile nicht funktionieren kann.

Aufgabe 19.2

Ein Perpetuum mobile erster Art erzeugt Energie aus dem Nichts. Eine solche Maschine widerspricht also dem Energieerhaltungssatz, also dem ersten Hauptsatz. Daher kann es eine solche Maschine nicht geben.

Ein Perpetuum mobile zweiter Art widerspricht zwar nicht dem ersten, wohl aber dem zweiten Hauptsatz (daher stammt auch der Name). Ihm zufolge kann niemals ohne Arbeitsaufwand Wärme von einem kälteren zu einem wärmeren Körper übergehen.

Ideal, aber nicht perfekt: Der Carnot-Prozess

Aufgabe 19.3 beschäftigt sich mithilfe einer Rechenaufgabe und einer Überlegungsfrage mit dem Carnot-Prozess.

Aufgabe 19.3

Für den Wirkungsgrad eines Carnot-Prozesses gilt:

$$\eta_c = 1 - \frac{T_u}{T} \quad \Rightarrow \quad T = \frac{T_u}{1 - \eta_c} = \frac{350\ \text{K}}{1 - 0{,}72} = 1250\ \text{K} = 977\ ^\circ\text{C}$$

Um einen Wirkungsgrad von 1 zu erreichen, muss der zweite Term (T_u/T) in der Gleichung gleich null sein. Dies ist nur dann möglich, wenn $T_u = 0$ K wäre. Dies ist der absolute Nullpunkt der Temperatur, der dem dritten Hauptsatz der Thermodynamik zufolge nicht erreicht werden kann.

Ganz allgemein muss für einen hohen Wirkungsgrad das Verhältnis T_u/T möglichst klein sein.

Sie laufen zuverlässig:
Otto- und Dieselmotor

Aufgabe 19.4 ist den Gemeinsamkeiten von Otto- und Dieselmotor und den Unterschieden zwischen ihnen gewidmet.

Aufgabe 19.4

✔ Beide Motoren gehören zu den Wärmekraftmaschinen, beruhen also auf Rechtskreisprozessen.

✔ Beim Ottomotor wird ein Kraftstoff-Luft-Gemisch verdichtet und dann durch einen Funken der Zündkerze gezündet. Beim Dieselmotor wird nur Luft verdichtet und dann erst der Brennstoff eingespritzt, der sich aufgrund der hohen Temperaturen selbst entzündet.

✔ Für den Ablauf der Kreisprozesse gilt:

Otto-Prozess: isentrop → isochor → isentrop → isochor

Diesel-Prozess: isentrop → isobar → isentrop → isochor

✔ Für die Wirkungsgrade gilt:

$$\eta_{\text{Otto,ideal}} = 1 - \frac{1}{\varepsilon^{\kappa-1}}$$

$$\eta_{\text{Diesel,ideal}} = 1 - \frac{1}{\varepsilon^{\kappa-1}} \cdot \frac{\varphi^\kappa - 1}{\kappa(\varphi - 1)}$$

Dabei ist κ der Isentropenexponent, ε das *Verdichtungsverhältnis* der beiden Volumina und φ der Füllungsgrad. Da der letzte Bruch in der Gleichung für den Dieselmotor immer größer als 1 ist, ist bei gleichem Verdichtungsverhältnis der Wirkungsgrad eines Ottomotors größer, aber beim Dieselmotor sind höhere Verdichtungsverhältnisse möglich.

Mit feuchter Luft kann man auch rechnen

Aufgabe 19.5

Die relative Luftfeuchtigkeit φ ist folgendermaßen definiert:

$$\varphi = \frac{p_D}{p_S}$$

Mit steigender Temperatur nehmen sowohl der Dampfdruck p_D als auch der Sättigungsdampfdruck p_S zu; die Frage ist daher, welche Größe stärker steigt.

In diesem Druck- und Temperaturbereich verhält sich feuchte Luft wie ein ideales Gas, wie in Kapitel 17 gezeigt wird. Man kann also mit der idealen Gasgleichung rechnen. Bei einer isochoren Erwärmung nimmt auch der Druck zu, wie in Kapitel 15 dargestellt wird.

$$\frac{p}{T} = \text{konst} \quad \Rightarrow \quad p_2 = p_1 \cdot \frac{T_2}{T_1} = 1 \text{ bar} \cdot \frac{593 \text{ K}}{297 \text{ K}} = 2 \text{ bar}$$

In Kelvin ausgedrückt, verdoppelt sich die Temperatur bei dem Vorgang, also verdoppelt sich auch der Druck auf 2 bar. Da das ideale Gasgesetz für beide Komponenten des Gemisches gleichermaßen gilt, verdoppelt sich also auch der Dampfdruck. Jetzt stellt sich noch die Frage, wie sich der Nenner in der obigen Gleichung entwickelt, also der Sättigungsdampfdruck. An dieser Stelle können Sie Abbildung 19.2 zurate ziehen. Obwohl die von mir gefundenen Daten nicht ganz bis 320 °C reichen, wird aus ihr dennoch deutlich, dass p_S um Größenordnungen zunimmt, also deutlich mehr als der Dampfdruck im Zähler der Gleichung. Die relative Luftfeuchtigkeit nimmt also ab.

Stichwortverzeichnis

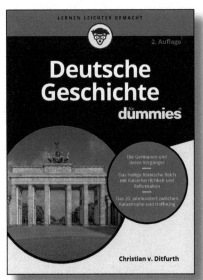